光学成像效果绘制

郑昌文　郑　权　唐熊忻　徐帆江　编著

科学出版社

北京

内 容 简 介

本书依据作者在光学成像效果绘制领域多年的研究成果凝练而成，系统地介绍了光学成像效果绘制的理论基础、发展脉络以及关键技术方法。全书共9章，第1章绪论阐述了国内外光学成像效果绘制的研究进展；第2~4章介绍了基于几何光学的成像效果自适应绘制方法；第5~6章介绍了基于波动光学的成像效果绘制方法；第7章介绍了相机成像效果绘制方法，包括相机镜头精确建模方法以及散景、重影、眩光等成像效果绘制方法；第8~9章介绍了作者结合多年研究积淀开发的两款具有完全自主知识产权的光学仿真软件SeeOD和SeeLight，并展示了基于SeeOD和SeeLight仿真软件的光学成像效果绘制实例。

本书可以作为计算机图形学、计算机仿真等相关领域研究者开展研究工作的辅助书籍，以及相关专业从业人员的参考书籍，也可以作为对光学成像效果绘制感兴趣的读者的自学书籍。

图书在版编目(CIP)数据

光学成像效果绘制/郑昌文等编著. —北京：科学出版社，2024.1
ISBN 978-7-03-076492-8

I. ①光⋯　II. ①郑⋯　III. ①计算机仿真–应用–光学–成像
IV. ①O435.2-39

中国国家版本馆 CIP 数据核字(2023)第 189978 号

责任编辑：刘凤娟　郭学雯／责任校对：彭珍珍
责任印制：赵　博／封面设计：无极书装

科 学 出 版 社 出版
北京东黄城根北街 16 号
邮政编码：100717
http://www.sciencep.com
涿州市般润文化传播有限公司印刷
科学出版社发行　各地新华书店经销
*
2024 年 1 月第 一 版　开本：720 × 1000　1/16
2025 年 1 月第二次印刷　印张：22
字数：431 000
定价：198.00 元
(如有印装质量问题，我社负责调换)

序

郑昌文研究员把他们新写的专著书稿《光学成像效果绘制》发给了我,让我有幸先睹为快,同时他还希望我能给他们的书写个序。写序不敢当,但是写几句推荐的话还是应该的。近二十年来我们团队一直和中国科学院软件研究所进行合作,我不仅从他们那里学到了不少好东西,也和他们都成了好朋友。很多年以前我曾在多媒体领域做研究时搞过一点图像图形学的研究,但调入北京后离开这个领域已经多年,所以只能大而化之地谈几点看法。

第一,光学成像效果绘制的研究非常重要。视觉是人类感知客观世界最重要的方式,占信息量的 70% 以上。相机、望远镜、显微镜等光学设备都可以看成是人类视觉的延伸,我们可以通过这些设备感知并记录我们看到的东西。比如,数码相机可以记录人类社会的美好瞬间,大型深空观测相机可以记录遥远宇宙美丽的星象,甚至还可以通过显微手段看到微观世界,或者通过特殊观测手段记录人眼看不到的非可见光世界。但是,我们有时也需要在"见不到"或"见不全"的情况下得到相关的图像,这就需要用软件算法来模拟各种相机的成像效果,也就是所谓的"真实感绘制",在这里光学成像效果绘制就成为必不可少的关键技术。这种情况在仿真模拟训练、计算机辅助设计、影视大片制作等领域经常见到。尤其是最近火起来的元宇宙,其虚拟空间的真实感,往往也取决于光学成像绘制效果的好坏。所以,在这个领域进行深入研究,对于科学仿真、军事模拟、医学成像、影视制作等领域具有重要价值。

第二,该书介绍的内容非常全面和深入。该书是郑昌文研究员及其团队多年从事光学成像仿真研究成果的凝练和总结,较系统地介绍了光学成像效果绘制的理论基础、发展脉络以及关键技术方法,从基于几何光学理论的成像效果绘制,以及基于波动光学理论的成像效果绘制两个方面,对多类别的光学成像效果绘制研究成果进行了较为详细的论述。所讨论的内容比较全面,比如,基于几何光学理论的绘制分别从基于空域特征和基于频域分析两方面进行了详细说明;基于波动光学理论的绘制则从光学成像效果的衍射、干涉等物理机理出发进行了深入介绍。可以说,该书是目前国内非常少见的专门讲解光学成像效果绘制研究的专著之一,对从事相关领域研究的读者来说,非常具有参考价值。

第三,该书是理论与实践结合的成果,非常接地气。据我所知,该书作者来自国内较早开展光学系统成像效果绘制研究的团队之一。他们长期从事光学成像仿真工作的研究，很早就陆续承担了国家 863 计划等国家级重大科研项目，如"天基空间探测仿真验证与效能评估系统研制""天基空间探测仿真系统核心模块研制""光学系统仿真设计软件""智能化光学设计技术研究"等，已经开发了具有自主知识产权的"天基空间探测仿真系统""天基空间探测仿真验证与效能评估系统"、SeeLight 激光成像仿真设计软件、SeeOD 几何光学仿真设计软件等，而且发表了上百篇高水平的论文，并且获得了多个科技奖项。应该说他们的实践经验极为丰富，这些也都反映到该书的每个章节段落之中。同时这也说明他们的工作是极为繁忙的，但这次他们又把其中关于光学成像效果绘制的内容进行了总结，又以理论成果的形式呈现给大家，不得不说是一个惊喜。说明他们不仅工程实践能力很强，而且在理论研究方面也同样可以做出很好的成绩。

我与该书作者及其团队已相识多年，由衷地为他们在光学成像效果绘制研究中取得的成果感到高兴，为此我非常愿意向大家推荐该书，并期望该书出版后，能促进我国光学成像效果绘制研究的更大发展。

就写这些。是为序。

中国人民解放军国防大学　少将　教授
中国仿真学会原副理事长
2022 年 10 月

前　言

　　光学成像效果绘制又称真实感图形绘制 (简称真实感绘制)，是指通过使用计算机绘制真实相机拍摄效果的图像，是计算机图形学的重要研究分支。20 世纪 90 年代以来，随着计算机硬件技术的发展，真实感绘制技术得到了巨大的进步，并且被广泛应用到计算机辅助设计、电影游戏特效、医学成像、科学仿真、数字孪生以及元宇宙等众多领域。

　　目前主流的光学成像效果绘制方法包括光线追踪、光子映射和辐射着色等。不同方法有不同的应用场景，还没有一种方法可以适用于所有的场景。其中光线追踪方法通过模拟光线传播过程来绘制图像，针对运动模糊、景深和软体阴影等有很好的效果，是真实感绘制中应用最广泛的方法；光子映射主要用于绘制全局光照、焦散和次表面散射等效果，可以绘制光线追踪难以实现的成像效果；辐射着色模拟辐射度在各个面元之间的传播，主要用于全局光照的绘制，很少在真实感绘制中使用。

　　针对现有光学成像效果绘制方法存在的问题，我们开展了一系列研究工作，本书是近年来研究工作的系统总结和凝练。书中大部分内容取材于我们在国际、国内学术期刊和会议上发表的论文，全面地展示了我们在光学成像效果绘制方面最新的研究成果和进展。

　　全书共 9 章。第 1 章绪论介绍了国内外光学成像效果绘制的研究进展。第 2~4 章介绍了基于几何光学的成像效果自适应绘制方法，其中第 2 章为基于空域光线追踪的自适应绘制方法，第 3 章为基于频域分析的自适应绘制方法，第 4 章为基于光子映射的自适应绘制方法。第 5、6 章介绍了基于波动光学的成像效果绘制方法，其中第 5 章为光学衍射效果绘制方法，第 6 章为光学干涉效果绘制方法。第 7 章介绍了相机成像效果绘制方法，在对相机镜头精确建模的基础上，重点介绍了散景、重影、眩光等效果的绘制。第 8 章和第 9 章介绍了我们结合多年研究积淀开发的两款具有完全自主知识产权的光学仿真软件 SeeOD 和 SeeLight，分别介绍了基于 SeeOD 软件的图像成像过程模拟实例，以及基于 SeeLight 软件的复杂环境成像效果绘制实例。

　　本书部分研究内容得到了国家 863 计划课题 (2006AAXYZ216A、2008AA-XYZ0403)、国家重点研发计划项目 (2021YFB3601404)、基础加强计划重点基础研究项目 (2021-ABCZD-041) 的资助。书中包含了我们指导的多名博士、硕士研究生的工作，他们是吴佳泽、刘晓丹、吴付坤、刘宇、刘圆，在此对他们所作出的贡献表示感谢！感谢科学出版社刘凤娟编辑为本书出版所作的努力。特别感谢中国人民解放军国防大学胡晓峰教授在百忙之中拨冗为本书作序。

　　本书可以作为计算机图形学、计算机仿真等领域的研究人员、学生等开展研究工作的辅助书籍，同时也可以作为从事相关专业开发工作的工程师的参考书籍。

　　由于作者水平的限制，书中难免存在一些疏漏和片面等不足之处，恳请读者批评指正。

编著者
2022 年 10 月 10 日

目　　录

第 1 章　绪　　论

计算机图形学 (computer graphics，CG) 起源于 20 世纪 50 年代，它是一种用数学的算法将二维 (2D) 或三维 (3D) 图形转化为计算机显示器的栅格化形式的科学。CG 的早期研究内容是如何在计算机中表示图形，以及利用计算机进行图形的计算、处理和实现相关的原理与算法。光学成像效果绘制又称真实感图形绘制 (简称真实感绘制)，是指通过使用计算机绘制真实相机拍摄效果的图像，是计算机图形学的重要研究分支。20 世纪 90 年代以来，随着计算机硬件的发展，真实感绘制技术得到了巨大的进步，并且被广泛应用到计算机辅助设计、电影游戏特效、医学成像以及科学仿真等众多领域。

真实感绘制的发展与工业需求及商业应用紧密相连。例如，计算机辅助设计软件 (如 AutoCAD 等) 能够使设计人员方便地对产品进行模拟，在实际生产前进行最优的设计，避免额外开销。网上商城可以对商品进行 3D 模拟，使用户在购物时全方位了解产品的各种特性。飞行模拟器能够模拟飞机在各种天气条件下的姿态变化，使操作员方便地练习飞行操控。近年来，真实感绘制在商业电影和游戏特效等娱乐行业得到了前所未有的应用。

早期的游戏是通过栅格扫描绘制的，通过纹理和贴图来模拟真实效果。随着计算机处理速度的提高，光线追踪 (ray tracing)[1] 等高质量绘制方法也逐渐引入实时图形渲染当中。Optix 就加入了部分图形处理器 (graphics processing unit，GPU) 光线追踪算法，可以实时进行简单的光线追踪成像。然而对于每秒 30 多帧的实时绘制要求而言，目前大多数真实感绘制算法的绘制速度还是过于缓慢。不少学者针对个别效果如软体阴影和景深，利用 GPU 提出了交互式或实时的采样与重构算法，以提高真实感图形绘制的速度，使其可以应用到实时绘制领域，这不仅在研究领域是重大突破，在经济上也能获得巨大的收益。同商业游戏的需求类似，真实感绘制同样应用于影视特效领域。电影《爱丽丝梦游仙境》中的小老鼠和《变形金刚》中的擎天柱都是通过图形学技术进行后期处理的结果。近年来很多电影、动画使用了大量计算机图形制作，其中《机器人总动员 3》的制作费用高达 2.8 亿美元，大大高于普通影片的制作成本，主要原因是计算机图形制作困难、耗时。为了更快更好地绘制现实中运动模糊、景深和焦散等视觉效果，工业光魔和皮克斯等许多公司不断地对真实感图形绘制中的采样与重构方法进行研究。提高真实感绘制的速度和质量可以直接降低电影的制作成本。

真实感绘制的另一个主要应用领域就是科研仿真和学术研究，包括自然现象仿真、虚拟场景仿真和物理过程仿真等。比如进行物理上的模拟实验，需要仿真热能的传播或是电子的运动，这是物理学与计算机图形学的交叉应用；再比如医学成像领域，如何正确地显示病人当前的身体情况，关系着病情的判断和病人的健康。正确、真实、快速地绘制所需要的图像，是真实感绘制的主要研究方向。研究高效且实用的采样与重构方法，对使用真实感绘制的各个领域有着不可或缺的作用。但是，现有的真实感绘制方法仍存在很多问题，难以满足日新月异的应用需求，所以针对真实感绘制技术的深入研究有着重要意义和实用价值。

真实感绘制方法的研究已经开展了数十年，提出的主流算法有光线追踪 [1]、光子映射 (photon mapping)[2] 和辐射度 (radiosity)[3] 等。不同的方法有不同的应用场景，目前还没有一种方法可以适用于所有的绘制效果。其中光线追踪通过模拟光线传播过程来绘制图像，针对运动模糊、景深和软体阴影等有很好的效果，是真实感绘制中应用最广泛的方法；光子映射主要用于绘制全局光照、焦散和次表面散射等效果，它可以实现光线追踪难以实现的成像效果；辐射着色模拟辐射度在各个面元之间的传播，主要用于全局光照的绘制，该方法很少在真实感绘制中使用。光线追踪和光子映射是目前真实感绘制的主要方法。

本书主要介绍基于光线追踪和光子映射的自适应采样 (adaptive sampling) 与重构 (reconstruction) 方法及其在光学成像效果绘制中的应用。通过分析绘制场景，提取场景的特征信息，利用自适应采样和重构方法，提高绘制速度，减少内存消耗，绘制高质量的真实感图像。

1.1　真实感图形绘制概述

如前面所述，真实感图形绘制常用的方法有蒙特卡罗 (Monte Carlo) 光线追踪与光子映射。光线追踪通过模拟光线反射和折射等传播过程，采样场景中的信息并重构图像，可以绘制如运动模糊和景深等特殊效果，该方法是真实感绘制中应用最广泛的绘制方法。光子映射通过仿真场景中的光通量，可以绘制如全局光照和焦散等效果，弥补光线追踪的不足，尤其是 2008 年以来出现的渐进式光子映射，使得光子映射也成为研究热点。无论是光线追踪还是光子映射，其绘制方法都包括采样和重构两个过程。

在计算机图形学研究早期，绘制方法主要采用随机采样方法和图像滤波器 [4]。为了在较短的绘制时间内得到高质量的绘制结果，国内外学者提出了一些包含特殊采样模式的绘制方法 [5]。早期方法大多基于对图像本身噪声的分析，给出相应的评估函数，但对于多维绘制空间而言，仍需要大量的采样点来消除噪声。为了减少光照在多维空间中的走样，出现了基于多维空间的采样 [6] 和重构方法 [7]，该类方法将待采样场景看作多维信号，对其进行分析、采样和重构。随着维度的增加，绘制过程中所消耗的内存空间和时间将会呈指数级上涨，这种现象称为维度灾难 (dimensionality curse)。为了自适应地绘制高质量的真实感图像，研究人员提出了基于空域分析的绘制和基于频域分析的绘制两类方法。基于空域分析的绘制方法又分为基于图像维度和基于多维空间两类方法。基于图像维度的绘制方法只在二维空间绘制图像，没有维度灾难的问题，为了绘制高质量的图像，一般需要利用采样中的附加信息来重构图像[8]，如深度、速度、轮廓和镜头的焦距等。基于多维空间的绘制方法一般都有维度灾难的问题，但是基于多维空间的采样与重构方法可以绘制更高质量的图像，而且适用于很多场景。基于频域分析的绘制方法是通过将绘制空间转换到频域进行分析和处理，常用的分析方法有傅里叶变换和小波分析[9]。这类方法大多只能针对少数几个维度进行变换，一般只能优化一到两种特殊效果，难以满足大多数场景和效果的绘制要求。

1.1.1 采样与重构

真实感绘制是将模型表示的三维场景尽可能真实地显示为包含多种效果的二维图像，模拟真实情况下相机成像的物理过程，尽可能逼真地显示真实的场景。其绘制过程主要分为采样与重构两个部分：采样是指通过合适的方法离散地获取已有场景的光照信息；重构是将采样得到的光照信息尽可能地还原成真实情况而显示出来。在真实感绘制过程中，如何通过不同的采样和重构方法加快绘制的收敛速度，减少生成图像的噪声和走样，是目前各类方法研究的主要方向。

1. 采样过程

大多数真实感图形绘制方法都使用规律采样[10]或随机采样。其理论基础和信号处理理论类似，根据奈奎斯特定理 (Nyquist theorem)，如果要完全重构采样信息，采样点的频率要大于信号中最高频率的两倍。当采样频率小于目标信号频率两倍时，因为无法完全重构信号，所以就会出现走样。

在绘制过程中，场景就是连续的多维待采样信号，采样过程就是获取待绘制场景信息。而场景信息中有不少高频区域，如物体边界和阴影[11]等。采样方法的采样频率难以达到要求，就会出现诸如锯齿之类的边界走样特征。为了计算场景中连续的光照信息，绝大多数使用蒙特卡罗方法投放采样点，实现光线追踪或是光子映射方法。蒙特卡罗采样方法在光线折射或反射时，一般使用俄罗斯轮盘赌 (Russian roulette) 决定方向，这样在有限的资源下可以得到较为真实的结果。

在以蒙特卡罗方法为基础的真实感图形绘制过程中，走样是计算机生成图像的一个主要问题。走样是对连续的图像信息进行离散采样时，对高频图像特征采样不完全而造成的。采样频率和图像频率差异越大走样越严重。针对这一问题，

Cook[4]、Mitchell[12]、Kajiya[13] 分别提出了多种采样方法，如随机采样、抖动采样以及泊松盘采样等。这些方法是通过在一定范围内随机采样，将走样转化为人眼比较容易接受的高频噪声。但是这些方法只是转化了走样特征，而不能消除转化后的噪声。为了使用有限的采样点来尽可能地消除噪声，根据图像频率的特征，在高频区域投入高密度的采样点，在低频区域投入低密度的采样点，就是自适应采样 [14,15]。真实感图形绘制中采样技术的研究主要分为两大类：① 使用何种采样点分布；② 使用何种采样点投放策略。

改进采样点的分布可以提高绘制质量，减少图像走样，并将走样转换为人眼较能接受的噪声。Cook[1,4] 分析了随机采样模型，提出了随机采样方法，将图像中无法消除的走样转换为噪声。为加速采样点分布的生成速度、降低走样，Hiller 等 [16] 和 Ostromoukhov 等 [17,18] 提出了一系列不同的采样方法。常用的采样点分布生成方法有抖动 (jithering) 采样与泊松盘 (Poisson disk) 采样。

抖动采样 抖动采样是对采样点位置加入扰动的一种采样方法，是随机采样的一种模式。抖动采样的基本思想是利用已有的采样模式，例如，按像素间隔的规律采样，在采样位置加入适量的随机偏移，如一个像素区域。这样既保证了在一定区域内存在采样点，又保证了采样点的随机性，减少了走样。抖动采样种类繁多，基于网格的抖动采样适合图像采样方法 [4]。Balakrishnan[19] 对抖动采样进行了一维的分析，并得出抖动采样具有如下三个特点：① 高频下会衰减；② 衰减的能量会转化为噪声，衰减密度和噪声密度相等；③ 基本频谱没有改变。基于图像维度的自适应绘制算法进行初始化时，经常使用抖动采样对像素进行采样。

泊松盘采样 Jr Yellot[20] 的研究表明，当使用符合蓝噪声 (blue noise) 分布的采样点绘制时，图像会呈现更好的视觉效果。泊松盘分布 [4,21,22] 是一种符合蓝噪声的分布，因此泊松盘采样被认为是一种较理想的采样方法。泊松盘采样的基本思想如下：为了保证采样点趋于蓝噪声分布，在每投入一个采样点时，保证该采样点相对于其他已有采样点存在一个最小距离，该距离为泊松盘的直径，所有在采样空间中的采样点好像有一个盘子包围着一样。泊松盘的频率分布趋近于蓝噪声分布。由于每次采样要与其他已有采样点进行比较，所以泊松盘采样方法生成速度慢且不容易控制采样点总数。针对以上缺陷，Hiller 等 [16] 提出一种基于 Tile 的采样方法，加速了泊松盘采样速度，然而该方法会降低频谱上的分布质量，且分布有不可控的各向异性。为加速生成不同种类的泊松盘采样点，Wei 提出了多级泊松盘采样 [23] 和并行的泊松盘采样算法 [24]。针对多维空间，Gamito 和 Maddock[25] 提出了多维泊松盘采样方法。近年来，相关学者提出了半径可变的泊松盘采样，应用于自适应绘制方法的采样点投放中 [26]，以及走样可控的蓝噪声采样 [27]。Lagae 和 Dutré[28] 对泊松盘采样方法进行了总结、对比和分析。在二维和多维绘制方法中，自适应采样过程经常使用泊松盘分布。

采样点投放策略一般包括自适应采样与重要性采样：自适应采样是通过分析已有的采样结果，将采样点投放到更感兴趣的地方，一般为采样高频区域；重要性采样 (importance sampling) 是指在光线传播过程中，根据路径光照贡献的大小进行反射和折射，采样光照贡献更大的区域。这两种方法都可以加快绘制方法的收敛速度 (收敛是指绘制图像不断逼近真实图像的过程)。

2. 重构过程

重构是根据已有的离散采样点或其他信息，尽可能地合成真实图像。因为采样点的频率大多数情况下低于待采样图像的频率，合成图像就可能存在噪声和走样，无法完全重构图像。为了尽量重构出接近理想图像的最终结果，重构过程一般需要构建滤波器对采样结果进行反走样和去噪。Cook[4] 分析了重构滤波器在频域对采样点的影响。Perona 和 Malik[29] 对各向异性分布进行了研究。在此基础上，Tomasi 和 Manduchi[30] 给出了一种双向滤波器来重构图像。Pharr 和 Humphreys[31] 介绍了通用的几种滤波器，并对它们是否会产生走样进行了分析。

图 1-1 给出了一维情况下，使用泊松盘采样算法后，滤波器如何过滤采样点的示意图。由图可知，虽然滤波器可以平滑图像、过滤噪声，但是如果滤波器选取不当，同样会造成图像走样。

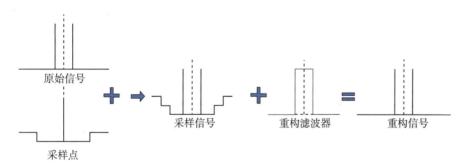

图 1-1 重构采样信号

滤波器是常用的重构方法，根据当前待绘制像素周围采样点在空间中的位置和特征，赋予它们不同大小的权值来重构像素值，计算过程如公式 (1-1) 所示。

$$P(x) = \sum_{s \in \Omega(x)} \alpha_s I_s \tag{1-1}$$

像素值 $P(x)$ 通过遍历滤波器空间 $\Omega(x)$ 内的所有采样点 I_s 计算得到。根据

权值 α_s 不同，每个采样点对最终像素值的贡献也不同。权值一般是通过采样点到像素的距离来确定的，如低通滤波器 [32]。而各向异性滤波器则是利用图像绘制空间的特征，赋予不同采样点各向异性的权值，但是各向异性信息一般需要从采样点附加的如法线、深度和概率等信息得到。

1.1.2 真实感图形绘制方法

真实感绘制的场景可能是自然现象或是人文景观，成像效果可能包括全局光照、大气散射、焦散、色散、体散射、景深、运动模糊和软体阴影等。目前还没有哪一种方法能够很好地适用于所有场景和所有效果。针对不同成像要求，主要提出了两类方法：光线追踪类方法和光照存储类方法。

1. 光线追踪

在计算机图形学绘制中，蒙特卡罗光线追踪模拟光线在场景中的传播、反射和折射等过程，最终通过积分入射到视点的光线得到图像。该方法符合物理光学成像过程，属于无偏方法 (unbiased method)。它适用于大多数的场景，但是对于某些场景不易绘制，如多次镜漫反射 (specular-diffuse-specular, SDS) 场景。光线追踪类方法一般包括：传统光线追踪、分布式光线追踪 (distribution ray tracing, stochastic ray tracing)[1]、双向光线追踪 (bidirectional ray tracing)[33] 和中心光路传播 (metropolis light transport, MLT)[34] 等。其基本绘制方程 [13] 如公式 (1-2)所示。

$$L(i,j) = \int L(x,\omega_o)\mathrm{d}x$$
$$L(x,\omega_o) = L_e(x,\omega_o) + \int_\Omega f_r(x,\omega_o,\omega_i)L_i(x,\omega_i)\cos\theta_i\mathrm{d}\omega_i \tag{1-2}$$

像素 $L(i,j)$ 的值等于场景中所有可见的点 x 到该像素的光线积分。对于可见点 x在方向 ω_o 上射出的光线强度 L，是由该点在该方向上发射的光线 L_e 和该点其他方向 Ω 上所有入射光 $L_i(x,\omega_i)$ 在该方向上的反射光积分得到的。f_r 为双向反射分布函数 (bidirectional reflectance distribution function，BRDF)。很多 BRDF模型都可以直接进行采样，比如 Phong 模型 [10]、Ward 模型 [35] 以及 Lafortune模型 [36] 等。路径追踪 [37] 和光子图 [38] 方法扩展后都能进行 BRDF 和全局光照的采样。Burke 等 [39] 提出了一种方法可以对环境光源下的复杂材质物体进行绘制。对于求解绘制方程中的积分，Bakhvalov[40] 及 Haber[41] 的分析表明数值积分算法较标准蒙特卡罗的性能优势随着积分维度的增加呈指数下降趋势。

随着真实感绘制要求的提高，仅仅对场景空间中光线反射等现象的积分已不能满足对运动模糊和景深等效果的绘制要求。研究者在公式 (1-2) 的基础上扩展积分维度 [42,43] 得到如下绘制方程：

$$L(i,j) = \int_{i-0.5}^{i+0.5} \int_{j-0.5}^{j+0.5} \int \cdots \int f(x,y,u_1,\cdots,u_n)\mathrm{d}x\mathrm{d}y\mathrm{d}u_1 \cdots \mathrm{d}u_n \qquad (1\text{-}3)$$

公式 (1-3) 增加了除图像空间 (x,y) 外的维度积分。$u_1,\cdots,u_n$ 表示场景中除图像空间外的维度，如时间、镜头、BRDF 和面光源等。通过光线在时间和镜头等维度的积分可以得到运动模糊和景深等效果。从公式 (1-3) 可以看出，绘制是关联积分函数的应用，其中参数是可变的。真实感绘制技术就是研究如何采样和重构这些绘制方程，而绘制空间包含公式 (1-3) 中所有可能的光照积分维度。

在蒙特卡罗光线追踪的方法中，研究者采用多种特殊技术方法，把反射方程和光照模型等引入绘制模型中。早期的研究包括 BRDF 的重要性采样 [44] 和环境光照的重要性采样 [45] 等。Veach 和 Guibas[34] 提出的中心光路传播是一种新的蒙特卡罗光线追踪算法，该方法使用之前光线的历史信息来采样高密度的发光区域，可以认为是一种基于场景空间的自适应采样方法 [46]。Chen 和 Williams[47] 描述了一种小孔相机的视场插值算法，该方法可以绘制运动模糊和软体阴影。Lee 等 [48] 模糊了采样和重构的界限，将场景栅格化成多层深度的图像 (LDI) 来加速对焦效果，然后使用 LDI 来代替场景进行快速光线追踪。Chen 等 [49] 通过使用深度图从滤波器组中为每个像素选取一个滤波器来处理景深效果。Lehtinen 等 [50] 通过成像原理利用采样点反向重构最终图像，可以处理运动模糊、景深和软体阴影等复合效果。Lehtinen 等 [51] 还提出了一种方法对间接光照信息进行复用，来绘制全局光照图像。

2. 光照存储

在光线追踪的基础上，光照存储类方法的基本思想是将光线追踪过程中得到的信息存储下来，在之后基于视点的绘制过程中可以重复使用，加快绘制速度并提高绘制质量。该类方法适合绘制全局光照、焦散、色散和体散射等效果，但是不适合与运动模糊和景深等效果相结合。这类方法一般都是有偏的 (bias method)。光照存储类方法包括：辐射着色 [52]、辐照度缓存 (irradiance caching)[53,54]、辐射度缓存 (radiance caching)[55]、光子映射 [2] 和光子束 (photon beam)[56−58] 等。

辐射着色方法将场景分为不同的片元 (patch)，保存每个片元的全局光照信息。该方法为了减少存储开销，假设场景都是漫反射材质。该方法迭代计算每两个片元之间辐射的相互作用值，在多次迭代下各个片元存储的光照可以逼近真实的全局光照，然后从视点进行光线追踪绘制图像。片元光照的基本方程如公式 (1-4) 所示。

$$B_i = B_\mathrm{e} + (\pi\rho_i)\sum_{s_j \in S} B_j F_{ij} \qquad (1\text{-}4)$$

其中，B_i 是场景中片元的辐照度；B_e 是片元自身发射的辐照度；ρ_i 是片元 i 的双向反射率；S 是整个半球 (hemispherical) 的辐照空间；F_{ij} 是两个片元之间的波形因数 (form-factor)。该方法可以有效地解决颜色流失 (color bleeding) 和焦散噪声等问题。但是因为对片元的划分，该方法存在迭代次数多和精度上的问题。不同于辐射着色方法，辐照度缓存和辐射度缓存同样保存场景的全局光照信息，但是都不需要对场景进行划分。该类方法基于采样点保存间接光照 (indirect illumination) 信息，在视点绘制图像过程中，如果采样点采样到场景中某一点，则搜索该点周围的辐照度缓存或是辐射度缓存。若没有缓存则在该点进行辐照度采样或辐射度采样，缓存采样结果；若存在缓存则插值得到采样结果。辐照度缓存方法与辐射着色方法一样假设场景材质为漫反射材质。辐射度缓存方法可以适用于光亮 (glossy) 材质，该方法在保存光照的同时还保存了光照的入射角度。因为这些方法存在对材质的假设，所以很少在真实感绘制中使用。

　　光子映射是粒子追踪的一种，从辐照度等方法演化而来，使用数据结构"光子"存储光照信息，每个光子有不同种类，用于重构最终图像。该方法分为两部分：第一步，从光源发射光子，光子在场景传播过程中存储在场景需要的不同部分，如反射面、云雾中；第二步，从视点追踪相机光线，在反射面上一定范围内寻找光子，通过插值得到该交点的光照值。该方法的绘制方程如公式 (1-5) 所示。

$$L(x,\omega) \approx \sum_{p=1}^{n} \frac{f_r(x,\omega,\omega_p)\Phi_p(x_p,\omega_p)}{\pi r^2} \tag{1-5}$$

式中，f_r 为 BRDF；Φ_p 表示所有在半径 r 内的光子。绘制过程中，使用的光子数相同，光子的分布决定了绘制质量。由于算法在成像前需要保存大量光子，该方法受到内存的限制，难以绘制精确的图像。渐进式光子映射 (progressive photon mapping)[59,60] 解决了内存限制的问题。渐进式光子映射是一种一致性方法，不需要存储光子，但是需要存储视点光线与场景的交点，它通过不断地迭代来得到正确的绘制结果。该方法每次迭代分为两步：第一步从视点采样光线，保存光线在场景中的交点 (也称采样点)；第二步从光源投放光子，如果光子传播过程中在交点估计半径 (estimate radius) 内，则更新相机光线的光照值，每次迭代更新交点的半径，更新方法如公式 (1-6) 所示。

$$R(x) = R'(x)\sqrt{\frac{N(x)+\alpha M(x)}{N(x)+M(x)}} \tag{1-6}$$

其中，$R(x)$ 为更新后的半径；$R'(x)$ 为之前的估计半径；$N(x)$ 为点 x 内的光子数；$M(x)$ 为每次迭代减少的光子数；α 为调整值，控制半径的收敛速度。渐进式光子映射解决了传统光子映射内存消耗的问题，算法虽然是有偏的，但具有一致性，可以收敛到正确的结果。

3. 视点依赖和非视点依赖方法

真实感绘制根据是否依赖视点来计算光照信息，可分为视点依赖 (view-dependent) 方法和非视点依赖 (view-independent) 方法。比如，光线追踪一般是视点依赖的方法，而光照存储一般是非视点依赖的方法。

非视点依赖方法不依赖于任何虚拟的摄像机。辐照度和传统光子映射 (渐进式光子映射是视点依赖方法) 就属于非视点依赖的方法。这些方法一般是计算并存储场景的全局光照信息。这样在绘制过程中，通过很少的开销就可以得到不同视点下的全局光照图像。但是，非视点依赖方法存在很大缺陷，该类方法存储的全局光照信息需要消耗大量存储空间。许多方法都要通过增加限制条件来减少存储空间的消耗，从而难以得到精确的图像。比如，假设场景中物体表面都是漫反射材质，这样入射光线的入射角就不需要存储了。非视点依赖方法的另一个缺陷是，此类方法经常在场景几何体上存储光照信息。这样表示场景中的景物必须是具体的模型，不能是解析方程。

视点依赖的方法一般是从一个视点计算光照信息，并且不存储全局光照信息，只估计到达视点的光线。比如光线追踪和双向光线追踪就是视点依赖方法。该类方法可以处理复杂场景和大多数 BRDF 材质，使用少量的内存来绘制多数效果。缺点是没有保存全局光照信息，每次绘制重复计算了大量的光照信息。所以视点依赖方法的计算开销非常大。渐进式光子映射虽然源于光子映射，但是却属于视点依赖方法，因为其保存的不是场景中的全局光照信息，而是视点能看到的光照信息。

1.2 基于几何光学的自适应成像效果绘制方法

Whitted[61] 最先描述了一种基于平均采样的自适应采样算法。早期提出的方法中，自适应采样主要分为两大类。一类方法是基于局部图像的方差来改变采样点的密度 [62]，比如根据人眼在光照强度迅速变化下的非线性反应，利用对比度来近似地进行建模 [63]。另一类方法是使用两种不同的采样密度级别，即普通采样级别和高密度采样级别，对大多数平滑区域进行普通采样，对高频率区域进行高密度采样。基于 Cook[4] 给出的采样和重构方法的理论分析，Mitchell[12,14,64] 给出了采样与重构的理论框架和自适应采样的理论依据。图 1-2 给出了一般自适应绘制方法的基本框架和流程。在自适应采样方法中，基本上每种方法都需要一个评判算法，给出每个采样点应该在哪个区域进行采样。这里称这个算法为评估方法，该方法会对每个待采样区域进行评估并给出一个评估值，称为错误值或错误评估值，即该区域采样值与真实值可能的差距。一般来说，错误值越大说明该区域需要的采样点越多，投入的采样点密度也应该越大。另外，在采样过程中，还需要收集采样点的反馈信息，如概率、深度和光照等。在重构过程中，为了构建重构滤波器，一般方法都会基于一种或几种信号处理方法确定滤波器的大小和形状，对采样点进行重构。

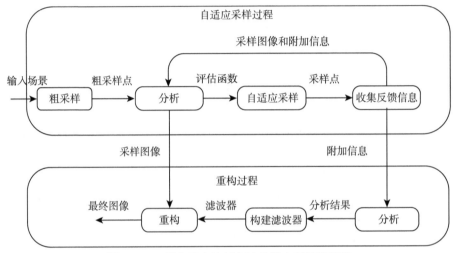

图 1-2   一般自适应绘制方法的基本框架和流程

自适应绘制方法主要分为自适应采样和重构两个过程。一部分方法只提出自适应采样算法[12,45]或是特殊的重构算法[65,7,66]来绘制图像。另一部分则提出自适应采样方法和与之配套的重构算法[42,67]来绘制图像。自适应绘制方法主要的研究对象有采样对象和空间特征。

采样对象 自适应采样方法的改进主要用于减少噪声和加速收敛。采样对象包括图像维度、BRDF、光源和各种采样维度等。

图像维度采样即是对图像空间投放采样光线，通过视点的位置和待采样图像上某一点可以确定一条采样光线，模拟该光线在场景中的传播就可以得到该采样光线的光照贡献值，采样图像中每个像素后就生成了一幅图像。根据投放采样点位置的不同，可以选取不同的采样频率。自适应采样就是在图像中的高频部分投放更多的采样点，来加速高频部分的收敛速度并减少噪声。

BRDF 采样就是在光线的传播过程中，当光线与场景中物体表面相交并需要反射或折射时，根据该表面材质的 BRDF 采样得到新的传播路径，该方法需要采样得到绘制方程中采样光线在物体交点半球范围内的所有光线贡献值。BRDF 采样一般采用俄罗斯轮盘赌的方法。因为根据材质和周围环境的不同，不同反射光线有不同的贡献值，所以根据光线权值的不同来进行采样，可以加速光线在该点的收敛速度，该方法称为重要性采样。

光源采样一般针对包含多个光源的场景，常用随机选取的方法，在传播过程中如果光线在场景中的交点与多个光源可见，则随机地选取一个光源计算光照贡献值。如果是双向光线追踪，则随机地从一个光源发射跟踪光线。如果是光子映射，则是从所有光源发出光子，根据光源大小和类型，随机地决定光子发射的方向。对这些采样方法使用自适应策略则可以加速收敛过程，减少绘制时间。

采样的对象还包括镜头、时间和面光源等其他维度，增加这些维度可以增加真实感绘制的运动模糊、景深和软体阴影等效果，对这些维度的采样同样可以用自适应方法。

空间特征 自适应绘制方法是在采样过程中对感兴趣的部分进行特殊处理，所以需要建立评估函数。该函数提取空间中感兴趣的部分，称为错误评估 (error estimation) 或是错误标准 (error criterion)。它一般用于自适应的采样过程，也可以用于重构过程。常见的特征有光照、深度和法线等，常见评估方法有求和、方差、距离或是梯度等。

为了自适应地投放采样点，评估函数需要针对感兴趣的特征进行评估。因为图像的走样和噪声大多发生在图像的高频区域，这些特征多由物体的边界、运动和景深等引起，所以在建立特征函数时，很多方法都考虑物体的表面法线、速度或是深度。而真实感绘制就是仿真物理光线的传播，所以光照信息也是大多数方法需要提取的特征。

场景中的物体可能有旋转、平移和缩放等多种运动方式，每种运动都有一定的速度，物体的速度影响着图像中运动模糊的范围。提取物体的速度信息需要对场景本身有一定程度的了解。物体的深度信息是大多数绘制方法都会计算的，是在采样过程中可以得到的信息，与相机的镜头参数共同决定了物体在最终图像中的景深效果，深度信息可以有效地调节对镜头的采样。物体的边界是图像主要的高频部分，是全局光照中噪声和走样的主要来源，表面法线可以有效地指出物体表面的变化，法线信息在采样物体表面时可以得到，而且与 BRDF 的计算也相关。以上几种特征都需要对场景本身有一定程度的了解，需要或多或少地改变绘制流程。而光照信息则是所有绘制方法都会给出的，可以将绘制方法看作黑盒。只基于光照特征的评估方法可以适用于绝大多数方法，但是效果一般不如使用上述特征提取的绘制方法。

(1) **基本评估方法** 基于局部方差的评估函数是最早的自适应采样算法。因为光线追踪方法是无偏方法，光照均值与真实光照的期望差为零，所以可以用方差表示错误估计。很多之后提出的研究方法都基于简单的局部方差分析，比如

Hachisuka 等 [42] 的多维自适应采样过程中，使用局部方差计算函数来评估多维空间中某一区域的错误值；Rousselle 等 [68] 通过最小化局部方差来绘制图像；Lee 等 [62] 和 Mitchell[12] 分别给出了两种经典的局部方差计算方法。

$$V(x) = \frac{1}{N_x} \sum_{s \in x} \left[f(s) - \bar{f} \right]^2 \tag{1-7}$$

公式 (1-7) 是传统的方差计算公式，由像素区域 x 内所有采样点的颜色 $f(s)$ 与其平均值 f 的差值的平方和得到，N_x 是像素区域 x 内所有采样点的数量。因为均值比起真实值会更接近像素区域里 $f(s)$ 的值，导致该方差是有偏的，所以一般将 N_x 替换为 $N_x - 1$。该方法评估效果较好，但是计算结果范围不可控。同时计算速度慢，每插入一个采样点就要重新计算一次均值和所有的差值。因此在此基础上，Mitchell 给出了一种计算较快的方法。

$$V(x) = \left(\frac{I_{\max} - I_{\min}}{I_{\max} + I_{\min}} \right)^2 \tag{1-8}$$

式中，$I_{\max}$ 和 $I_{\min}$ 是像素区域 x 内光照的最大和最小值。由公式 (1-8) 可知，$V(x)$ 的大小在 $[0,1]$ 之间。该方法计算速度快，每次更新只需要与区域内最大和最小的值进行比较即可，但是该方法受峰值点和噪声点的影响较大，同时要求像素内采样点颜色值不全为 0。另外，为了给出有偏绘制方法的错误估计，许多学者提出了有偏噪声 (bias-noise)[69] 的计算方法。Hachisuka 等 [70] 针对渐进式光子映射提出了一种有偏噪声的估计方法。

(2) **其他评估方法** 在基本评估方法的基础上延伸出了其他的评估方法。因为绘制过程中的采样点不仅包含场景中某一点的光照数据，还可能包含位置、法线和时间等特征信息。这些数据可以通过采样或是外部输入得到，利用这些附加的场景信息，可以指导绘制方法更好地采样和重构图像。McCool[71] 使用图像的颜色、深度和法线等信息图来保存图像细节，描述了一种基于各向异性的滤波器 [29]。Xu 和 Pattanaik[72] 提出了一种改进的双向滤波器，通过对比经过高斯滤波后图像的不同部分来提高绘制质量。Dammertz 等 [73] 使用法线和位置等附加信息来定义一种边界避免滤波器。还有方法通过在噪声区域加入平滑基来减少噪声 [74]，针对全局光照滤波器使用基于图形边界信息的缓冲来重构图像 [75-77]。信息论也被应用于光线追踪来改进自适应绘制方法 [78]，使用采样信息和噪声的熵来获得某部分图形的绘制质量。

真实感绘制中的自适应采样与重构方法主要有基于光线追踪和基于光子映射两类。基于光线追踪的方法还可以根据其分析对象来进行分类：一类是基于空域分析的自适应采样与重构方法；一类是基于频域分析的自适应采样与重构方法。

1.2.1 基于空域分析的光线追踪绘制方法

因为空间特征符合真实感绘制过程本身基于空间的特性,便于获取与分析,具有直观性,所以是目前主要的自适应绘制方法。该类方法主要有基于图像维度和基于多维空间两大类。

1. 基于图像维度的自适应采样与重构

由于计算机性能的限制,随着绘制空间维度的增长,难以对多维空间进行分析和处理,所以不少图形学的绘制方法只针对最直观的图像维度 (即成像平面) 进行自适应的采样与重构。为了给出评估函数,自适应采样需要对图像维度的场景信息进行分析,这些分析大多集中在对图像局部特征的计算上,例如,图像边界检测和局部方差计算等。为了能自适应地对图像中重要的信息进行采样,先后出现了基于局部方差[12]、模糊度[79]、小波[45]、最小化方差[68] 和信息论[43] 等技术的自适应绘制方法。早期,Lee 等[62] 利用采样均值,给出了一种计算局部方差的方法,之后被 Mitchell 改进[12],并应用于自适应采样方法中。Xu 和 Pattanaik[72] 提出了改进的双向滤波器,通过图像中平滑区域的值来过滤蒙特卡罗噪声。Sen 和 Darabi[43] 使用联合的双向滤波器,对场景信息进行分级来绘制图像。基于图像维度的绘制方法如果仅仅针对光照信息进行分析,会存在很多局限性。许多方法引入采样的几何形状、法线和深度等附加信息来辅助绘制。比如,Ritschel 等[80] 提出了一种基于少数采样点的边界敏感双向交叉滤波器。Shirley 等[81] 使用深度缓存给每个像素定义了一个滤波范围。Dammertz 等[73] 使用 A-trous 小波变换提出了一种边界避免滤波器。Bauszat 等[82] 使用辅助图像来绘制高质量的图像。Rousselle 等[83] 使用非本地均值滤波器来去噪[84]。目前已有的基于图像维度分析的自适应绘制方法主要可以分为以下几类:① 通过局部方差估计来自适应地采样场景[12,14,62,64];② 利用非线性或是多尺度的滤波器对采样点进行滤波[68,83,85];③ 利用采样点的附加信息构建的重构方法[43,71,73]。

Rousselle 等[83] 提出了一种基于像素的局部区域错误值计算方法,利用不同像素区域内评估值的不同,构建不同大小的像素滤波器,该滤波器以最小化像素错误值为标准。Lee 和 Redner[85] 给出了使用非线性滤波器的绘制方法,比如 alphatrimmed 滤波器 (统计高亮点和剩余点平均值)。Rushmeier 和 Ward[86] 提出了一种非线性滤波器,查找出贡献值中的 "噪声" 采样点来平滑信号,通过查找在采样一定时间后仍然高于阈值的高方差像素区来定义噪声采样点。Jensen 和 Christensen[32] 描述了一种蒙特卡罗滤波器,它通过分离低频的间接光照和图像的其他部分来平滑图像。利用局部方差可以评估图像的错误值,而错误值越小则近似说明距离真实值越接近,根据这一思想,Rousselle 等[68] 提出了一种使用贪婪算法最小化局部错误值的自适应绘制方法。Stein[87] 提出了一种无偏风险评估

器 (SURE)，该评估器根据均方误差值来评估采样点的分布 [88]，可以用来评估和过滤不同区域的采样点。大多数二维滤波器都将采样方法看作黑盒，根据已有的采样点分布和信息来重构图像。

2. 基于多维空间的自适应采样与重构

基于图像维度的自适应采样方法在采样运动模糊、景深和软体阴影等真实感效果时只是随机地对时间、透镜和面光源等维度采样，没有多维的自适应性。对于重构方法而言，单纯重构二维信号，对于多维空间中的边界间断等区域会产生走样或是噪声。场景的多维绘制空间即是多维信号，其中频率的大小与场景中不同区域的复杂度相关。同二维空间绘制情况类似，如何自适应采样多维空间中的高频信息，去除走样和噪声，尽可能重构出理想图像，是多维自适应绘制方法研究的主要内容 [21,31,64,89]，其基本绘制过程如公式 (1-3) 所示。基于这一思想，Keller[90] 在 Heinrich 和 Sindambiwe[91] 研究的基础上，提出了一种多级蒙特卡罗算法。它使用插值计算多维积分函数，缓解维度灾难问题。Hachisuka 等 [42] 提出了一种多维的自适应采样与重构方法，该方法将空间分割为 KD 树 (k-dimensional tree)，可以自适应地提取多维空间的局部方差信息，根据每个采样点的各向异性矩阵对图像进行重构。该方法可绘制高质量的运动模糊和景深等成像效果，但随着采样维度和图像分辨率的提高，所需的内存和时间则迅速增长。Walter 等 [7] 提出一种多维光路分割算法，适用于加速大量光源的场景绘制，但是对于绘制普通场景效果并不明显，该方法只考虑单个像素内的点对，忽略了像素之间的影响。Shirley 等 [81] 使用深度缓冲来辅助滤波，但是只关注于景深效果。Segovia 等 [76]，Dammertz 等 [73] 和 Bauszat 等 [82] 关注于交互式的全局光照，他们根据多维空间下的几何属性来重构图像。目前已有的多维自适应绘制方法主要有以下两类：基于多维空间分割的采样与重构 [7,8,42] 和其他多维自适应绘制方法 [76,82]。

多维绘制方法主要是基于绘制空间分割的方法。绘制多维场景就是对多维函数进行积分，其绘制复杂度随着维度和绘制要求而变化。为了简化多维空间绘制和分析空间特性，大多数方法将多维空间分割成不同的区域，自适应地采样和重构不同变化频率的绘制空间来得到高质量的图像。绘制空间分割本质上是针对公式 (1-2) 或公式 (1-3) 中光线的积分空间进行分割，将复杂的空间函数分割成便于估计的简单子空间，然后估计每个子空间的积分值，将多重积分计算转换为简单的累加运算。多维空间的分割方法主要是检测空间边界和间断，或是划分不同的频率区域，这些方法大部分是从二维空间中的处理方法扩展而来的。Guo[92] 提出了一种渐进的技术来采样图像空间，并且检测图像中的间断。Walter 等 [93] 使用绘制高速缓存将片元点由一帧图像投影到下一帧图像，通过对采样点的插值来达到可交互绘制的效果，但是由于缺乏图像边界的知识，边界区域会出现模糊。

Pighin 等 [94] 提出了一种基于硬件的，渐进地检测静态场景中可见区域和硬阴影边界的方法。辐射插值系统 [95] 使用错误保护分析来对四维空间进行辐射度的采样，在采样过程中将空间进行分割，重构图像时可以加速图像绘制速度。同时可交互的多维光线追踪也是一大研究热点 [96,97]，Wald 等 [98] 使用快速分布式光线追踪和过滤器来减少并行蒙特卡罗仿真中的图像噪声。关于检测图像中间断和分割信息的研究一般有两类：一类方法关注于单一特征的检测，如可见性和阴影检测 [99]；另一类方法关注于场景中一般的可见特征 [100−102]。

联合点和边的绘制方法：Bala 等 [8] 提出的绘制方法是空间分割绘制算法的经典应用。该方法不考虑运动模糊和景深等效果，将绘制空间看作由不同物体分割而成。从多维空间中提取三维图形和阴影等待绘制特征的边界信息，将这些边界信息映射到二维图像空间，在映射过程中考虑遮挡等情况。对于分割后的图像空间，根据已有的采样点快速重构图像。

多维光路分割的绘制方法：Walter 等 [7] 提出一种加速光照计算的方法，可以加速绘制运动模糊、景深和半透明介质等。它将场景中的光照分割成大量的光源和聚合点，利用物体和光源间的可见性关系来加速光线积分。

基于 KD 树的绘制方法：多维空间自适应绘制方法中，为了能适应各种场景效果，需要考虑公式 (1-3) 中所有的积分维度，许多方法都使用 KD 树模型对高维的空间进行分割。最早 Kajiya[13] 描述了多种使用自适应或是分层采样的方法来估计渲染方程，并推荐使用 KD 树来进行采样。类似于 MISER 方法 [6,103]，Hachisuka 等 [42] 使用 KD 树分割多维空间并给出一种能够绘制高质量的场景效果的方法，该方法使用公式 (1-7) 计算每个 KD 树节点的局部方差，自适应地在最大方差的节点处投放采样点，该方法可以用少量的采样点重构高质量的图像。

1.2.2 基于频域分析的光线追踪绘制方法

在空间特征分析的基础上，有学者提出了基于频域特征分析的绘制方法。真实感绘制方法中的采样与重构本质上可以看作信号的采样与重构，所以将待处理信号转换到频率域进行分析，构建基于频域的采样方法和重构滤波器将会有更好的效果，频域变换主要是使用小波分析和傅里叶变换等数学方法。计算机图形学中的小波分析是从图像处理领域扩展而来的 [104−107]，基于小波分析的采样方法主要是对待绘制的图像进行小波分解，根据分解结果计算不同尺度区域的错误值进行自适应采样。小波分析早先主要应用于对 BRDF 或是环境光照的重要性采样 [44]，近年来也用于绘制各种真实感成像效果。Strang 和 Nguyen[107] 将其用于去除噪声，使用硬阈值和软阈值来约束细粒度的尺度函数。基于小波的频域处理过程中，除了使用小波基，也可以使用其他基函数，比如 Meyer 和 Anderson[74,108] 根据图像映射来减少动态序列的噪声，同时调和函数也被用于光照仿真的基函数或是辐射转换的预计算 [109,110]。同小波分析类似，傅里叶变换也被应用于自适应采样和重构领域 [111]，Durand 等 [9] 使用傅里叶变换分析了光线追踪过程。Egan 等 [65] 和 Soler 等 [112] 提出了针对运动模糊、景深或是软体阴影的基于傅里叶变换的自适应采样和重构方法。基于频域分析的采样与重构流程如图 1-3 所示。

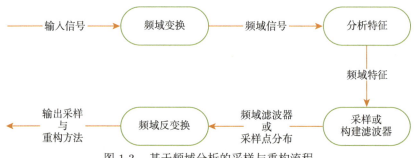

图 1-3　基于频域分析的采样与重构流程

基于频域的自适应绘制方法，首先根据分析方法，将输入信号变换到频域下，分析其信号特征，针对方差、各向异性等特征构建采样分布或是重构滤波器，然后反变换到空域下对原有信号进行采样或是重构。该方法主要分为以下两类：基于小波分析的采样与重构 (包括超小波分析等 [45,67,73]) 和基于傅里叶变换的采样与重构 [9,65,112,113]。

1. 小波分析模型

由于小波分析 (wavelet analysis) 在频域和空域的双重特性 [106]，所以被广泛用于计算机图形学的绘制算法当中，主要应用于真实感成像效果绘制、BRDF 采样和环境光照的重要性采样等。有学者通过对小波系数分布的统计模型进行自适应绘制 [114]，对图像子区域进行分析和变换 [115]。还有学者提出了一种图像区域的协作滤波器组来提高光线追踪算法的绘制效果 [116]。Lalonde 等 [117] 使用小波来表示 BRDF 并提供了一种新的重要性采样模式，该方法基于对小波树进行随机采样。Claustres 等 [118,119] 也使用了类似的方法进行绘制。Matusik 等 [120] 使用小波来表示 BRDF 并且提出了一种数值方法来采样 BRDF 数据。Donoho 和 Johnstone[121] 将 SURE[88] 引入小波收缩算法中，通过噪声的输入来构建评估函数。自适应小波绘制方法 [67] 扩展了频率光线追踪 [122]，通过模糊高频信息来过滤噪声。

BRDF 重要性采样　早期小波分析被应用于 BRDF 的采样。Clarberg 等 [45] 通过小波对复杂光照方程的乘积进行分析，使用哈尔 (Haar) 小波，将均匀分布的随机采样点进行分层交换，生成符合待采样信号特征的自适应采样点。

自适应采样与重构　小波分析同样可以被用于真实感绘制的自适应采样和重

构。Overbeck 等 [67] 提出了一种基于小波的自适应绘制方法。该方法以图像像素为离散数据信号进行小波分析,使用公式 (1-8) 计算像素内的局部方差,利用小波分析计算不同尺度下的错误评估值,对不同尺度下的各个部分进行自适应采样。

全局光照 全局光照一直是研究的热点问题,近年来小波分析也用于构建全局光照滤波器。Dammertz 等 [73] 提出一种基于 A-trous 小波的滤波器可以绘制高质量的全局光照效果。传统的全局光照滤波方法,大多会在图像的边界处产生模糊或走样 [68]。Dammertz 等利用输入的深度和法线信息在滤波过程中避免了边界模糊。

2. 傅里叶绘制模型

根据将光照信号转换到频域进行分析和处理这一思想,傅里叶变换 (Fourier transform) 也可以用于真实感图形绘制。Heckbert[123] 开创了纹理反走样的频域技术研究,首先使用纹理的局部带宽来进行预滤波,然后使用一阶的泰勒公式来预测转变。类似的预处理技术也同样被应用于全息摄像和采样领域 [124–127]。Goodman[111] 将傅里叶变换引入光学领域,在波动光学领域,相位和干扰更为重要,由于人对空间频率的变化敏感,可以用于提高图形学绘制的效果 [122,128–131]。而傅里叶变换还可以针对绘制空间的不同现象来进行分析,比如反向光学 [132]、焦点深度 [133] 或是纹理形状 [134]。最近,傅里叶变换被大量应用于绘制运动模糊 [65]、景深 [112] 和复杂的软体阴影 [113] 等效果。Durand 等 [9] 对光线追踪的过程进行了频域分析,提出了一种研究框架,并给出相应的自适应绘制方法。

运动模糊 早期的运动模糊算法是基于多层的二维图像,为了实时地模糊在固定方向上的不同物体,使用了插值的方法 [135,136]。Egan 等 [65] 利用傅里叶变换分析了图像维度和时间维度上采样点的频谱变化,提出了一种基于时间维度的平行四边形的滤波器,对运动模糊有很好的效果。

景深 与时间维度类似,对相机镜头维度的频域分析也可以提高景深效果的绘制质量。Soler 等 [112] 在 Durand 等 [9] 的研究基础上,分析了图像维度和镜头维度上的采样点,加入了光线传播经过镜头时的频域变换,给出了一种可以优化景深效果的楔形滤波器。

软体阴影 目前绘制简单的软体阴影已经可以达到实时要求,但是对于复杂环境下的软体阴影绘制还没有好的解决方法。Egan 等 [113] 分析了光线在传播过程中通过复杂遮挡物体的频域特性,给出了一种复杂软体阴影的绘制方法。

1.2.3 光子映射绘制方法

由于光线追踪难以绘制焦散等高光效果,因此有学者提出了光子映射方法 [2]。目前光子映射大多是基于空域分析的方法,该类方法由于其本身需要存储大量的光子, 内存消耗很大, 使得传统光子映射难以绘制大规模的场景和高分辨率的图像。针对这一问题, 人们最近提出了渐进式光子映射, 该方法渐进地收敛相机光线的积分半径, 可以控制内存消耗, 迭代地绘制高质量的图像。Kaplanyan 和 Dachsbacher[137] 在渐进式光子映射的基础上, 提出了一种自适应的渐进式光子映射绘制方法, 根据迭代绘制过程中得到的信息, 自适应地调整每个存储采样点 (measurement point) 的估计半径, 加快了渐进式光子映射的收敛速度。光子映射从光源发射光子, 光子在场景中存储, 通过积分光子绘制图像。不少方法利用存储光子的分布来优化绘制结果 [138,139]。相对于基于图像维度的自适应采样, 自适应光子映射一般都是基于二维空间的自适应方法, 这类方法的原理同基于图像维度的特征分析非常相近。为了更多地将光子投放到可以被视点看到的区域, 人们提出了一种重要性驱动的采样方法 [140], 该方法利用光源为视点建立二维投影图, 自适应地从光源投射光子。Wyman 和 Nichols[141] 根据光子映射图和阴影图 (shadow map) 提出了一种基于 GPU 的自适应绘制方法, 可以快速地绘制焦散等效果。

1.3 基于波动光学的成像效果绘制

自然界中波动光学效果最典型的代表可以分为衍射光学效果和干涉光学效果两大类。

衍射光学效果 光作为电磁波, 在传播过程中遇到与波长相近数量级尺寸的障碍物时, 一些波偏离直线传播而进入障碍物后面的 "阴影区" 内, 形成光强的不均匀分布, 这就形成了衍射现象。衍射是自然界中的一种常见现象, 在光盘、彩虹、光栅及孔隙等对象中均有呈现。

干涉光学效果 两列或多列光波在空间相遇时相互叠加, 在某些区域始终加强, 在另一些区域则始终削弱, 会形成稳定的强弱分布的现象。在工业制造领域, 具有多层薄膜结构的对象如光学透镜、光学滤波器及窗玻璃等都是干涉效果最显著的表现载体, 而波长级的单层或多层薄膜结构是干涉的直接生成来源。其中, 具有单层或多层薄膜结构并产生干涉效果的一个典型代表为肥皂泡。

除自然界中产生的衍射和干涉现象以外, 一些动植物表面也会呈现彩色现象, 如蝴蝶翅膀、甲虫、鸟和鱼等。它们生成的颜色明亮鲜艳, 称为生物体彩色, 国内外学者对此开展了大量研究 [142~144]。实验表明, 生物体彩色是由多层薄膜产生的干涉, 以及在粗糙表面处生成的衍射及各向同性和各向异性散射等共同作用的结果。

1.3.1 几何表面反射效果绘制问题

物体外貌由它的表面微观结构与光的交互作用及本身的材质成分 (如色素) 共同决定。现有的光线追踪器普遍采用 BRDF 描述光与对象表面的交互作用以逼真地绘制物体在光照下的反射光谱，其中物体本身的构成成分被忽略不计。图 1-4 显示了光与物体微表面发生交互时的反射示意图，由于微观结构的存在，沿输入和输出光方向的能量比率由各种表面反射模型 (如 Phong 光照、朗伯反射等) 计算。

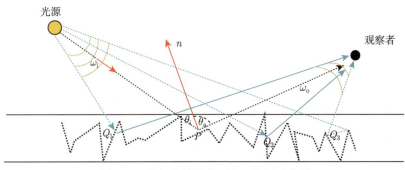

图 1-4　光与物体微表面交互作用示意图

在光线追踪器中，为了进行真实感成像绘制，研究者提出了大量的反射模型以求逼真地模拟光与对象表面材质的交互行为。Torrance 和 Sparrow[145] 提出了描述金属表面反射的微表面模型，Blinn[146] 将其引入图形学中并扩展开发了一种各向同性的微表面模型。模型将微表面法线分布 $D(\omega_{\rm h})$ 定义为半角向量与表面法线夹角的指数级函数，如公式 (1-9) 所示。

$$D(\omega_{\rm h}) = \frac{e+2}{2\pi}(\omega_{\rm h} \cdot n)^e \tag{1-9}$$

这里需将微表面分布函数归一化以保证它的物理可靠性，$D(\omega_{\rm h})$ 需要满足公式 (1-10)。

$$\int_{{\rm d}A} D(\omega_{\rm h}) \cos\theta_{\rm h} {\rm d}\omega_{\rm h} = 1 \tag{1-10}$$

Cook 和 Torrance[147] 也构造了类似的反射模型。Phong[148] 系统总结了若干着色技术和隐藏表面删除方法，提出了面向光泽表面的几何光学反射模型。Oren 和 Nayar[149] 开发了 Oren-Nayar 模型，将微表面看成对称的 V 形槽，并假设每一个单独的微表面槽都展现完美的朗伯分布。Hall[150] 从物理角度对光与微表面的交互作用进行了全面分析，对以后的反射模型影响深远。他通过获取材质表面的实验测量数据，开发出更准确的反射模型。Pharr 和 Humphreys[31] 在 PBRT 追踪器中系统总结了可用于表面绘制过程的各种反射建模技术。除此之外，一些学者还开发了各向异性的反射模型 [35,151,152]，其中 Schlick[152] 的模型不仅计算高效，而且可与重要性采样结合用于蒙特卡罗积分。

Ashikhmin 和 Shirley[153] 全面分析了表面粗糙几何结构对光反射行为的影响，开发了一种基于物理的反射分布函数模型以描述各向异性的光学现象。该模型的微表面法线分布定义如公式 (1-11) 所示。

$$D(\omega_{\mathrm{h}}) = \frac{\sqrt{(e_x + 2)(e_y + 2)}}{2\pi}(\omega_{\mathrm{h}} \cdot \boldsymbol{n})^{e_x \cos^2 \phi + e_y \sin^2 \phi} \tag{1-11}$$

1.3.2   周期性微观结构衍射效果绘制

Nayar 等 [154] 证明了基于波动光学的反射模型与基于几何光学的反射模型的相似性。即在描述光与微表面交互作用时，若微表面粗糙度在毫米以上，则几何光学模型近似于波动光学模型；当接近微米级别时，波动光学模型更为适用。因此，在图形渲染领域，当模拟类似光盘、光栅等具有波长级微观结构的对象时，构造衍射光谱反射模型是基于光线追踪器的衍射光学效果绘制问题的核心。

由于光线追踪算法的简单性和高效性 [61]，研究者广泛采用光线追踪器渲染真实感图像。为了解决光线追踪器中波动效果绘制的问题，研究者提出了多种基于波动光学理论的经典技术。其中结合 BRDF 和双向透射分布函数 (bidirectional transmittance distribution function, BTDF) 的波动双向散射分布函数 (bidirectional scattering distribution function, BSDF) 可逼真地模拟光在表面的交互行为。Beckmann 和 Spizzichino[155] 给出了可以绘制物体表面反射效果的波动模型，为波动光学理论在图形学中的应用奠定了基础。Moravec[156] 使用光的波动理论求解全局光照问题，并基于相位追踪技术利用波动模型进行光学效果绘制。Kajiya[13] 提出了数值求解基尔霍夫积分公式，并扩展生成了 BRDF 各向异性反射模型。He 等 [157] 在此基础上开发了可模拟多种表面的复杂反射模型。除了基尔霍夫理论之外，研究者还提出了一些基于其他光学理论的绘制模型，如电磁边界值理论、惠更斯–菲涅耳原理等。Thorman 等 [158] 基于电磁边界值理论，应用光栅方程开发了一个用于绘制衍射效果的模型。但该方程仅给出了生成完全干涉的特定方向，对偏离该方向的其他光谱信息不予计算。为了解决这一问题，Agu 等 [159] 基于惠更斯–菲涅耳原理构造了一个连续函数，能够描述所有输出方向的光谱信息，并将它融入一个完整的光照模型中以绘制表面衍射效果。

随着计算方法的发展，几何分析法及傅里叶变换的应用为波动方程的求解提供了算术基础，目前有关衍射的微表面模型其实质都用到了这些技术。其中典型的代表为 Stam 提出的衍射 BRDF 着色器模型 [160]，它基于基尔霍夫衍射理论及微表面高度场的统计特性，从分析数学计算的角度绘制具有周期性微观结构的衍射效果。Egholm 和 Christensen[161] 也提出了一个模拟线光源下特定效果的微表面模型。为进一步提高渲染效率，Lindsay 和 Agu[162] 基于调和函数构建了实时的衍射模型。Tsingos[163] 基于边缘衍射理论，通过搜索衍射边缘构建新的波源以加速衍射效果绘制。然而这些方法都是即时计算光与物体相交点处的输入和输出方向的衍射和干涉，不能推迟相位，计算到后一阶段以模拟多次反弹后的衍射效果。Bastiaans[164,165] 系统阐述了维格纳分布函数及其应用，搭建了几何光学与波动光学的桥梁。受维格纳分布函数启发，Oh 等 [166] 提出了增强光场 (ALF)，使用基于光线的渲染技术模拟通过遮挡物的光的透射波动效果。Cuypers 等 [167] 和 Alonso[168] 利用维格纳分布函数分别构建了波动 BRDF 模型，可以模拟延迟的衍射现象。

虽然波动光学理论能准确地解释光的相位和幅值信息，但它复杂的计算要求影响了其应用范围。Stam 的基尔霍夫积分数值计算方法提高了计算效率，但没有考虑光的衰减和材质对光子的吸收、遮挡等因素，不能准确地绘制材质的衍射效果。Egholm 和 Lindsay 等提出的方法虽能将相位信息近似地封装到反射辐射能之中，获取特定光源下的光盘波动效果，但它们不能模拟相位推迟后的衍射效果，缺乏可拓展性。与此同时，上述解决方案都是基于对象表面构建波动反射模型以绘制衍射效果的，不能将相位信息封装到透射辐射能中，所以不能绘制薄膜干涉等效果，在光线追踪器中对薄膜干涉效果的绘制需要新的理论和方法。

1.3.3 薄膜干涉效果绘制

当光与多层薄膜结构发生交互作用时，光在薄膜内部会发生多次反射、透射，并伴有光子吸收、表面散射等复杂现象。光波在反射或透射方向会发生相干干涉或互相抵消，因此，肥皂泡、水晶石、光学透镜、光学滤波器和窗玻璃等具有多层薄膜结构的对象会显示出彩色效果。图 1-5(a) 显示了闪光拉长石的干涉效果，图 1-5(b) 表示拉长石表面的物理微观结构 [169]，即主要由钠、钙、铝、硅等元素构成的多层晶体薄片。这些晶体薄片是干涉效果的直接生成来源。光在这些薄片内会交替反射和透射，最终离开表面时由于相位差的存在，会引起彩色效应。

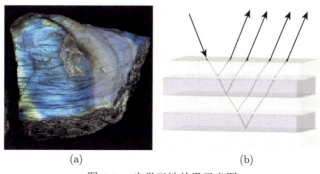

(a)   (b)

图 1-5　光学干涉效果示意图

作为自然界波动光学效果的经典代表，计算机图形学领域对薄膜干涉效果进行了大量研究, 模拟肥皂泡[170,171]、珍珠材质[172]和牛顿环[173,174]等因多层薄膜结构的物理构成引起的彩色效果。例如, Smits 等[173]、Dias[170]、Sun 和 Wang[175]使用基于薄膜反射比的生成公式模拟肥皂泡和浮油的彩色颜色。这些方法通过模拟光在单层或多层薄膜中的反射以绘制彩色效果, 但多层薄膜内部多次的反射和透射及光子吸收等效果并没有得到很好的处理, 甚至被忽略。

构建准确的干涉模型模拟光与多层薄膜结构的交互行为, 以绘制具有多层薄膜结构对象如肥皂泡、光学透镜、光学滤波器等的彩色外貌, 是一个很有意义但也具有挑战性的研究课题。Gondek 等[176]使用一个基于波长的双向反射比分布函数和一个虚拟角镜分光光度计, 分析并生成薄膜和珍珠材质的反射光谱值。Hirayama 等[177,178]构造了一系列多层绝缘体或金属薄膜模型以绘制更丰富的干涉效果。Sun[179]采用分析计算和数值仿真方法给出了一个彩色着色过程可以在光线追踪器中绘制生物体的彩色。这些方法能近似地描述薄膜的波动属性, 但很少考虑粗糙表面的微观结构或几何特性, 不能模拟各向异性的彩色波动现象, 并且, 用于金属材质的传统薄膜计算方法也存在较高的计算代价。除此之外, 周期性有限差分时域 (FDTD) 方法被广泛地应用于薄膜干涉效果的分析中。例如, Plattner[180]应用 FDTD 方法系统研究了含有有限周期性的二维结构的薄膜干涉效果的生成过程。在真实世界中, 由于对象表面都存在某种程度的粗糙度, 反射或透射光会被表面散射产生弥散效应, 这些会进一步增强或消弱共性干涉。

1.3.4 蝴蝶彩色效果绘制

在干涉绘制领域, 除了肥皂泡、光学透镜等对象外, 在生物界也存有一些植物、动物会显示由多层薄膜干涉引起的彩色现象, 如蜂鸟、蛇、甲虫及蝴蝶等。雄性的尖翅蓝闪蝶 (*Morpho rhetenor*) 是显示典型结构性彩色的一类蝴蝶。根据光学和电子显微镜的观察结果, 该蝴蝶翅膀上覆盖着大量的鳞片, 这些鳞片被一系列间隔小于 1μm 的周期性的脊突结构覆盖 (图 1-6), 其中每个脊突是由很多绝缘体角质层组成的树型结构, 越靠近顶端越窄, 而这些角质层折射度近似为 1.56[181]。这些鳞片沿着垂直和水平方向, 结构呈周期性排列。这种周期性可以通过多层薄膜模型进行描述。实验观察表明该物种拥有非常强的蓝色, 当观察角度偏移向掠射角附近时, 翅膀颜色会由蓝色慢慢转变成深紫色。

另外, 一些蝴蝶物种具有两类鳞片, 一类是与尖翅蓝闪蝶类似的基型鳞片, 另一类是盖型鳞片, 它覆盖在基型鳞片之上, 这些鳞片是半透明的, 会弥散来自基型鳞片的光[182]。

Michelson[183]系统研究了特定类型的蝴蝶并解释了结构色的生成机制, 他观察到特定波长范围的光具有很高的反射比。其后 Mallock[184] 和 Rayleigh[185]进一步研究了昆虫的结构色, 并指出这些彩色效果是由光波干涉叠加引起的。当将昆

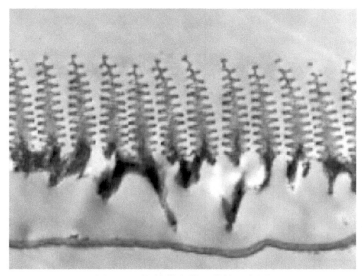

图 1-6　蝴蝶脊突微观结构示意图

虫浸泡在含有不同折射度的液体中时，所观察到的彩色会出现明显的变化，这进一步证实结构彩色与多层薄膜具有类似的光学机制。随着电子显微镜的使用，研究者可以观察到蝴蝶翅膀表面鳞片的多层脊突结构[186]，随之给出了一系列以多层薄膜[187]、光栅[188] 为代表的干涉模型。这些物理模型能有效地计算光在蝴蝶表面二维结构上的彩色光谱反射值，但还不能用于光线追踪器中进行三维成像真实感绘制。

　　当物体衍射孔隙的尺寸与入射光波波长在同一级别时，标量衍射理论 (多层薄膜干涉模型) 可以有效地描述光与物体的交互作用，这时只涉及比较简单的几何体。但随着设备的尺寸越来越小，它们的光学属性也变得愈发复杂。已有的基尔霍夫理论、光栅理论、维格纳分布函数、角谱理论和多层薄膜干涉理论用以求解这些波动效果。这些方法通过一系列的简化和近似，可以很好地模拟在不同条件下光的波动属性，但它们都是标量衍射理论，将光当作标量来处理，忽略了电磁场的矢量特性。电场和磁场的各个分量是通过麦克斯韦方程组耦合起来的，不能对它们独立进行处理，图 1-7 显示了在 3D 领域中的每一个电场都被四个循环磁场包围，每一个磁场也都被四个电场包围。如何准确描述比波长更小尺寸的衍射部件引起了很多研究者的关注。根据物理光学理论，在更小的微观领域，标量衍射理论将不再胜任，准确的分析性的结果通常是难以获得的。几何体微观结构生成的更复杂的光学现象需要新的更精确的计算方法。

　　比较实用的解决方案是使用数值方法直接求解麦克斯韦方程组。研究者给出了多种近似算法。第一种是基于有限差分时域近似的数值方法；第二种则是使用

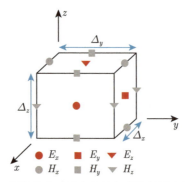

图 1-7　有限差分时域中电场和磁场的耦合性示意图

傅里叶序列进行傅里叶分析；第三种是基于有限元方法求解含有边界条件的麦克斯韦方程组。Kinoshita 等 [143] 假设蝴蝶表面脊突相互独立且随机排列，基于这一假设可以忽略脊突之间的相干干涉，因此仅需研究单个脊突的光学作用就可近似模拟整个表面的散射。受此启发，周期性有限差分时域方法 [189] 被用于结构色的分析中。Plattner[180] 应用有限差分时域方法系统研究了结构色的生成。尽管有限差分时域算法是一种有效的计算方法,但它的精确度很低且计算代价很高,很大程度上依赖于一个良好定义的数值网格。因此,非标准的有限差分方法 (NS-FDTD) 因其有更好的精确度和更低的计算代价得以广泛应用。Banerjee 等 [190] 使用一个改进的 NS-FDTD 方法研究二维大闪蝶模型。Musbach 等 [191]、Lee[192] 和 Okada 等 [142] 基于 FDTD 方法系统模拟了三维蝴蝶翅膀结构的彩色波动效果。

1.4　相机成像效果绘制

相机成像效果是与相机镜头特性相关的一类光学效果，典型的相机成像效果包括景深、散景、渐晕、像差、星芒线和重影等效果。像差可分为单色像差和色差，其中的单色像差包括了球面像差、彗形像差、像散、场曲和畸变，色差又可分为轴向色差和垂轴色差。

相机成像效果绘制具有多方面的应用价值。在光学镜头仿真领域，人们希望尽可能真实地模拟光学相机镜头的成像特征，因此希望尽可能精确地模拟相机镜头产生的成像效果。在影视编辑领域，特殊的镜头成像效果如景深、散景、重影等，具有突出画面核心内容、烘托画面氛围、提升图像艺术表现力的积极作用。

1.4.1　景深和散景效果绘制

景深效果是指相机镜头对某一物距范围内的物体成清晰像，而对此物距范围之外的物体成模糊像的一种光学成像特性，场景中能清晰成像的物距范围称为景深 (depth of field，DOF)。

景深和散景形成的原理如图 1-8 所示，Q 表示物方空间中的一点，P_0 表示物方焦平面上的一点。根据薄透镜成像公式，可以计算 Q、P_0 对应的像方距离 V 和 V_0：

$$\begin{cases} V = \dfrac{FU}{U-F} \\ V_0 = \dfrac{FU_0}{U_0-F} \end{cases} \tag{1-12}$$

其中，F 表示镜头的焦长；U、U_0 分别表示从 Q、P_0 到镜头的距离。从 Q 发出的光线经过镜头后，在像方空间的感光器上并不会聚为一点，而是覆盖一个区域，该区域称为模糊圈 (circle of confusion，COC)，模糊圈的直径计算公式如下：

$$c = A \cdot \frac{V-V_0}{V} = \frac{FA}{U_0-F} \cdot \frac{|U_0-U|}{U} \tag{1-13}$$

其中，A 表示镜头通光孔的直径。从上式可以看出，模糊圈的尺寸主要受到镜头通光孔的直径 A、镜头焦距 F、成像目标的物方距离 U 和聚焦距离 U_0 的影响。当 Q 点形成的模糊圈不能被人眼所辨识时，则认为 Q 点成清晰像。如果模糊圈的直径足够大，则将被人眼识别为弥散斑，认为 Q 点成模糊像。

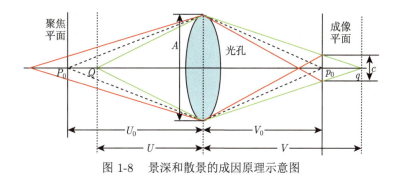

图 1-8　景深和散景的成因原理示意图

散景效果是景深效果的一种更复杂的表现形式，散景效果特指局部高亮小光源、反射高光点在离焦区域形成的模糊圈。景深效果强调图像局部区域呈现清晰或模糊外观的现象，而散景效果更强调离焦模糊区域弥散斑的艺术表现特征，如模糊圈的形状、模糊圈内的光强分布特征、模糊圈的彩色边缘等特征[193]。弥散斑一般由场景的小光源、点状光源或反射高光产生。由于散景效果是一种特殊的景深效果，所以绘制景深效果的方法经过适当修改也可用于绘制散景效果。

景深和散景效果的绘制方法大致可以分为两类：基于针孔相机图像的后处理方法和基于透镜阵列模型的光线追踪方法。最先提出的是基于单层清晰图像的后处理方法，首先用针孔相机模型绘制单幅清晰图像，然后对其执行滤波处理。滤波方法主要包括收集法和分散法: 收集法 [194-197] 先计算目标像素的弥散斑范围, 然后收集该范围内的源像素信息, 该类方法计算速度快, 但存在亮度泄漏问题; 分散法 [198-200] 利用点扩散函数对源像素作模糊, 再对目标像素接收的扩散亮度作累加, 由于缺乏场景的可见性信息, 难以处理部分遮挡现象。随后, 学者提出了基于多层图像的后处理方法, 针对每一层图像分别执行滤波操作 [201-203], 再从远到近合成各层的处理结果。多视图方法 [1,204,205] 利用薄透镜模型, 对孔径面上的采样点分别生成对应的像, 然后融合多方面的像来提高绘制质量。

Kolb 等 [206] 在透镜阵列模型下采用分布式光线追踪绘制了景深效果, 取得了较高的精度。Steinert 等 [207] 及 Wu 等 [208] 在透镜阵列模型的基础上, 绘制了散景效果的单色像差和色差。在绘制离焦模糊的实时方法中, Lee 等 [48] 提出将薄透镜替换为单片透镜, 从而实现了绘制球差、色差等像差效果。

蒙特卡罗光线追踪方法绘制景深、散景效果时存在绘制效率低的问题, 因为离焦模糊区域的像素可能接收到来自镜头整个孔径面的入射光线, 当对孔径面采样不充分时, 绘制结果将存在严重的噪声。很多研究者提出通过自适应采样和重构方法来加速景深、散景效果的绘制, Chen 等 [49] 结合模糊圈的尺寸和像素方差信息自适应地投放采样点, 采用多尺度滤波器重构图像, 能够通过较少的采样点绘制景深效果。Li 等 [88] 及 Rousselle 等 [68] 设计了图像空间下的自适应采样方法, 分析图像空间的误差显著区域, 再向这些区域投放更多采样点, 加快绘制方法的收敛速度。Soler 等 [112] 提出了基于频域信息绘制景深的方法, 首先分析光传输的频率分布, 然后根据频域信息决定各个维度的采样率。

1.4.2 像差效果绘制

实际光学相机镜头与理想光学相机镜头的成像结果并不完全一致, 二者在成像结果上的差异称为像差。镜头的像差通常可以分为单色像差和色差, 镜头对单色光的像差称为单色像差, 也称为赛德尔像差, 包括球面像差 (球差)、彗形像差 (彗差)、像散、场曲和畸变 [209]。现代光学镜头设计通过引入多个镜片来抵消部分像差, 使得光学镜头整体的像差减小。在特殊的艺术化表达中, 像差可以进一步丰富其他镜头成像效果的特征。像差对散景效果艺术特征的形成具有重要贡献, 球面像差影响散景弥散斑的光强分布, 彗形像差使弥散斑出现 "彗尾", 像散和场曲使弥散斑发生折叠效应。

Heidrich 等 [210] 结合了光场技术和透镜阵列模型, 采用多视图方法绘制镜头的桶形畸变效果。Lee 等 [48] 采用基于单透镜的多视图方法模拟了简单的球差。Kolb 等 [206] 模拟了 "鱼眼" 镜头的桶形畸变效果。Steinert 等 [207] 分别验证了光学相机镜头的单色像差、场曲和畸变效果。Wu 等 [211] 分析了单色像差对散景弥散斑光强分布的影响。绘制结果的像差与真实相机镜头的光学设计有关, 通过绘制图像中的像差可以分析真实相机镜头光学设计的优劣。色差效果是指复色光经过镜片折射后分散为多种单色光的色散现象，表现为镜头成像效果的彩虹色边缘。Thomas[212] 提出了分散追踪多种不同波长色光的方法，Sun 等[213] 构造了组合光谱模型来处理色散现象，Evans 和 McCool[214] 提出利用分散波长簇来加速色散效果的绘制。上述这些方法仅考虑了由场景的透明介质导致的色散，Steinert 等[207]、Wu 等[208] 模拟了相机镜头内的色差对散景等镜头成像效果的影响。Hullin 等[215] 模拟了镜头内的色差对镜头重影效果的影响。

1.4.3 星芒和重影效果绘制

星芒线效果是指强光源穿过光学镜头时，由光的散射和衍射而引起的一种特殊光学现象，星芒线效果的组成分为光晕、纤毛状环形光环和外周芒线[216]。镜头拍摄的星芒线与光线在镜头内微小障碍物处发生的衍射有关，典型的障碍物包括灰尘、纤维、指纹、刮痕等[217]。人眼具有复杂的光学结构，大量的微小生理结构对入射光线形成障碍，因此人眼能直接观察到星芒线效果，人眼的微小障碍物包括眼睫毛、眼睑和瞳孔边缘、晶状体的微粒等[218]。

Shinya 等[219] 根据放射状的条纹纹理设计了卷积核，将卷积核作用于清晰图像，产生近似的星芒线效果。随后，Nakamae 等[220]、Spencer 等[216] 提出精细设计的特殊滤波器和点扩散函数，然后对绘制图像执行后处理操作。这类基于滤波的后处理方法没有考虑星芒线效果形成的物理机理，滤波结果通常是与星芒线外形近似的模糊效果。

光的衍射体现了光的波动性本质，基于波动光学理论来模拟星芒线的工作取得了较好的效果，Kakimoto 等[217] 应用傅里叶光学的夫琅禾费近似公式来计算位于无限远的光源导致的衍射图样，衍射障碍物考虑了镜头的光孔边缘，人眼的睫毛、眼睑和瞳孔。在绘制时，所有镜片元件的障碍物都被投影到孔径平面上，然后对孔径平面的图像执行傅里叶变换。Ritschel 等[218] 全面分析了人眼中引起星芒线的各种生理结构，采用傅里叶光学的菲涅耳近似公式来计算有限距离的光源产生的衍射，并考虑了瞳孔的动态变化特性，能模拟星芒线随时间变化的动态效果。

镜头重影效果是由镜头的入射光线在镜片元件之间发生多次反射而形成的光学效果，表现为一组沿着视点与光源连线排列的彩色光斑。早期的镜头重影效果绘制方法主要使用纹理贴图的方式，首先构造重影光斑的彩色纹理，然后将这些重影光斑按次序放置在图像上。King[221] 根据镜头偏离光源的角度来调节光斑的大小和亮度，Maughan[222] 提出根据像素观察到的光源面积来调整光斑的亮度。镜头重影效果的光学机理涉及光的折射和反射，属于几何光学的范畴，因此可以采用光线追踪方法来进行绘制。镜头重影现象主要与相机镜头内部的元件有关，Chaumond[223] 尝试了在透镜阵列模型中通过光线追踪方法绘制单色镜头重影效果，绘制结果缺乏真实感。Keshmirian[224] 采用光子映射方法绘制了镜头重影效果，该方法可使用的光子数受到内存容量的限制，绘制的镜头重影效果是单色的，噪声较为严重。Hullin 等 [215] 采用光线追踪方法在透镜阵列模型下绘制了镜头重影效果，考虑了对镜片色散的建模，支持绘制色差效果，但该方法是基于镜头前透镜来构造入射光线的，大量光线将被镜头内部光阑阻挡，导致绘制效率下降。

第 2 章　基于空域光线追踪的自适应绘制

在真实感绘制中，蒙特卡罗光线追踪技术通过向每个像素分布一定数目的采样点计算对应像素的光照亮度值。由于每个采样点均需要通过全局光照积分方程计算光线与场景中物体的交互行为，所以绘制消耗巨大。例如，使用传统的泊松盘采样，每个像素需要分布上千个采样点并花费数小时的时间才能绘制一幅视觉质量较好的图像。因此，如何优化采样点分布是提高绘制质量并降低绘制消耗的重要内容。

通常有两种策略被用于解决上述问题。一是实施自适应采样，即根据像素复杂程度为它们分布不同数目的采样点，将大多数采样点集中分布在边角、纹理等最可能造成走样和噪声的区域。二是实施重构，这个过程相当于后处理，即使用去噪工具对初始绘制图像进行去噪和细节保持。通常这两种策略被结合起来使用。例如，每个重构滤波器总会导致一定的重构误差 (重构结果和像素真实值之间的差异)，这个重构误差可以被用来判断像素复杂程度，进而指导自适应采样过程。本章重点介绍几种提高成像效果绘制质量和绘制效率的采样算法与重构算法。

2.1　基于 KD 树的多维自适应采样

2.1.1　空间分割与 KD 树

1. 空间分割

空间分割 (space partitioning) 又称空间划分，是指将空间分割为互不覆盖的子区域。空间分割是计算机图形学中的一种基本方法，可以应用于场景组织、视体 (viewing frustum) 拣选、光线追踪和碰撞检测 (collision detection) 等。通常采用一些特殊的数据结构来组织被分割空间，如有向无环图 (DAG)、KD 树 (k-dimensional tree)、四叉树 (quadtree) 和八叉树 (octree) 等。

在真实感图形绘制领域，空间分割技术应用非常广泛，比如，场景组织、阴影绘制、可见性判断和空间信息提取等都用到了空间分割技术。Kämpe 等 [225] 利用有向无环图和稀疏八叉树来显示大规模场景。Durand[99] 将空间分割用于三维空间的可见性判断，通过对物体空间、视体空间、图像空间的分析快速而准确地给出复杂场景中两个物体是否可见的判断。Rigau 等 [226] 利用八叉树分割空间，然后使用 f 散度分析空间，判断是否需要投入更多的采样点。空间分割也可以应用于纹理空间，将纹理看作二维图像进行分析，保存纹理中不连续的信息，可以有效地避免纹理走样[227]。Belcour 等[228]利用光线追踪过程中对反射面的频域分析，给出了一种针对运动模糊和景深的基于图像维度的自适应滤波器。空间分割还可以用来分割光源，Walter 等[7]将光照分割为多个细小的光源，可以提高绘制速度和高质量的阴影细节。空间分割也同样应用于实时绘制领域，比如，为了绘制平滑而没有边界走样的图像，则提取待绘制场景的边界部分，利用采样点信息和边界特征可以快速绘制清晰平滑的图像[8]。

随着计算机硬件性能的提高，绘制空间不仅仅局限于图像维度或是三维场景空间。为了实现多种绘制效果，绘制空间需包含时间、镜头、面光源和 BRDF 等多种维度。

网格 (grid)、四叉树、八叉树和 R 树 (R-tree) 等都可以用于分割空间，如图 2-1 所示。其中四叉树只能针对二维空间进行划分。八叉树是四叉树的扩展形式，只能针对三维空间进行划分。对于任意维度空间的划分，类似四叉树或八叉树结构的节点数会呈指数级上升，无法满足实际需求。R 树可以表示多维空间，但是 R 树各个子节点之间存在覆盖，并要求所有子节点必须在同一层。相比以上数据结构，KD 树更适合划分多维空间[42]。

四叉树

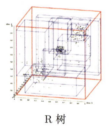
R 树

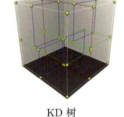
KD 树

图 2-1　空间分割树

2. 标准 KD 树构建

KD 树是一种空间分割数据结构，可以保存 K 维空间中的点，进行插入、查找和删除等操作，是二叉空间分割树 (binary space partitioning tree) 的一种特殊形式。KD 树是由节点 (node) 和指针 (pointer) 组成的空间二叉树，绘制空间由 KD 树进行分割，被分割的子空间之间互不重叠。每个节点保存子空间的结构信息和数据信息。结构信息包括指向两个子节点的指针和该节点的分割方法。数据信息一般为一定数量的点数据，点数据一般只在叶节点 (leaf node) 保存。大多数方法限定每个节点保存的点数据量不能超过某个固定大小，同时不允许有空节点。节点的位置信息可以通过结构数据计算得到，一般 KD 树的根节点包含整个空间的大小。

KD 树中的节点并不直接表示被分割子空间的大小或是位置，而只是保存整个空间的分割方法。每个节点保存当前分割的维度和在该维度上分割的位置。两个子节点分别指向分割后的两个空间。所以当给出某一个单独节点时并不知道该节点在空间中的位置，必须由从根节点到该节点的路径才能得到该节点的空间位置与大小。与传统的由节点直接保存空间的分割结构不同，KD 树中节点包含的空间是由路径表示的。这样保证了 KD 树结构简单并且便于扩展。

通常绘制方法为了将 KD 树用于采样算法中，一般每个叶节点都会保存一定的点数据，如光子或是光线采样点。当节点中存储的数据量大于某一个值时就会发生分割 (splitting)。分割只在叶节点处进行，叶节点被分割的维度一般是该节点的最长维度。分割位置由该节点中的点数据决定。将该节点中的点数据在待分割维度上进行排序，分割位置取点数据中的两个中位数据点在该维度上坐标的中间值。这样分割后的子节点各保存原来节点一半的数据。

图 2-2 是在 (x, y) 平面上针对 4×4 的区域构建的一棵 KD 树。图中左侧是划分后的 KD 树。节点的字母顺序表示创建节点的先后顺序。蓝色节点表示对 y 轴进行划分的节点，绿色节点表示对 x 轴进行划分的节点。节点中数字表示划分的坐标。图中右侧是对平面划分后的示意图。其中阴影区域即是一个划分的子区域。该区域由从根节点到叶节点 e 的划分路径得到 (划分路径在树结构中由红色标出)。

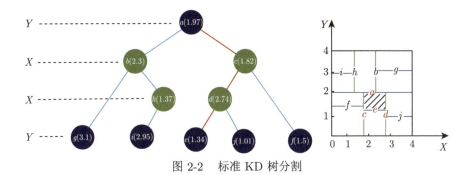

图 2-2　标准 KD 树分割

KD 树可以表示任意维度的空间，但也存在一定的缺陷。比如，KD 树中对相邻节点的查找消耗较大，不同节点之间难以合并表示，从单一节点无法得到该节点在空间中的位置和大小，而且所有子空间都是轴校准的 (axis-align)。在实际使用过程中，往往会对标准的 KD 树构建方法进行改进。比如，为了方便查找，在叶节点保存节点的大小，这样以增加存储消耗为代价，可以直接得到某个节点所表示空间的大小。根据需求不同，可允许每个节点保存的数据量有不同的上限，或允许空节点的存在。KD 树同时还有多种变种，如隐式 KD 树 (implicit KD-tree) 和 VP 树 (vantage point tree) 等。

2.1.2　自适应采样及优化

下面介绍基于 KD 树的多维自适应采样 (KD-tree based multidimensional adaptive sampling, KDMAS) 算法[26]。该算法利用 KD 树组织空间结构，保存绘制空间场景信息来优化自适应采样。在多维自适应采样点投放上，这里采用一种启发式的误差评估函数。目前有多种经典的误差评估函数，但大多局限于局部方差评估而忽略了全局空间的方差。本节的自适应采样方法利用 KD 树分析绘制空间，考虑了全局空间的方差，并通过引入采样点深度和速度等场景信息来引导采样点的投放，使其可以针对不同效果计算局部方差。

本节在误差评估函数中引入一个优化因子以控制采样点分布，使更多的采样点集中于场景的运动模糊或是景深等效果区域。在景深效果中，非焦点区域会比焦点区域要更加模糊。相比焦点区域，非焦点区域共享更多的采样点，这里使用 KD 树叶节点中采样点的平均深度值进行优化。在运动模糊效果中，运动模糊区域在运动方向上共享更多的采样点，为了提高运动模糊的绘制效果，利用采样点的速度值来投放运动物体的采样点。自适应采样方法的框架如图 2-3 所示。

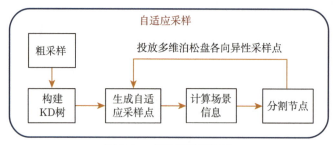

图 2-3　自适应采样框架

首先对整个绘制空间进行粗采样，根据待绘制图像大小不同，一般为 1000～5000 个采样点。绘制空间可以是包含时间和镜头等任意维度的空间。采样方法一般使用随机采样，也可以使用伪随机分布，如低差异采样和抖动等。采样结束后在整个多维空间上构建 KD 树，使用标准的 KD 树构建方法，构建 KD 树的同时利用误差评估函数计算每个节点的误差评估值。然后开始对绘制空间进行自适应采样，每次选择误差评估值最大的节点投入采样点。为了保证节点内采样点分布均匀，使用最佳候选点法采样[14]。最佳候选点法每次投入多个候选采样点，取距离节点中其他采样点最短距离最大的点作为采样点，该方法可以产生趋于蓝噪声分布的采样点。当节点中采样点数大于节点所允许的最大采样点数时，在节点最长维度上将节点分割为两个子节点并计算新节点的误差评估值，最终采样点集中在绘制空间的高频区域 (图 2-4)。

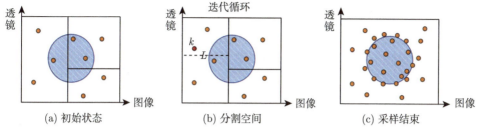

图 2-4 分割多维空间和自适应采样

1. 误差评估函数

在自适应分割 KD 树的过程中，节点误差评估值的计算方法决定算法的自适应性。不同的评价标准会导致对多维空间中高频信息的采样有不同的倾向。传统的评价标准大都只对局部的高频信息敏感。因为它不考虑一定范围内频率的相似性，所以会把有规律的粗糙表面或光谱绘制过程中的大部分光滑物体表面都认为是高频信息。为了实现节点的误差评估值随着图像细节表现要求的不同而反映不同范围内局部特征的变化，这里采用一种新的评价标准，公式如下：

$$E(\Omega_j) \approx \frac{V_j}{n_j} \sum_{s \in \Omega_j} \frac{\left| f(s) - \tilde{f}_j \right|}{\tilde{f}_j} F_x(\Omega_j) \tag{2-1}$$

$$\tilde{f}_j = \alpha_{\mathrm{f}} \bar{f}_j + (1 - \alpha_{\mathrm{f}}) \tilde{f}_i \tag{2-2}$$

公式 (2-1) 中，V_j 表示 KD 树中叶节点 Ω_j 的体积；n_j 为其内的采样点数；$f(s)$ 为采样点 s 的贡献值；$\tilde{f}_j$ 为该节点的对比值。公式 (2-2) 中，$\bar{f}_j$ 是节点 N_j 中采样点的平均贡献值；$\tilde{f}_i$ 是父节点 i 的对比值；$\alpha_{\mathrm{f}} \in [0, 1]$ 为控制参数，控制采样点分布。α_{f} 越小误差评估值受该节点的父节点影响越大，对小范围的局部变化越不敏感；α_{f} 越大误差评估值受该节点影响越大，对小范围的局部变化越敏感。根据渲染器的不同或场景的需要设定 α_{f} 值可以改变自适应采样的倾向。这样将父节点表示的全局误差评估值递归地传递给子节点，就避免了传统自适应采样方法容易陷入局部最优的问题。在实际情况中，因为许多场景特征的分布基本相同，所以参数 α_{f} 的变化定义为符合高斯分布 $\exp(-\left| V_j - \mathrm{featuresize} \right|^2 / \delta^2)$ 的函数。在绘制开始时，各个节点的体积都很大，节点错误值相对于全局特征更加敏感。随着采样和分割的进行，节点的体积越来越小，节点的错误值对于局部的特征更加敏感。最后当节点体积非常小时，误差评估值又恢复对全局特征敏感。$F_x(\Omega_j)$ 为评估优化因子，根据场景不同利用 KD 树保存不同的附加信息，针对不同绘制效果进行采样优化。

2. 评估优化因子

在绘制过程中，如果绘制场景是一个包含运动模糊或是景深的场景，利用 KD 树保存绘制空间中各个节点的深度或是速度信息，可以用于优化自适应采样。公式 (2-1) 中，$F_x(\Omega_j)$ 是误差评估的优化因子，用于控制自适应采样点更多集中在景深或是运动模糊等场景效果上。在景深场景中，焦距之外的场景比焦点上的场景要更加模糊，这些模糊区域相比较清晰的区域可以共用更多的采样点。根据这一特性，这里在误差评估函数中加入如下优化因子，将更多的自适应采样点集中在焦点附近，如公式 (2-3) 所示。

$$F_{\text{dof}}(\Omega_j) = \frac{1}{\left| \dfrac{C_1}{\text{focusdis}} - \dfrac{C_1}{\text{dis}} \right| \text{lensradius}} \tag{2-3}$$

景深场景的优化因子 $F_{\text{dof}}(\Omega_j)$ 依赖于相机的参数：相机焦长 C_1、焦点距离 focusdis 和镜头半径 lensradius。所需要的外部输入是当前节点 Ω_j 的深度 dis，节点深度由该节点到相机的距离得到，一般取节点中所有采样点的平均距离。在运动模糊场景中，运动的物体会产生模糊，其模糊区域的成像效果较为复杂，边界处频率较高。为了优化运动模糊效果，这里引入运动模糊优化因子 $F_{\text{mov}}(\Omega_j)$，使得误差评估函数投入更多的采样点到场景中物体的运动区域。运动模糊优化因子通过公式 (2-4) 计算。

$$F_{\text{mov}}(\Omega_j) = xt + yt + |F_{\text{dof}}(\text{dis}) - F_{\text{dof}}(\text{dis} + zt)| \tag{2-4}$$

式中，$F_{\text{mov}}(\Omega_j)$ 依赖景深的优化因子 $F_{\text{dof}}(\Omega_j)$ 和当前节点中运动物体的速度，一般取该节点内所有采样点的平均速度；x、y、z 分别是该节点速度在三个轴方向上的分量；t 是该节点在时间维度上的长度；dis 是景深优化因子的输入参数，即该节点的深度。通过景深和运动模糊优化因子可以提高自适应采样点的效用，减少图像走样，给出高质量的采样结果。

3. 各向异性采样

目前大多数工作都集中于各向同性的采样方法 [67,68]，很少有研究考虑各向异性的采样方法 [88]，尤其是多维空间的各向异性采样。各向异性采样是根据绘制空间内局部的光照变化特性来投放采样点，而绘制空间的各向异性信息往往难以得到。不少方法使用特殊的特征提取算法来计算各向异性，但是这类提取方法大多需要额外的计算消耗，并且只能应用于二维空间。

这里利用 KD 树的划分特性，在迭代采样过程中，使用节点分割，通过少量计算以直接得到多维空间的各向异性信息，并用来投放各向异性采样点。在原有算法结构的基础上，每个节点增加一个各向异性的向量，该向量表示该节点周围的各向异性信息。每个节点的各向异性信息向量通过其父节点中的各向异性向量与一个附加向量相加得到。如果其兄弟节点光照小于该节点，则这个附加向量从其兄弟节点指向该节点；如果其兄弟节点光照大于该节点，则这个附加向量从该节点指向其兄弟节点。该向量的长度是其父节点与该节点误差评估值的差值。增加了各向异性向量后，图 2-4 的多维空间分割过程可由图 2-5 表示。图中箭头表示该节点保存的各向异性信息。从图中可以看出，各向异性向量基本可以指出绘制空间光照变化的各向异性。同时，节点越细化，各向异性向量指向越精确。

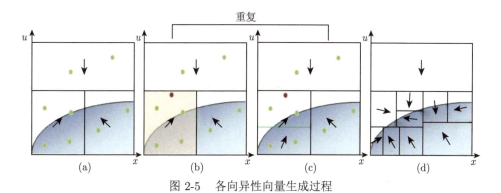

图 2-5　各向异性向量生成过程

通过各节点的各向异性信息可以优化采样点的分布。在采样阶段，原有随机投放采样点的过程变为如图 2-6(a)~(c) 所示的方式。在采样叶节点之前，使用叶节点的各向异性向量生成一个多维的椭圆区域，该椭圆区域符合各向异性向量的指向。在椭圆区域内随机投放采样点后，将椭圆区域变换成符合叶节点大小的多维圆区域。椭圆区域内新投放采样点的位置随多维椭圆一同变换。变换后的采样点位置如果在叶节点中则接受该采样点，如果不在叶节点中，则重新在多维椭圆中投放采样点。采样的其余过程不变，采样结果具有多维的各向异性。符合各向异性的采样点可以更好地采集空间中的各向异性信息，提高采样质量。

4. 多维泊松采样

泊松盘采样广泛应用于图形学采样算法中，该方法的采样点分布符合蓝噪声分布[229]，可以将走样有效地变为人眼较能接受的噪声。但是传统泊松盘采样拥有固定的最小距离，而自适应采样算法相同大小的区域可能包含不同数量的采样点。因此，使用传统泊松盘采样会使得某些区域无法采样或采样质量低，导致泊松盘采样很难应用于自适应采样算法中。

基于自适应采样特点，这里介绍一种最小距离可变的多维泊松盘采样方法。在绘制空间中，如果该区域频率较低，场景特征变化平滑，相应的自适应采样点较少，则泊松盘最小距离较大；如果该区域频率较高，场景特征变化较快，相应的自适应采样点较多，则泊松盘最小距离较小。该方法可以根据不同大小的空间计算自适应的泊松盘最小距离。该方法基于 KD 树的多维自适应采样，基本流程如图 2-6 所示，在自适应采样流程中，将原有的随机采样变为多维泊松盘采样。

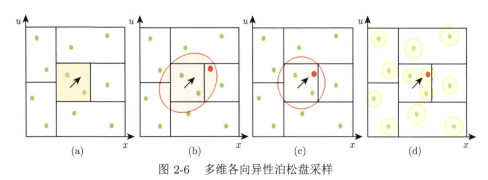

图 2-6　多维各向异性泊松盘采样

1) 飞镖投掷算法

对于随机采样算法，泊松盘分布被认为是效果最好 (符合蓝噪声分布) 的采样方法之一。传统泊松盘采样是一种二维采样算法，并部分依赖于历史数据。这里先介绍一下经典的泊松盘采样算法——飞镖投掷 (dart-throwing) 算法 [4]。该算法生成随机分布的采样点，对于每一个新生成的采样点判断其位置和当前其他采样点之间的位置是否大于某个距离 r：如果符合要求则接受新生成的采样点；如果新采样点至少和当前一个采样点之间的距离小于 r 则拒绝接受新采样点，并重新生成。该距离 r 称为泊松盘采样的最小距离，符合泊松盘采样分布的采样点都好像有一个直径为 r 的盘子包围着，各个盘子之间不相交重叠。

2) 多维空间泊松盘

这里采用飞镖投掷算法来生成最小距离可变的泊松盘采样点。因为自适应采样方法在绘制空间的高频变化区域会投入较多的采样点，在绘制空间的低频平滑区域则会投入较少的采样点，这样，针对泊松盘采样算法，在高频区域需要较小的泊松盘，在低频区域需要较大的泊松盘。这里在多维 KD 树采样算法的基础上，给出一种计算多维泊松盘最小半径的方法。

$$r_{\max}(\Omega_j) = 2 \times \sqrt[D]{\frac{V_j \Gamma\left(\dfrac{D}{2} + 1\right)}{\pi^{\frac{D}{2}} N_j}} \tag{2-5}$$

首先，公式 (2-5) 给出了计算空间中泊松盘所允许的最大半径。对于体积为 V_j，允许最大采样点数为 N_j 的空间 Ω_j，所允许的泊松盘半径最大不能超过 $r_{\max}(\Omega_j)$。其中，D 表示空间维度；Γ 是计算球体体积公式。因为绘制空间中 D 总是整数，

所以 Γ 的计算可以简化为如下形式:

$$\Gamma(x) = \begin{cases} \sqrt{\pi}, & x = 0.5 \\ 1, & x = 1 \\ (x-1)\Gamma(x-1), & x > 1 \end{cases} \tag{2-6}$$

在多维采样过程中,公式 (2-6) 可以快速计算得到,空间 Ω_j 使用的泊松盘半径由公式 (2-7) 给出。

$$r(\Omega_j) = \rho r_{\max}(\Omega_j) \tag{2-7}$$

根据实验统计,当 $\rho \in [0.5, 0.75]$ 时,上式可以给出每个节点合理的泊松盘采样的最小距离。该算法应用到 KD 树多维自适应采样中,Ω_j 表示 KD 树的叶节点,V_j 为该节点的体积,N_j 为每个节点允许的最大采样点数。具体采样结果如图 2-6(d) 所示,每个节点拥有不同大小的泊松盘,局部空间符合泊松盘采样特性,同时又保证了整体采样点的自适应性。

5. 过滤噪声

自适应采样结束后,对于大多数场景,场景中的镜面反射和高光等材质都可能导致采样点中存在噪声,为了绘制高质量的图像以及平滑采样点,这里介绍一种基于 KD 树的去噪方法。受 DeCoro 等 [230] 的方法启发,这里利用查找异常亮点来平滑图像。利用 KD 树的结构特性,通过剔除异常高亮点,可以简单地进行噪声去除,其流程如图 2-7 所示。

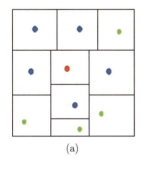 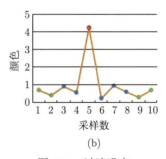 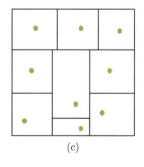

(a)　　　　　　　　　　　　(b)　　　　　　　　　　　　(c)

图 2-7　过滤噪声

去噪过程中,采样点中的噪声点一般是与周围点差异较大的点。根据这一特征,需要查找某一区域内与周围点光照值差异较大的采样点。首先将 KD 树分割到每个节点只包含一个采样点的情况 (图 2-7(a))。然后针对 KD 树中每个节点,查找该节点的 k 最近邻 (k-NN),图 2-7(a) 中蓝色采样点即为红色点的 k 个最近邻。定义该节点与它的 k 个最近邻为一个组,该节点为组的主节点。然后,计算这组内所有采样点的方差,以及主节点中采样点与其余节点中采样点的差异值(该采样点与其他所有采样点差值的均值)。如果差异值与方差相差过大,则认为该主节点为噪声节点并删除,否则保留该节点。遍历完所有节点后,合并空节点和它的兄弟节点,就得到了基于 KD 树的多维自适应采样结果。

2.1.3　并行加速绘制

现有基于光线追踪采样方法的优化研究主要集中在采样点效用的提升和采样速度的加快。通过自适应的采样方法可以提高采样点的效用,2.1.2 节介绍了如何通过空间分割优化自适应采样来提高采样点的效用,本节介绍如何通过空间分割来提高自适应采样的速度。

在计算机图形学中,加速主要通过并行来实现,比如并行的纹理合成 [231] 或是并行的图像绘制 [80]。对采样点加速算法的研究也主要集中在并行性上,包括 CPU 端的并行和 GPU 端的并行。由于没有通用的 GPU 渲染引擎,所以 GPU 端的并行采样都有局限性,一般用于优化某些特殊的算法 [24]。多数并行算法都是基于 CPU 多线程的 [27]。

本节给出一种针对多维空间并行绘制算法,该方法基于两层采样框架:首先对整个空间进行初始化,将多维空间分割为多个子空间;然后并行地采样与重构各个子空间。该框架不仅通过并行提高了绘制的速度,而且避免了一次性绘制所需要消耗的大量内存,其基本积分如公式 (2-8) 所示。

$$L(x,y) \approx \sum_{\Omega \in D(x,y)} V_\Omega L_\Omega = \sum_{A \in D(x,y)} \sum_{\Omega \in A} V_\Omega L_\Omega \tag{2-8}$$

式中,A 是多维空间 D 的一个子空间;$L(x,y)$ 是最终图像中像素 (x,y) 的光照值。整个算法框架如图 2-8 所示,在初始化过程中,首先对场景粗采样,利用采样结果在多维空间上构建 KD 树,然后利用自适应算法分割 KD 树,分割结束后 KD 树的每个叶节点就是一个多维子空间。

初始化结束之后,在保证总采样点数不变的情况下,按照一定策略为每个子空间分配合理数量的采样点,并行地采样与重构各个子空间。采样过程采用 2.1.2 节中介绍的基于 KD 树的多维自适应采样方法,同样先在子空间上构建 KD 树,根据每个节点的所有采样点计算该节点的误差评估值;之后选出误差评估值最大的节点投入采样点,根据节点中的采样点数,判断是否分割该节点,并更新节点的误差评估值,循环分割 KD 树,直到投入所有的采样点。重构过程中,首先使用 KD 树去噪方法去除采样点中可能存在的噪点,然后重构图像。

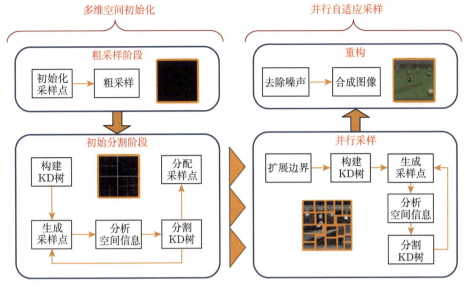

图 2-8 过滤噪声

1. 并行子空间分割

在并行采样之前，要对整个多维空间进行初始化。多维空间初始化包含两个阶段：① 对整个多维空间进行粗采样；② 将多维空间分割成多个子空间。为了在初始化过程中既能准确地获得图像的频率分布信息又不浪费之后细采样的采样点数，需要确定初始采样点的数量在总采样点数量中所占的比例，初始采样点包括粗采样点和将多维空间分割成子空间所用的采样点。根据所需要分割的子空间个数、采样维度和总采样点等参数，计算出所需要投入的初始采样点数量。初始采样点个数计算方法如公式 (2-9) 所示。

$$K = N_n \cdot S_n = \omega \cdot \frac{S_t \cdot D}{n_{\max}} \cdot S_n \tag{2-9}$$

其中，N_n 是需要分割的子空间个数；S_n 是每个子空间的最大采样点数；ω 是比例参数；S_t 是总采样点数；D 是多维空间待采样的维数；$n_{\max}$ 是计算机允许保存的最大采样点数。在采样过程中，KD 树的节点和采样点都需要保存多维信息，所以内存消耗的大小与维度和采样点数成正比。根据 $n_{\max}$ 的大小就可以计算出场景需要分割的子空间数 N_n，乘以每个子空间的最大采样点数 S_n 就是初始采样所需的采样点数。$n_{\max}$ 的大小决定绘制过程中消耗的内存大小，由绘制当前图像的计算机的配置环境决定，一般为 $1 \times 10^5 \sim 1 \times 10^6$。$S_n$ 是由用户定义的常量，为了能得到子空间频率分布的基本信息可取较大的值，一般取 512。对 ω 进行调节，可以控制绘制时所用内存的大小和子空间的个数。如果分割的子空间多则运行时消耗的内存少，但是如果分割过多的子空间，则可能导致采样点分布产生严重的块效应，影响绘制图像的质量。计算出初始采样点数后，开始对整个场景的多维空间进行初始化。

2. 分配采样点

初始化时，利用多维 KD 树采样方法根据之前计算的初始采样点对整个多维空间进行划分，采样结束后整个空间被 KD 树划分为多个子空间，对每个子空间进行并行分块采样。在分块采样过程中，采样每个子空间都是相互独立的，可以并行执行。为了保证在并行执行过程中总采样点数不变，要预先确定每个子空间所需的采样点数。根据自适应采样的要求，理想情况下在采样结束时所有子空间的叶节点误差评估值应该是相同的。假设到分割结束时对每个子空间进行 T_i/B 次划分，分割前每个子空间理想的误差评估值为 E_i，根据采样分布的近似性，E_i 可由子空间当前误差评估值 ε_i 近似推出。由此可得，当前子空间所需采样点计算方法如公式 (2-10) 和公式 (2-11) 所示。

$$T_i = \frac{E_i}{E_{\text{total}}} \cdot (S_{\text{t}} + N_n + B) - B \tag{2-10}$$

$$E_i = f(\varepsilon_i, \alpha_{\text{t}}) \tag{2-11}$$

其中，S_{t} 为总采样点数；ε_i 为子空间的当前误差评估值；$E_{\text{total}} = \sum\limits_i E_i$ 为误差评估值的总和；N_n 为子空间总数；B 为每个节点中最多允许采样点数；α_{t} 为控制参数。调整 α_{t} 可以用子空间的当前误差评估值近似推出子空间的理想误差评估值。得到每个子空间的采样点数后，同样使用 KD 树自适应采样方法对该子空间进行并行采样，当每个子空间使用完分配的采样点后，采样结束。最后，并行重构各个子空间。

3. 减少边界走样

在对多维空间初始化结束后，整个空间根据需要被分割成 N_n 个子空间，之后对每个子空间独立进行采样与重构。子空间采样方法与初始化时的初始分割方法一致。首先根据子空间已有采样点构建 KD 树，然后循环采样误差评估值最大的叶节点，直至投放完所有采样点。在采样叶节点时，由于各个子空间独立采样，根据采样点选取原则，采样点趋向于分布在不靠近边界的区域，所以各个子空间边界附近的采样点分布相对密集，整个多维空间内采样点不符合蓝噪声分布。为了保证采样在整个空间的分布趋于蓝噪声分布，在采样前扩展每个子空间的边界（图 2-9），根据 Lagae 和 Dutré[28] 的泊松盘最大距离公式 $r_{\max} = \sqrt{1/(2\sqrt{3} \cdot S_{\text{t}})}$

给出每个维度扩展的宽度，这里 S_t 为采样点总数。在采样过程中，同样采样扩展空间，每个子空间的扩展空间中的采样点为假想的邻近子空间中的采样点，这样缓解了采样点在边界区域分布不均的现象。各子空间重构时不考虑扩展空间中的采样点，这样既优化采样点在整个空间的分布，又保持各个子空间之间采样的独立性。图 2-9(a) 中实线为原有边界，虚线是子空间的扩展边界，网格为扩展空间，r 为计算得到的扩展长度。自适应采样过程中同样对扩展空间进行采样和分割 (图 2-9(b))，分割结束后不对扩展空间进行重构 (图 2-9(c))。

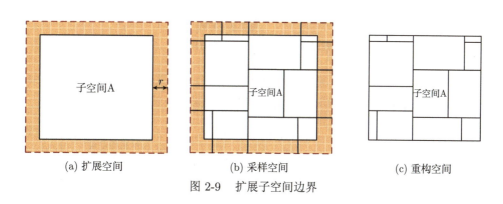

(a) 扩展空间　　　　　　(b) 采样空间　　　　　　(c) 重构空间

图 2-9　扩展子空间边界

2.1.4　绘制实例与分析

本节的算法实例都是在 LuxRender[①]渲染器上进行的，硬件环境为 Intel (R) Xeon (R) CPU X5450@3.0GHz。

1. 并行策略与采样算法分析

首先对并行采样算法的执行时间进行分析。图 2-10 是对同一场景在相同绘制条件下使用不同线程数进行绘制的时间对比，从图中可知本节中并行策略使用的并行线程数越多，算法执行得越快。

对于基于 KD 树的并行多维自适应采样算法，根据公式中参数的不同而有不同的绘制效果。图 2-11 通过使用不同参数值绘制龙场景[②]，分析了公式 (2-9) 中的参数 ω 和公式 (2-7) 中的参数 ρ。参数 ω 影响子空间的数量，如果实验使用确定的采样点和线程数，如 8 个线程和每个像素 4 个采样点，则子空间数量和内存消耗成反比。参数 ρ 用于给出合适的泊松盘采样的最小半径。如果 ρ 太大，则在泊松盘采样过程中 (使用飞镖投掷算法) 会拒绝很多生成的采样点。如果 ρ 太小，

---

① http://src.luxrender.net。

② http://graphics.stanford.edu/data/3Dscanrep/。

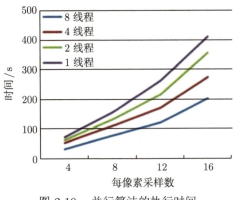

图 2-10　并行算法的执行时间

则采样的分布并不具有很好的蓝噪声分布，这样会影响采样质量。从图 2-11 中可以看出，随着 ρ 的增大，绘制质量变高但是拒绝采样点的数量变多。

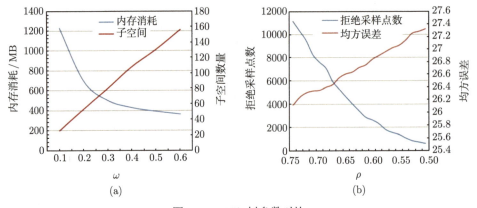

图 2-11　KD 树参数对比

2. 采样点分布

图 2-12(a) 比较了传统多维自适应采样算法 (MDAS)[42] 和 KDMAS 算法。因为 KDMAS 算法引入了优化因子，可以根据深度优化景深效果，所以从图 2-12(a) 可以看出，该方法在焦点区域投入了更多的采样点。图 2-12(b) 比较了使用边界扩展和不使用边界扩展的采样结果，左图在并行绘制时没有采用边界扩展技术，右图使用了边界扩展技术。从图 2-12(b) 中可以看出，在没有使用边界扩展技术时，由于绘制各个子空间的线程间是独立运行的，因此采样点在边界处存在缝隙，而使用了边界扩展技术后，不会因为泊松盘采样而在边界处出现缝隙，缓解了采样点分布不均的问题。

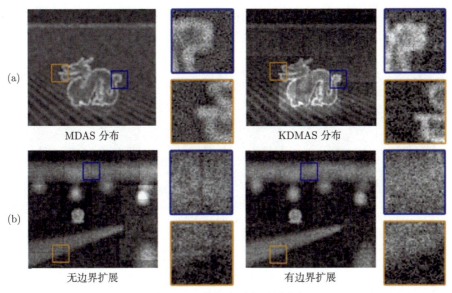

图 2-12   并行自适应采样分布

3. 去噪算法与效果因子

图 2-13 给出了 KDMAS 算法的噪声去除效果，可以看出通过针对异常亮度点的最近邻筛选算法，由场景中金属球反射的高亮点都被去除掉了，给出了更为平滑的结果。

图 2-13   KDMAS 算法的噪声去除效果

图 2-14 对比了 KDMAS 算法与 MDAS 算法的绘制效果。两种方法使用同样的重构算法，针对龙场景在 400×400 的分辨率下每个像素投入 8 个采样点。从图 2-14 可以看出，KDMAS 算法由于优化因子的引入在图像细节处更为清晰，同时因为扩展边界的使用，采样点中的缝隙得到缓解，并且不会对重构的图像造成影响。与传统多维自适应采样相比，KDMAS 算法更接近参考图像。另外，传

统方法由于保存过多采样点而导致内存不足，存在不能一次性绘制高分辨率图像的问题，而 KDMAS 算法可以一次绘制高分辨率的图像。

(a) MDAS 算法　　　　　　　　(b) KDMAS 算法　　　　　　　(c) 参考图像
(每像素平均 8 个采样点)　　　　(每像素平均 8 个采样点)　　　　(每像素 512 个采样点)

图 2-14　基于 KD 树的并行自适应采样算法效果对比

4. 真实感效果对比

首先对比本节基于 KD 树的多维自适应采样 (KDMAS) 算法和以往算法的绘制效果。KDMAS 算法参数设置如下，一次重构所允许的最大采样点数 $n_{\max}$ 设为 2×10^5，初始分割节点所允许最大采样点数 S_n 设为 512，根据硬件条件设置并行线程数为 8。针对运动模糊、软体阴影和景深等效果，对低差异 (low discrepancy, LD) 算法 [10]、Mitchell 算法 [14]、MDAS 算法 [42] 和 KDMAS 算法进行比较和分析。

对比绘制使用了三个场景。第一个场景是运动模糊场景，场景中有三个运动的台球，所有图像绘制分辨率是 400×400，如图 2-15(a) 所示。第二个场景是景深和软体阴影场景，包括一个台球桌，镜头对焦在场景中心的紫色球上，所有图像绘制分辨率是 1024×1024，如图 2-15(b) 所示。第三个场景是室外场景，中心的车是静止的，周围的场景是运动的，所有对比图像的分辨率是 1024×1024，如图 2-15(c) 所示。因为 MDAS 算法受内存的限制，所以在第二场景和第三场景的绘制中用分块的方法进行绘制。从第一个场景可以看出，KDMAS 算法可以有效地找到运动模糊区域。在运动模糊区域，该方法相比较 LD 算法和 Mitchell 算法有更好的效果，这两种方法都会产生严重的噪声。在简单场景，MDAS 算法和 KDMAS 算法效果一样好，但是其消耗的时间和内存要高于 KDMAS 算法。在第二个场景中，相比较 LD 算法和 Mitchell 算法，KDMAS 算法生成了高质量的景深和软体阴影效果。MDAS 算法重构了平滑的阴影图像，但是在高亮的弥散圈处出现明显走样和噪声。相比较以往方法，KDMAS 算法绘制结果更接近参考图像。第三个场景，KDMAS 算法相比较以往方法给出了更高质量的景深和运动模糊效果，而且不同于 MDAS 算法，KDMAS 算法不需要分块显示大规模场景，可以一次并行地绘制场景，在速度和绘制质量上都优于以往方法。

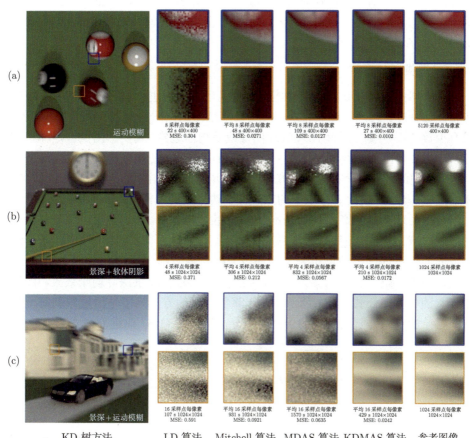

图 2-15 真实感效果对比

2.2 自适应聚类采样

在空间分割中，虽然 KD 树存储量小、计算简单，适用于任意维度的绘制空间，但是其分割区域是坐标轴校准的 (axis-align)，而绘制空间中的场景特征或是光照域 (light field) 的分布都不是轴校准的。用轴校准划分这些特征就会消耗大量的节点，并且无法得到不规则的特征区域和边界。为了得到任意形状的区域边界或子空间，需要引入新的分析和划分方法。

对于空间中大量采样点的分类，聚类方法是数据挖掘中的基本方法，常用的有 k 均值 (k-means) 方法 [232]。使用聚类方法可以生成非轴校准的子空间，但是该方法只能得到凸包的数据分类，难以满足实际采样点分类需求。主动轮廓模型 (active contour model) 可以迭代地提取相似的边界信息 [233]，被用于二维图像中物体的拣选和识别。在以往研究基础上，这里介绍一种可以将空间分割为任意形状子空间的划分方法，并在此基础上给出一种自适应聚类采样 (adaptive cluster sampling, ACS) 算法 [234]。

2.2.1　聚类划分框架

真实感图形绘制是通过对多维绘制空间的光照域进行积分得到的。多维空间包括图像维度、时间维度和镜头维度等，多维绘制空间的大多数区域都是平滑的，只有少数是不连续的，如阴影、纹理图像或是物体边界。真实感图像中走样和噪声的一个主要原因就是绘制空间边界的频率可能很大，使得采样点难以满足奈奎斯特限定。因此，不少学者开始研究通过分割场景来重构图像，例如，Bala 等 [8] 和 Hachisuka 等 [59] 使用划分空间的方法减少边界处的走样。在以往研究基础上，这里给出一种基于特征聚类 (feature cluster) 的采样方法。该方法可以分割任意形状的绘制区域，均匀有效地投放自适应采样点。首先根据真实感绘制原理，基于蒙特卡罗光线追踪的图形渲染引擎都是通过光路传播方程 (light transport equation, LTE) 绘制图像 [13]。针对多维空间，绘制如运动模糊和景深等场景效果，图像每个像素的计算如公式 (1-3) 所示。基于聚类分割的方法为了平滑地绘制每个像素值，将绘制空间分割为合理的子空间积分，将公式 (1-3) 改进为公式 (2-12)。

$$
\begin{aligned}
P(i,j) &= \sum_{\Omega^k \in \mathrm{Pixel}(i,j)} L_{\Omega^k} \\
&= \sum_{\Omega^k \in \mathrm{Pixel}(i,j)} \int_{\Omega^k} l(u_1, u_2, \cdots, u_n) \mathrm{d}u_1 \mathrm{d}u_2 \cdots \mathrm{d}u_n
\end{aligned}
\tag{2-12}
$$

基于聚类分割的方法将绘制空间分割和组织成多个聚类 (cluster)。L_{Ω^k} 表示每个聚类 Ω^k 的光照贡献。绘制空间中每个聚类内部有着相似的特征，比如平滑区域的聚类或是边界区域的聚类等。$l(u_1, u_2, \cdots, u_n)$ 是多维聚类的光照变化函数。

该聚类方法的核心思想是将绘制空间分割成合理的区域，各个区域的特征相似，各个区域的形状根据特征的不同而不同。这样可以集中对高频的区域进行采样，对低频区域只需要投入很少的采样点，这是因为低频区域内部特征相似可以共用更多采样点。由于各个区域可以有任意的形状，相比较 KD 树划分的采样，每次采样的效率更高。采样结束后，对于已经分类的采样点也可以更简单地重构。

首先绘制空间被分割为多个体素 (cell)。每个体素是绘制空间中的一个正方形、立方体或是超立方体，边长一般是一个像素或是半个像素。每个体素包含一个表示特征的向量 (feature vector)，这个向量包含每个体素的梯度、方差和坐标信息。在采样开始阶段，绘制空间首先被粗采样，然后根据粗采样结果初步计算每个体素的特征向量。整个绘制空间光照域的特征通过这些特征向量来表示。每当构建一个聚类，就使用特征向量来计算这个聚类的误差评估值。在自适应采样过程中，每次自适应采样最大误差评估值的聚类一般一次采样 4～16 个采样点。当一个体素得到一个新的采样点后，更新其特征向量并针对该体素重新构建聚类。当用完所有给定的采样点时，采样结束。当自适应采样结束后，整个绘制空间中的采样点根据绘制空间特征不同，分布也不同。相比较轴校准的划分方法，该方法的采样点更平滑地分布在空间的高频区域。算法的框架如图 2-16 所示。

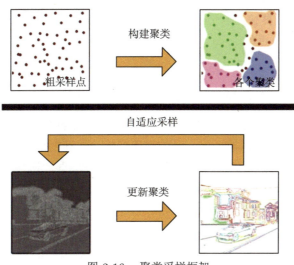

图 2-16 聚类采样框架

2.2.2 划分特征向量

为了从绘制空间中区分不同的特征，这里定义一种识别特征的向量。假设绘制空间由细小的相同的体素组成，比如二维图像的绘制空间，每个像素区域就可以看作边长为一个像素的体素。每个体素保存有特征向量、误差评估值和该空间内的采样点。其中，特征向量表示该体素所在绘制空间的光照变化特点，并用于构建特征聚类。每个特征向量包括梯度、方差和位置，如公式 (2-13) 所示。

$$\boldsymbol{F} = \{g_{\text{aff}}, \text{var}, \boldsymbol{p}\} \tag{2-13}$$

其中，$\boldsymbol{F}$ 表示每个体素中保存的特征向量，包括仿射不变梯度 (affine invariant gradient) g_{aff}、局部方差 var 和体素的空间坐标 $\boldsymbol{p}$。特征向量通过仿射不变梯度识别绘制空间中的不连续和不平滑区域，通过局部方差来识别特征差别。通过空间坐标来组合聚类，并保证连续性。这些值都可以通过采样点的贡献和位置来计算。这三个参数可以将体素构建成合理的聚类。

根据绘制空间内光照变化特征构建任意形状聚类的关键是识别不同的特征边界。自适应聚类采样方法为了能够检测特征边界，使用主动轮廓模型。首先通过体素中的粗采样点构建聚类，然后通过自适应采样渐进地优化聚类形状，聚类的形状由特征向量计算得到。仿射不变梯度[235]用于检测特征边界和二维空间的梯度计算。这种梯度算法可以获得仿射不变的二维轮廓，通过物体边界处缝隙的变化，构建平滑的拥有相似光照值的聚类。首先将其用于二维绘制空间的特征向量，然后将其扩展到多维绘制空间。为了计算仿射不变梯度，需要通过公式 (2-14)、公式 (2-15) 先计算两种独立的仿射不变描述子 H、J。

$$H_{xy} = I_{xx}I_{yy} - I_{xy}^2 \tag{2-14}$$

$$J_{xy} = I_{xx}I_y^2 - 2I_xI_yI_{xy} + I_{yy}I_x^2 \tag{2-15}$$

其中，H_{xy} 是光照梯度的不变描述子，通过光照 I 计算得到，J_{xy} 是另一个光照梯度的不变描述子，它们被用于定义仿射不变的边界和拐角特征；I_{xx}、I_{yy} 和 I_{xy} 是图像光照域关于 x 和 y 轴的二阶偏导数；I_x 和 I_y 是一阶偏导数。比如 I_x 是图像空间中光照关于 x 轴的导数，I_{xy} 是 I_x 的数值变化域中关于 y 轴的导数。I_x 和 I_{xy} 的计算如公式 (2-16) 和公式 (2-17) 所示。

$$I_x(i,j) = [I(i+1,j) - I(i-1,j)]/2 \tag{2-16}$$

$$I_{xy}(i,j) = [I_x(i,j+1) - I_x(i,j-1)]/2 \tag{2-17}$$

其中，$I(i,j)$ 表示图像空间的光照域；i 和 j 表示绘制空间中的坐标，在该方法中表示体素的坐标。公式 (2-14) 和公式 (2-15) 中其余的偏导数都是使用类似的方法计算得到。当计算完两个不变描述子 H 和 J 后，就得到了仿射不变梯度的值。

$$g_{\text{aff}} = \sqrt{H_{xy}^2/(J_{xy}^2 + 1)} \tag{2-18}$$

公式 (2-18) 是二维图像中的仿射不变梯度的计算公式。为了将方法扩展到多维空间，得到多维空间的描述子，这里根据原有的 g_{aff} 计算公式，提出一种多维仿射不变描述子的计算方法，如公式 (2-19) 所示。

$$\bar{H} = \sum_{i=0,j=0,i\neq j}^{n} H_{ij}, \quad \bar{J} = \sum_{i=0,j=0,i\neq j}^{n} J_{ij} \tag{2-19}$$

多维仿射不变描述子通过计算互不相同的两个维度间的仿射不变描述子得到。这里 n 是绘制空间的维度数；$\bar{H}$ 和 $\bar{J}$ 是多维绘制空间仿射不变梯度的两个描述子；i 和 j 是多维空间中两个互不相同的维度，如图像维度、时间维度或是镜头维度等；H_{ij} 和 J_{ij} 是每两个维度的仿射不变描述子。将公式 (2-18) 中的 H 和 J 替换为 $\bar{H}$ 和 $\bar{J}$，就是多维空间仿射不变梯度的计算公式。

仿射不变梯度值用于识别平滑变化和迅速变化的绘制空间区域，并构建不同的聚类空间。得到不同边界特征后，这里需要根据不同区域的局部方差来组合每个聚类。局部方差计算如公式 (2-20) 所示。

$$\mathrm{var} = \frac{1}{N-1}\sum_{i=0}^{n}(I_i - \bar{I})^2 \tag{2-20}$$

其中，I_i 表示聚类中采样点 i 的光照值；$\bar{I}$ 是体素中所有采样点的光照均值；N 是体素中采样点的数量。为了保证每个聚类是连续的，特征向量中同样需要保存位置信息 $\boldsymbol{p}$。特征向量用于控制聚类的形状。每个向量的位置信息由体素的坐标得到，局部方差和梯度值由采样点光照计算得到。在粗采样开始之前每个体素有个初始的特征向量，通常是零向量。

2.2.3 自适应采样

在采样算法中，这里使用特征向量渐进地构建和修正聚类的形状，绘制空间的聚类流程如图 2-17 所示。在渐进式构建过程中，这里给出一种适合聚类采样的错误估计函数。该错误估计函数用于自适应采样绘制空间。自适应采样结束后，每个聚类有相似的内部特征。

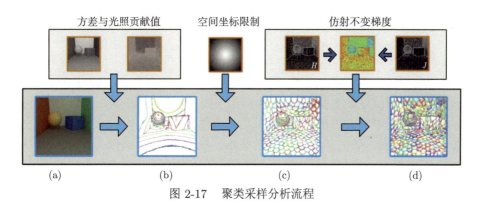

图 2-17　聚类采样分析流程

采样开始时，为了估计空间光照，这里使用随机策略粗采样整个绘制空间，计算每个被采样体素的特征向量，然后构建整个空间的所有聚类。特征向量被用于组织绘制空间中的所有体素。位置元素 p 用于控制聚类的连续性。var 指示聚类内部的光照方差。g_{aff} 给出绘制空间的边界信息。绘制空间中的体素根据公式 (2-21) 构建聚类。

$$\Omega = \{C_i : \|\boldsymbol{F}_i - \bar{\boldsymbol{F}}\| \leqslant \varepsilon\} \tag{2-21}$$

每个聚类 Ω 根据其聚类中体素 C_i 的标准向量 $\bar{\boldsymbol{F}}$ 构建，标准向量是聚类所有向量的均值。如果某体素 C_i 的特征向量 $\boldsymbol{F}_i$ 和标准向量的距离小于某一阈值 ε，则体素 C_i 被认为是聚类 Ω 中的一员。如果该距离大于阈值则该体素建立新的聚类。其中 $\varepsilon = \omega_{\text{e}} \times \text{err}$ 一般由误差评估值给出，ω_{e} 可以控制聚类的形状。初始化所有聚类之后，为了自适应采样绘制空间，每个聚类计算一个误差评估值。该误差评估值表示绘制空间中某一区域的频率特征，计算如公式 (2-22) 所示。

$$\text{err} = \frac{1}{N} \sum_{C_i, C_j \in \Omega} \|\boldsymbol{F}_i - \boldsymbol{F}_j\| \tag{2-22}$$

误差评估值 err 使用聚类中每两个体素间的特征向量来估计。err 是这些向量距离的均值。N 表示聚类中体素的个数。采样过程中，初始化聚类结束后，计算所有聚类的错误值，每次对错误值最大的聚类进行自适应采样，通常投入 4~16 个采样点。当一个体素收到一个新的采样点后，更新该体素的特征向量，并重新计算该体素及其周围体素的梯度值。根据新的特征向量更新该体素和周围体素的聚类。根据自适应采样方法，整个绘制空间渐进地构建聚类。当使用完所有采样点后，采样结束。

2.2.4 绘制实例与分析

本节的算法实例都是在 LuxRender①渲染器上进行的，硬件环境为 Intel (R) Xeon (R) CPU X5450 @ 3.0GHz。

1. 聚类参数分析

针对自适应聚类采样 (ACS) 算法，使用不同参数在 512×512 的分辨率下绘制龙场景来分析算法的效果。图 2-18(a) 给出了公式 (2-21) 中 ω_{e} 参数对聚类自适应采样算法的影响。图 2-18(a) 中平均每个像素 8 个采样点。公式 (2-21) 通过阈值 ε 控制聚类构建，而 ω_{e} 影响 ε 的大小。在算法中 ω_{e} 必须大于等于 1。从图 2-18(a) 可以看出，随着 ω_{e} 的增大，均方误差变大，而时间消耗变小。当 ω_{e} 是 1.5 时，算法有较高的图像质量并且时间消耗在可接受的范围内。图 2-18(b) 给出了参数 ω_{e} 在不同取值下算法的收敛情况。从均方误差可以看出，ω_{e} 越小，算法的绘制效果越好。

---

① http://src.luxrender.net。

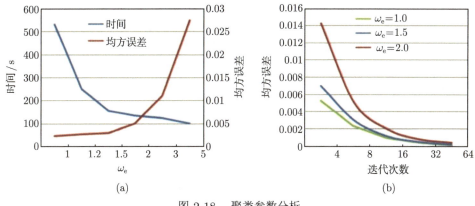

(a)

(b)

图 2-18 聚类参数分析

2. 采样点分布

通过对国际象棋场景和客厅场景进行绘制，图 2-19 给出了聚类采样的采样点分布图，每幅图使用每个像素 8 个采样点。从图中可以看出，聚类算法通过聚类划分可以自适应采样光照域中错误值高的区域。从国际象棋场景的采样点分布图可以看出，聚类采样集中采样了边界和模糊区域。客厅场景的采样点分布说明，采样点集中在间接光照较多的区域。采样点分布同样说明，低采样率的区域有着较大的聚类划分，高采样率的地方有着较小的聚类划分。

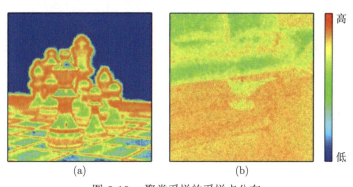

(a)   (b)

图 2-19 聚类采样的采样点分布

3. 真实感效果对比

图 2-20 对比了小波采样算法 (AWR)[67]、贪婪采样算法 (GEM)[68] 和本节的自适应聚类采样 (ACS) 算法。图 2-20(a) 是一个桌球场景，有运动模糊效果，两个线性运动的球和一个滚动的球。图像绘制分辨率为 1024×1024，每个像素 8 个采样点。从图 2-20(a) 可以看出，贪婪采样算法比小波采样算法给出了更为平滑的

结果。小波采样算法使用局部频率信息进行去噪，但是在边界处相比较贪婪采样算法存在更严重的走样。ACS 算法则给出了更接近参考图像的结果。图 2-20(b)是一个室外汽车场景，有运动模糊和景深效果，焦点在中间的汽车上。图像绘制分辨率为 1024×1024，每个像素 16 个采样点。贪婪采样算法用最小化局部错误值采样图像，自适应小波绘制分析全局和局部的频率，ACS 算法利用聚类给出不同形状的采样区域。从图 2-20 中的绘制结果和均方误差可以看出，ACS 算法给出了更高质量的结果。

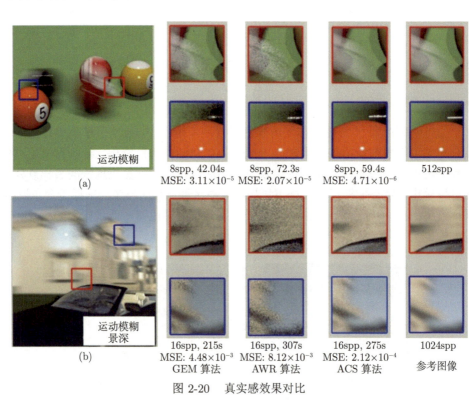

图 2-20　真实感效果对比

2.3　基于 BP 神经网络的自适应采样

自适应采样的关键是构建一个能够有效判别像素复杂程度的判断准则。然而大部分方法计算负载较大且难以处理复杂场景。对于复杂场景的低频背景像素而言，它们可能跨越多个不同的纹理区域而被错误地判别为复杂像素，最终导致采样点向低频背景区域集中，难以实现采样点优化。Li 等提出使用 SURE 误差值识别复杂像素[88]，然而这种方法需要对重构结果求偏导，在低采样率时效果较差。

针对上述问题，本节介绍一种基于 BP 神经网络的自适应采样 (BP network

based adaptive sampling, BPAS) 方法 [236]。该方法利用 BP 神经网络对像素真实值进行预测并用于评价像素复杂程度。在自适应采样过程中，首先利用 Chi-Square 距离和 f 散度计算新采样点的投放区域，然后生成一系列候选采样点并从中选择能够优化像素整体方差的新采样点。最后，根据计算得到的像素复杂程度实施各向异性重构。具体算法框架如图 2-21 所示。

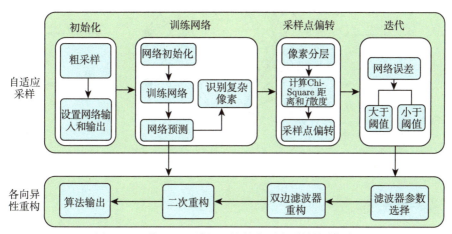

图 2-21　基于 BP 神经网络的自适应采样算法框架

2.3.1　BP 神经网络

1. 网络初始化

本节算法输入包含两维图像维度 (imageX，imageY)、两维镜头维度 (lensU，lensV) 以及一维时间维度 (time)；输出为像素颜色值的三维 RGB 分量。可采用具有五维输入 ($N_i = 5$) 和三维输出 ($N_o = 3$) 的 BP 神经网络 (图 2-22)。首先，利用 PBRT 渲染器中的标准低差异采样过程对整个图像进行粗采样。在 BP 神经网络中，中间层的数目 (N_m) 越大，则网络正确收敛的速度越快，然而收敛过程的消耗也越大。本节粗采样仅是为了获得场景的初始统计信息并为判断像素复杂程度提供依据，因此使用一层中间层以降低绘制消耗。

BP 网络的训练次数 (N_{it}) 对算法的效率至关重要。传统的训练过程每次仅使用一个采样点。对于蒙特卡罗光线追踪过程而言，由于粗采样点的数目较少，则每次只训练一个采样点难以保证最后的预测精度，需要更多的训练次数。因此，本节采用批训练模型，即每次训练使用所有的采样点，并将它们的训练误差相加形成全局误差，利用全局误差的偏导数调整节点权重。理论上 N_{it} 次批训练模型的效率等于 $N_{it} \times N_{coarse}$ 次单个采样点训练的效果，其中 N_{coarse} 是粗采样点数目。

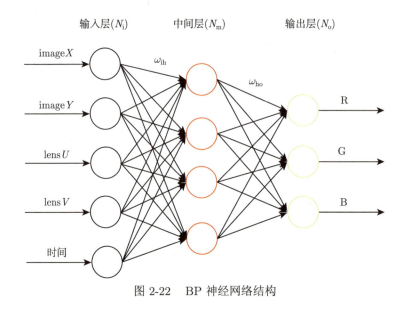

图 2-22　BP 神经网络结构

2. 网络训练

为了计算训练误差并调整节点权重，BP 神经网络需要一个期望输出值。由于像素真实光照亮度 (即不含噪声影响的值) 无法获得，此处采用粗采样均值代替期望值，网络表示如下：

输入向量：$x = (x_1, x_2, x_3, x_4, x_5)$

期望输出向量：$do = (do_1, do_2, do_3)$

中间层输入：$hi = (hi_1, hi_2, \cdots, hi_{N_{\mathrm{m}}})$

中间层输出：$ho = (ho_1, ho_2, \cdots, ho_{N_{\mathrm{m}}})$

输出层输入：$yi = (yi_1, yi_2, yi_3)$

输出层输出：$yo = (yo_1, yo_2, yo_3)$

首先，各节点之间的连接权重被初始化为 $(-1, 1)$ 之间的随机值，并定义误差阈值为 ε，隐藏层和输出层的输出阈值分别为 b_{h} 和 b_{o}。然后，中间层第 h 个节点的输入输出计算如公式 (2-23) 所示。

$$\begin{cases} hi_h = \sum_{i=1}^{5} \omega_{ih} x_i - b_{\mathrm{h}} \\ ho_h = f(hi_h) \end{cases} \tag{2-23}$$

输出层第 o 个节点的输入输出计算如公式 (2-24) 所示。

$$\begin{cases} yi_o = \sum_{h=1}^{N_m} \omega_{ho}ho_h - b_o \\ yo_o = f(yi_o) \end{cases} \tag{2-24}$$

其中，f 是指数型的激励函数，权值调整量由输出层和中间层的偏导计算得到。利用网络期望输出和实际输出之间的差异，计算误差函数对输出层各神经元的偏导数，作为权值调整量 $\Delta\omega_{ih}(\Delta\omega_{ho})$，其计算公式如 (2-25) 所示。

$$\begin{cases} \omega_{ho} = \omega_{ho} + \Delta\omega_{ho} \\ \omega_{ih} = \omega_{ih} + \Delta\omega_{ih} \end{cases} \tag{2-25}$$

这里的权重调整采用标准的 BP 网络反馈传播过程。每次的训练过程利用上一次的权重调整结果作为初始权重进行计算，经过 N_{it} 次训练后，对像素的复杂程度进行如下判断：首先，将 imageX 和 imageY 设为 0 (注意，这里的图像距离为相对距离，即为当前像素中心)，lensU、lensV 和 time 设为 (0, 1) 之间的随机数，然后利用最后一次训练得到的 BP 网络进行预测，得到像素的预测值 I'(网络的 RGB 三维输出)。最后，像素 p 的复杂程度 θ_p 计算如式 (2-26) 所示。

$$\theta_p = \frac{|I' - I_p|}{I_p} \tag{2-26}$$

其中，I_p 是像素 p 的粗采样均值，这里用它和预测值之间的相对偏差评判像素复杂程度。如果 θ_p 大于预定义阈值 Ψ，则表明 p 的复杂程度较高，处于高频区域。如果下一轮待分配的采样点数目为 s，则像素 p 在下一轮自适应采样中获得的采样点数目为 $s\theta_p/\Sigma_i\theta_i$，同时每个新投放的采样点位置按照 2.3.2 节的偏转算法进行计算。

2.3.2 自适应采样

1. 采样点偏转算法

公式 (2-26) 计算得到的复杂像素通常处于边角等高频区域，如图 2-23(a) 所示。因此，这些像素投放新采样点的位置对绘制结果至关重要。为了能够保持绘制结果的清晰度，新投入的采样点应该尽量分布到边角区域附近。因此，首先对这些复杂像素按照图像维度分割为对称的四个切片 (图 2-23(b))，它们分别对应复杂程度不同的区域。例如，切片 B 处在一个单一的纹理边界内，因此它的复杂程度要低于切片 C (横跨两个不同纹理区域的边界)。本节算法通过计算 Chi-square 距离提取两个具有最大差异的切片 (如 B 和 C)：

$$\text{diff}(X,Y) = \frac{1}{N(X)+N(Y)} \sum_{i=1}^{m} \frac{\left[h(i,X)\sqrt{\dfrac{N(Y)}{N(X)}} - h(i,Y)\sqrt{\dfrac{N(X)}{N(Y)}} \right]^2}{h(i,X)+h(i,Y)} \tag{2-27}$$

其中，$\text{diff}(X,Y)$ 表示切片 X 和切片 Y 之间的差异；像素值被量化为 m 个层次；$h(i,X)$ 代表切片 X 中处于第 i 个层次的采样点数目；$N(X)$ 是位于切片 X 的采样点数目之和。通过计算每对切片之间的 Chi-square 距离，具有最大 $\text{diff}(X,Y)$ 的两个切片被识别。可以看出，这两个切片一个位于较为简单的区域 (如背景区域)，而另一个切片包含边角细节。为了区分它们，进一步计算对应的 f 散度：

$$f\text{div}(X) = \frac{1}{N(X)} \bar{L} \sqrt{ \frac{1}{2} \sum_{i=1}^{N(X)} \left(\sqrt{p_i} - \sqrt{\frac{1}{N(X)}} \right)^2 } \tag{2-28}$$

其中，$\bar{L} = \sum\limits_{i=1}^{N(X)} L_i / N(X)$ 是切片 X 的光照亮度均值；$p_i = L_i \Big/ \sum\limits_{i=1}^{N(X)} L_i$ 是切片 X 中第 i 个采样点光照亮度比例。根据公式 (2-27) 和公式 (2-28) 识别出复杂像素中具有最大差异的两个切片后，本节将新投入的采样点尽可能分布到这两个切片的边界处。首先，利用泊松分布对像素的每个切片均匀地投放一定数目的候选采样点 (图 2-23(c) 中黄色采样点)：

$$S_{\text{cand}} = \frac{1}{N(X)} \sum_{i=1}^{N(X)} \frac{|L_i - L_{\text{cand}}|}{L_i} \tag{2-29}$$

其中，S_{cand} 是第 cand 个候选采样点的分配误差；L_{cand} 是该候选采样点的光照亮度值。本节算法每次都选择能够最小化 S_{cand} 的候选采样点 (图 2-23(c) 中红色采样点) 投放到对应的切片中。当每个切片都获得新采样点后 (图 2-23(d))，将位于较小 f 散度切片中的新采样点偏转到具有较大 f 散度的切片中 (图 2-23(e))，形成采样点向复杂区域集中。

2. 迭代

当新的采样点按照偏转算法分布到公式 (2-26) 识别的复杂像素后，当前像素的总误差计算为

$$\text{err} = \frac{1}{2} \sum_{k=1}^{N_{\text{it}}} \sum_{o=1}^{3} (yo_o(k) - do_o)^2 \tag{2-30}$$

其中，$yo_o(k)$ 表示第 k 次训练后网络的第 o 维输出结果。上述训练过程一直重复直到总误差小于阈值 ε 或预定义的采样点已经被分配完毕。最终，经过多次迭

代的自适应采样过程后，采样点都集中在边界附近 (图 2-23(f))，实现采样点分布优化。

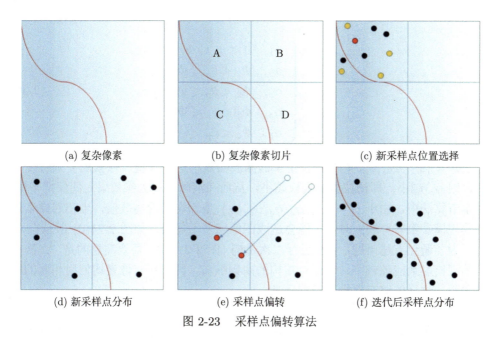

(a) 复杂像素   (b) 复杂像素切片   (c) 新采样点位置选择

(d) 新采样点分布   (e) 采样点偏转   (f) 迭代后采样点分布

图 2-23 采样点偏转算法

2.3.3 重构

自适应采样结束后，需要利用所有已分配的采样点合成最终的像素光照亮度值。重构过程是一个滤波过程，即利用滤波器对像素的颜色进行过滤，以进一步降低噪声影响。类似于采样阶段，由于不同像素具有不同的复杂程度，在重构过程中也应该采用不同规模的滤波器。通常情况下，大规模的滤波器能够有效降低噪声影响 (即方差)，却容易形成过模糊。而小规模的滤波器容易保持图像清晰度 (即偏差)，但却难以有效地移除噪声。为了在这两者之间进行权衡，本节采用各向异性滤波过程，即对复杂像素采用小规模滤波器以保持边角清晰度，而对简单像素采用大规模滤波器以降低噪声水平。

这里采用双边滤波器作为重构滤波器：

$$\bar{I}_p = \frac{\sum\limits_{q \in \Omega_p} w_{pq} I_q}{\sum\limits_{q \in \Omega_p} w_{pq}}$$

$$w_{pq} = \exp\left(-\frac{\|s_p - s_q\|^2}{2\alpha_p^2}\right) \exp\left(-\frac{\|I_p - I_q\|^2}{2\beta_p^2}\right)$$

(2-31)

其中，$\bar{I}_p$ 是像素 p 的重构值；I_p 是采样点均值。α_p 和 β_p 分别是控制图像距离和颜色距离的带宽，即滤波器规模。在本节中，所有像素均采用相同的 β_p，根据复杂程度的区别为它们选择不同的 α_p，具体如下：

$$\alpha_p = \begin{cases} \alpha_1, & 0 < \theta_p \leqslant \Phi_1 \\ \alpha_2, & \Phi_1 < \theta_p \leqslant \Phi_2 \\ \alpha_3, & \Phi_2 < \theta_p \leqslant \Phi_3 \\ \alpha_4, & \Phi_3 < \theta_p \leqslant \Phi_4 \\ \alpha_5, & \Phi_4 < \theta_p \end{cases} \tag{2-32}$$

$\Phi = \{\Phi_1, \Phi_2, \Phi_3, \Phi_4\}$ 是预定义的滤波器规模选择阈值。像素的复杂程度越高，则 α_p 越小，即滤波器的规模越小，从而在清晰度和去噪效果之间保持平衡。在本节算法中，由于 $\alpha = \{\alpha_1, \alpha_2, \alpha_3, \alpha_4, \alpha_5\}$ 是预定义的离散值，当相邻像素选择的规模参数差异较大时，可能会造成图像细节不连续，如图 2-24(d) 所示。

为了避免上述问题，算法进行二次重构 (图 2-24(c))。需要注意的是，二次重构的规模参数应该较小，以保持重构的高频细节，同时所有像素均使用相同的规模参数，这样能够有效提高绘制质量。

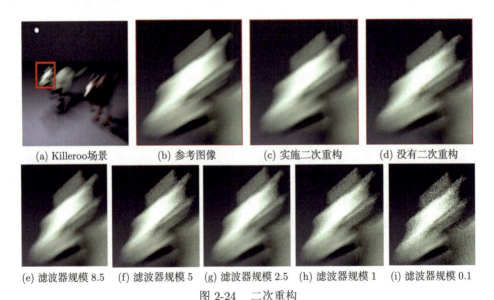

(a) Killeroo场景　　　(b) 参考图像　　　(c) 实施二次重构　　　(d) 没有二次重构

(e) 滤波器规模 8.5　　(f) 滤波器规模 5　　(g) 滤波器规模 2.5　　(h) 滤波器规模 1　　(i) 滤波器规模 0.1

图 2-24　二次重构

2.3.4　绘制实例与分析

本节 BPAS 算法绘制实例中所有参数设置如表 2-1 所示。算法基于开源渲染平台 PBRT-v2[31] 上实现，硬件环境为 Intel®Core™ i7-3630 QM CPU，8GB RAM。

本节与四种方法进行对比,分别为标准低差异 (low discrepancy,LD) 算法[10]、基于 f 散度 (F-div) 的方法[226]、基于模糊度 (Fuzzy) 的方法以及 Rousselle 等提出的贪婪采样算法 (GEM)[68]。绘制结果从视觉质量和均方误差 (MSE) 两方面进行对比。为了方便,将 BP 网络设为四维输入:$\{\text{image} = \sqrt{\text{image}X^2 + \text{image}Y^2}, \text{lens}U,$ $\text{lens}V, \text{time}\}$。所有参考图像均采用每像素 16384 个采样点生成。

表 2-1　实验参数列表

实验参数	含义	设置
ω_{ih}, ω_{ho}	网络初始权重	$(-1, 1)$
N_{it}	训练次数	$(10, 100)$
$N_{\text{i}}, N_{\text{m}}, N_{\text{o}}$	网络节点数	$4, 5, 3$
ε	训练误差阈值	0.1
$b_{\text{h}}, b_{\text{o}}$	节点输出阈值	$0.01, 0.01$
Ψ	像素复杂程度判断阈值	0.2
μ	网络学习速率	$(0.02, 0.08)$
r	重构滤波器半径	5
α, β_p	重构参数	$\alpha = \{8.5, 5, 2.5, 1, 0.1\}$ $\beta_p = 1.0$
Φ	重构参数选择阈值	$\Phi = \{0.3, 0.45, 0.7, 0.85\}$
$f(\ )$	激励函数	$f(x) = 1/[1 + \exp(-x)]$
m	像素颜色值量化层次	5

图 2-25 显示了蓝色球运动模糊场景的绘制结果。所有算法均采用每像素 32 个采样点,图像分辨率为 800×400。在运动静止区域 (绿色方框),由于缺少合适的重构过程,LD 算法产生最严重的噪声水平。F-div 算法虽然实现了自适应采样,但是在低采样率时对像素复杂程度的判断不准确,导致产生了次优的结果,同时该算法也难以有效移除噪声。GEM 算法通过自适应地选择高斯滤波器,能够有效移除运动静止区域的噪声,但是在运动模糊区域 (红色方框) 却产生了一定程度的过模糊,而且花费的时间最长。相比于这些方法,BPAS 算法在移除运动模糊区域噪声的同时能够保持运动静止区域的细节特征,和参考图像最为接近。

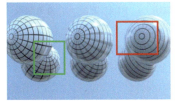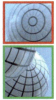

BPAS 算法　　　　　LD 算法　　F-div 算法　GEM 算法　BPAS 算法　　参考图像
　　　　　　　　　　　　12.7s　　　29.7s　　　50.4s　　　36.4s
　　　　　　　　MSE: 6.32×10^{-4}　MSE: 6.09×10^{-4}　MSE: 3.95×10^{-4}　MSE: 3.48×10^{-4}

图 2-25　蓝色球运动模糊场景的绘制结果

图 2-26 是蓝色球运动模糊场景中 BPAS 算法和 LD 算法的相对均方误差对比曲线图。可以看出，在相同采样率情况下，BPAS 算法能够产生比 LD 算法更低的相对均方误差。

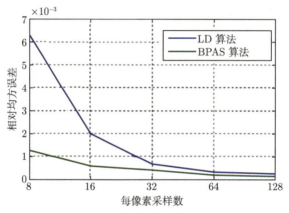

图 2-26　相对均方误差对比曲线图

图 2-27 是 TT 场景的对比结果。所有图像的分辨率均为 1000×556。可以看出，LD 算法在每像素 16 个采样点的情况下难以有效地移除噪声，这是由于该算法缺少合适的重构滤波器，同时也没有实施自适应采样过程，从而采样点难以向能够减少噪声的区域集中。GEM 算法的效果优于 LD 算法，而且产生的数学误差与 LD 算法在每像素 64 个采样点的情况下相近，说明 GEM 算法使用的各向异性高斯滤波过程可以移除低频背景噪声。然而，GEM 算法仍然在软阴影区域遗留了部分噪声，这是由高斯滤波器难以保持细节特征所致。与 LD 算法和 GEM 算法相比，BPAS 算法在相同采样率的情况下能够更大程度地移除噪声，并且产生最小的 MSE，也和参考图像最为接近。

BPAS 算法

LD 算法	GEM 算法	LD 算法	BPAS 算法	参考图像
16spp	16spp	64spp	16spp	
85s	189s	354s	187s	
MSE: 0.0012	MSE: 0.0005	MSE: 0.0006	MSE: 0.0004	

图 2-27　TT 场景对比

图 2-28 对全局光照场景 Sibenik (希贝尼克) 进行了对比，图像分辨率为 800×400。可以看出，LD 算法由于没有进行自适应采样，产生了最严重的噪声影响。特别是在低频背景区域 (红色方框) 以及高频楼梯细节处 (黄色方框)。为

了消除噪声影响，Fuzzy 算法使用模糊度进行自适应采样。该算法虽然可以通过向具有高模糊度的区域分布采样点，但是效果较差；另外，由于缺乏有效的重构过程，难以保持图像细节特征，噪声水平也较高。相比于 LD 算法和 Fuzzy 算法，GEM 算法利用具有不同带宽的高斯滤波器进行各向异性重构，可以有效移除噪声。但是该算法在楼梯处无法模拟细节特征。图中所有图像均采用每像素 16 个采样点生成，在相同采样率情况下本节介绍的 BPAS 算法效果最好，和参考图像最为接近。

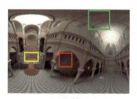

BPAS算法

LD 算法   Fuzzy 算法   GEM算法   BPAS算法   参考图像
205s   286s   403s   397s
MSE: 0.0519   MSE: 0.0512   MSE: 0.0367   MSE: 0.0131

图 2-28   希贝尼克场景对比

图 2-29 是景深场景 Dragons 的对比结果。可以看出，在聚焦区域 (红色方框)，由于初始采样率较高 (每像素 16 采样点)，这些方法的绘制效果相近。然而在非聚焦区域 (绿色方框)，GEM 算法无法区别高频细节和噪声，所以在该区域将噪声当作高频细节进行保存，并使用具有较小带宽的高斯滤波器，导致大量噪声被遗留。相比于 GEM 算法，由于本节介绍的 BPAS 算法利用镜头参数作为训练输入，可以有效识别噪声，并倾向于在该区域使用较大规模的滤波器，向非聚焦区域的像素分布更多采样点，所以能够有效地移除景深区域的噪声。另外，BPAS

BPAS 算法

LD 算法   GEM 算法   BPAS算法   参考图像
502s   1028s   797s
MSE: 0.0771   MSE: 0.0581   MSE: 0.0542

图 2-29   Dragons 场景对比

算法也可根据实际需要扩充 BP 输入以支持不同的绘制效果。例如，可以考虑面光源维度以支持软阴影效果。

图 2-30 分析了 BPAS 算法中 BP 网络的训练次数对 MSE 和绘制时间的影响。从该图中可以看出，随着训练次数的增加，MSE 逐步降低，而绘制时间则逐渐增大。特别地，当训练次数处于 10~30 和 90~100 区间时，绘制消耗增加剧烈，而当训练次数位于 30~90 时，绘制消耗增加相对缓慢。根据上述分析，实验中采用的训练次数为 70~90，从而在降低绘制消耗和减小 MSE 之间进行权衡。

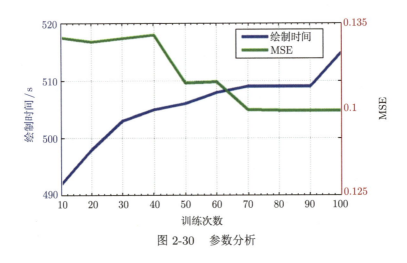

图 2-30　参数分析

2.4　基于匹配块的各向异性重构算法

前面的算法利用像素的复杂程度指导自适应采样。然而，仅利用像素复杂程度无法有效地选择重构参数。为了能够最大限度地移除噪声影响，就需要精确估算重构参数所导致的重构误差。

重构误差可以被分解为二次偏差和方差之和。为每个像素选择合适的重构参数就是在减少方差和减少偏差之间进行权衡。如果一个滤波器选择较大的过滤带宽 (重构参数)，这个滤波器会拥有较大的支撑范围，重构窗口内的像素会产生较大的过滤权重，最终该滤波器能够有效地去除噪声影响。然而此时中心像素自身的过滤权重会相对降低，容易产生过模糊。总之，大规模的重构参数可以减少噪声，表现在数学行为上就是方差降低，同时也会导致偏差增加，形成细节特征的损失。反之，如果采用小规模的滤波器，能够降低偏差并保持图像细节，但是会形成较高方差并难以移除噪声。

为了能够最小化重构误差，理想方法是直接和像素的真实光照亮度值进行对比，从而获得特定重构参数所导致的偏差和方差的精确估计。然而，这种方法只能用作参考，因为除非分布超大量采样点 (如 10k)，否则由于蒙特卡罗光线追踪中将连续光照信息离散化的缺陷，将无法获得像素真实值。因此，目前算法只能利用有限的采样点，通过一定的统计分析工具 (如 SURE 估算方法) 来估计重构误差。然而这些方法在低采样率时估计精度较差，导致像素选择了次优的重构参数。

本节介绍一种基于最佳匹配块的各向异性重构 (best matching patch based anisotropic reconstruction, BMPAR) 算法 [237]。该算法为每个像素选择最佳匹配块，使其只包含与中心像素处于同一纹理区域或边界条件的相似像素。随后在最佳匹配块中估计像素真实值，并用其计算重构误差，最终为每个像素选择能够最小化重构误差的最优重构参数。

图 2-31 显示了 BMPAR 算法基本框架。首先，在初始图像中为每个像素选择最佳匹配块，然后在最佳匹配块中对中心像素的真实值进行估算，形成一幅引导

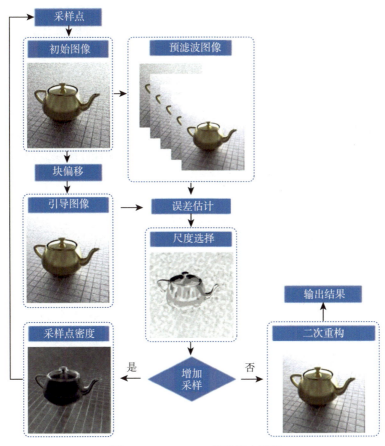

图 2-31　BMPAR 算法基本框架

图像 (guidance image)。由于最佳匹配块中仅包含与中心像素处于同一纹理或边界区域的像素,因此该引导图像能够展现大量场景细节。同时和初始图像相比,又具有更低的噪声水平。然后构造一系列具有不同重构参数的交叉双边滤波器,并分别用它们对初始图像进行预过滤。随后,计算过滤结果和引导图像之间的差异作为对应重构误差的估计值。最终,每个像素选择具有最小重构误差的过滤结果作为输出。另外,重构误差被用来指导自适应采样过程,直至预定义的采样点全部分配完毕。

2.4.1　块偏移思想

如图 2-32 所示,传统的滤波器使用以像素为中心的过滤窗口进行去噪。然而,当该窗口包含边角细节时,会包含与当前像素特征不同的邻近像素。在高频区域这种情况会更加突出。传统方法只能通过减小过滤窗口的尺寸来尽量避免处于不同纹理区域的像素的影响。然而,随着过滤窗口的缩小,过滤结果的去噪能力会急剧下降。如图 2-32(a) 所示,像素 p 和 q 处于不同的纹理区域,如果采用传统的滤波器,它们的过滤窗口会形成极大的重叠区域,导致过模糊 (图 2-32(b))。极端情况下,假设 p 和 q 位于某一边角的两侧,这两个像素的过滤窗口拥有大小为 $r \times (r-1)$ 的重叠区域 (定义窗口大小为 $r \times r$)。结果 p 和 q 的重构效果会非常近似,由此而导致过滤后边界细节内容被模糊。

针对上述问题,Cho 等 [238] 提出了块偏移算法。其主要思想是在包含像素 p 的所有过滤窗口中,寻找一个最佳过滤窗口,要求该窗口中的所有像素都尽量和当前像素处于同一物体表面,称该窗口为当前像素的最佳匹配块。原始的块偏移算法使用 Tonal-range 进行选择:

$$\Delta \Omega_p = N_{\max}(\Omega_p) - N_{\min}(\Omega_p) \tag{2-33}$$

其中,$N_{\max}(\Omega_p)$ 和 $N_{\min}(\Omega_p)$ 分别为窗口 Ω_p 中像素的最大值和最小值,具有最小 $\Delta \Omega_p$ 的 Ω_p 被选为 p 的最佳匹配块。然而,Tonal-range 仅考虑最小化窗口的偏差而忽略了方差对选择结果的影响,难以处理高频像素。

BMPAR 算法采用 f 散度作为准则来选择最佳匹配块。f 散度是一种对边界变化非常敏感的凸函数,并且已经被广泛应用到图像处理的相关领域。这里利用其强大的边角探测能力来选择最佳匹配块:

$$\text{F-div}(\Omega_p) = \frac{1}{|\Omega_p|} \bar{L} \sqrt{\frac{1}{2} \sum_{i \in \Omega_p} \left(\sqrt{p_i} - \sqrt{\frac{1}{|\Omega_p|}} \right)^2} \tag{2-34}$$

其中，$\bar{L} = \Sigma_{i\in\Omega_p} N_i / |\Omega_p|$ 表示 Ω_p 的像素均值；$p_i = N_i / \Sigma_{i\in\Omega_p} N_i$。在所有 r^2 个候选窗口中，具有最小 F-div(Ω_p) 的 Ω_p 被选为当前像素的最佳匹配块。如图 2-32(c) 所示，在该最佳匹配块中进行过滤得到的图像能够在去除噪声的同时保护边角细节。

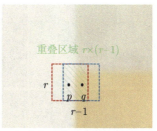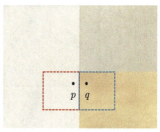

| (a) 初始含噪输入 | (b) 传统过滤窗口造成过模糊 | (c) 最佳匹配块保护边角特征 |

图 2-32　最佳匹配块

2.4.2 计算引导图像

重构算法通过过滤初始含噪图像来最小化 MSE。最大的挑战是如何为每个像素选择合适的过滤参数 (重构参数)。在此利用最佳匹配块来计算一幅引导图像，并利用它指导重构参数的选择。定义输入含噪图像为 N，针对像素 p 在其对应的最佳匹配块 Ω_p 中计算引导图像 G_p：

$$G_p = \frac{\sum_{q\in\Omega_p} D(p-q)N_q}{\sum_{q\in\Omega_p} D(p-q)} \tag{2-35}$$

其中，$D(p-q)$ 是像素 p 和 q 之间的图像距离。公式 (2-35) 利用一个高斯滤波器在最佳匹配块中计算引导图像，具有以下两处优点：一是由于匹配块中包含边角等高频细节的可能性最低，所以引导图像可以呈现场景的大量细节而又不会造成过模糊；二是利用引导图像的像素值进行重构，能够减少输入噪声对重构结果的影响。

图 2-33 对比了引导图像和初始绘制图像的含噪水平。与初始绘制图像相比，通过最佳匹配块的选择，引导图像能够明显降低噪声水平，同时保持了大量场景细节特征，这是由于通过最小化 f 散度得到的匹配块能够避免处于不同纹理区域像素的影响。BMPAR 算法利用该图选择最优重构参数，从而计算得到最终的重构图像。

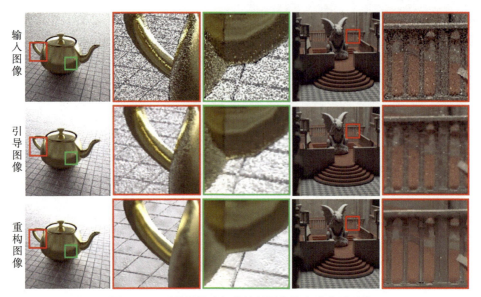

图 2-33　引导图像和初始绘制图像的含噪水平对比

2.4.3　重构参数选择

　　BMPAR 算法依靠最佳匹配块为每个像素选择能够最小化重构误差的最优重构参数，提高在低采样率时的误差估算精度。为了能够利用辅助特征信息，这里考虑深度、纹理以及法向量。然而，BMPAR 算法并不仅限于这三种辅助特征信息，其他的高维信息 (如可见度、梯度等) 也可以被集成到算法框架中。

　　如图 2-34 所示，相比于绘制图像，辅助特征图像通常含有更低的噪声水平。因此，BMPAR 算法如下交叉双边滤波器：

$$I_p = \frac{\displaystyle\sum_{q \in W_p} D(p-q)R(p-q)F(p-q)N_q}{\displaystyle\sum_{q \in W_p} D(p-q)R(p-q)F(p-q)} \tag{2-36}$$

其中，W_p 是以像素 p 为中心的重构窗口，与 Ω_p 不同。$D(p-q)$、$R(p-q)$ 和 $F(p-q)$ 分别为像素 p 和 q 之间的图像距离、颜色距离以及特征距离，它们的计算过程如下：

$$D(p-q) = \exp\left(-\frac{\|p-q\|^2}{2\sigma_{\mathrm{s}}^2}\right) \tag{2-37}$$

$$R(p-q) = \exp\left(-\frac{\|G_p - G_q\|^2}{2\sigma_{\mathrm{c}}^2}\right) \tag{2-38}$$

$$F(p-q) = \exp\left(-\frac{|d_p - d_q|^2}{2\sigma_{\mathrm{d}}^2}\right) \\ \cdot \exp\left(-\frac{|t_p - t_q|^2}{2\sigma_{\mathrm{t}}^2}\right) \cdot \exp\left(-\frac{|n_p - n_q|^2}{2\sigma_{\mathrm{n}}^2}\right) \tag{2-39}$$

其中，$|d_p - d_q|$、$|t_p - t_q|$ 和 $|n_p - n_q|$ 分别为像素 p 和 q 的深度距离、纹理距离和法向量距离，σ_{s}，σ_{c} 以及 σ_{d}、σ_{t}、σ_{n} 分别为图像空间、颜色空间和特征空间的重构参数。注意这里使用引导图像的 $\|G_p - G_q\|$ 代替 $\|N_p - N_q\|$ 计算颜色距离。由于初始图像的噪声水平较高，此处使用引导图像能够减少输入噪声对重构结果的影响。

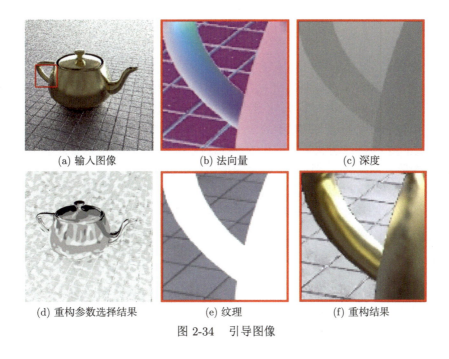

(a) 输入图像 (b) 法向量 (c) 深度

(d) 重构参数选择结果 (e) 纹理 (f) 重构结果

图 2-34 引导图像

对于含有景深、运动模糊等特殊效果的场景，即使是辅助特征图像，也会受到噪声的影响。因此直接使用辅助特征图像计算特征距离可能会产生不准确的特征权重。为了解决该问题，Sen 和 Darabi[43] 提出在特征空间计算统计依赖特性，并降低具有更高依赖性的采样点的权重。然而，这种方法需要较高的绘制消耗。此处利用特征空间的采样方差来计算特征距离：

$$|d_p - d_q|^2 = \frac{|\bar{d}_p - \bar{d}_q|^2}{\mathrm{var}_{dp} - \mathrm{var}_{dq}} \tag{2-40}$$

其中，$\bar{d}_p$ 和 var_{dp} 分别为像素 p 在深度图像的采样均值和方差。同理，可以计算得到 $|t_p - t_q|$ 和 $|n_p - n_q|$。当像素处于具有特殊效果的区域 (如非聚焦区域或运动模糊区域等) 时，公式 (2-40) 会产生较大的方差项，此时特征距离偏小并返回较大的特征权重，最终在这些区域更倾向于使用较大的重构参数去除噪声影响。

为了选择最佳重构参数，预定义一系列具有固定 σ_c 以及 σ_d、σ_t、σ_n，但具有不同 σ_s 的候选重构参数。然后利用引导图像估计重构误差，具有以下两方面的优点：一是由于该图像是对处于同一纹理区域的相似像素计算得到的，因此它在低采样率时可以看成是像素真实值的无偏估计；二是该图像可以展现大量场景细节，同时又明显含有更低的噪声水平。最终，第 i 个候选重构参数所导致的重构误差估计如下：

$$\mathrm{err}_p = \left(\frac{\mathrm{var}_p}{N_p}\right)^{0.25} \cdot \frac{|G_p - I_{ip}|}{G_p} \tag{2-41}$$

其中，var_p 是像素 p 的采样方差；I_{ip} 是第 i 个候选重构参数根据公式 (2-36) 得到的像素重构结果。可以看出，重构结果和引导图像的差异越大，公式 (2-41) 认为其导致的重构误差越大。对于处于边角等复杂区域的像素，大规模滤波器的过滤结果倾向于和引导图像产生较大的差异，因此在这些区域的像素能够选择较小的重构参数。图 2-34(d) 描述了最终的重构参数选择结果。可以看出，算法在复杂区域 (亮度较低的区域) 选择小规模重构参数保护高频细节，而在低频区域 (亮度较高的区域) 选择大规模重构参数移除噪声影响，最终在图像去噪和细节保持之间进行良好的权衡。

2.4.4   自适应采样

BMPAR 算法利用公式 (2-41) 中计算得到的重构误差来判断复杂像素并指导实施自适应采样过程：

$$S(p) = \frac{|G_p - I_p| + \mathrm{var}_p}{I_p^2 + \varepsilon} \tag{2-42}$$

其中，I_p 是像素 p 利用最优重构参数得到的重构结果；$\varepsilon = 0.01$ 是为了防止除零。公式 (2-42) 主要关注以下两点：一是具有较大方差或与引导图像有较大差异的像素通常位于复杂区域，应该获得更多的采样点；二是由于人眼对亮度更敏感[130]，为了在较暗的区域分布更多的采样点，则在分母中考虑像素的过滤结果。最终，如果下一轮可供分配的采样点数目为 k，则像素 p 获得的数目为 $kS(p)/\Sigma_j S(j)$。图 2-35 描述了桌球场景和带有雾的龙场景的采样密度图。从图中可以看出，采样点集中分布在边角和运动模糊区域。

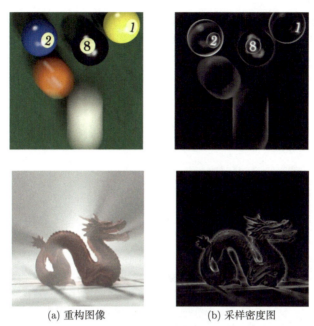

(a) 重构图像   (b) 采样密度图

图 2-35 自适应采样结果：桌球场景 (第 1 行) 和带有雾的龙场景 (第 2 行)

2.4.5 算法分析

为了生成引导图像，BMPAR 算法使用 f 散度代替 Tonal-range 选择最佳匹配块。图 2-36 对比了分别使用 f 散度和 Tonal-range 的重构效果，所有图像均采用每像素 8 个采样点生成。可以看出 Tonal-range 由于没有考虑像素方差，识别高频细节的能力较弱并形成了一定程度的过模糊。特别在茶壶场景的壶嘴处，f 散度能够产生清晰的绘制结果，同时也产生了更低的 MSE。

   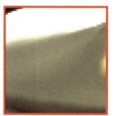

(a) 重构结果   (b) Tonal-range   (c) f 散度   (d) 参考图像
MSE: 1.48×10^{-1} MSE: 1.02×10^{-1}

图 2-36 Tonal-range 和 f 散度对比结果

BMPAR 算法中最佳匹配块的半径是一个关键参数。一方面，较大半径的匹配块能够汇集更多的相似像素，从而形成更为精确的引导图像。然而，这也导致许多边角细节被包含，可能形成过模糊。另一方面，如果选用较小的半径，引导图像会和初始含噪图像非常接近，导致噪声难以被移除。图 2-37 对比了不同半径对最终绘制结果的影响。可以看出，较小的半径选择 (如 2 或 3) 会因去噪能力不足而造成严重的斑点效应。而太大的半径 (如 6 或 7) 会导致时间消耗增大，同时MSE 也会由于图像细节的损失而增加。一般地，采用半径为 5 的窗口可以得到理想的效果。

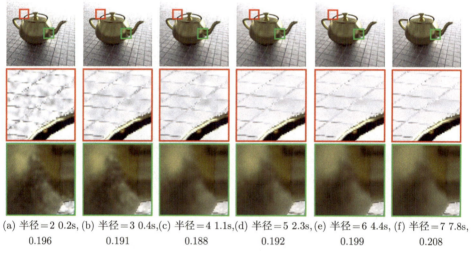

(a) 半径＝2 0.2s, (b) 半径＝3 0.4s,(c) 半径＝4 1.1s,(d) 半径＝5 2.3s, (e) 半径＝6 4.4s, (f) 半径＝7 7.8s,
　　　0.196　　　　　　0.191　　　　　　0.188　　　　　　0.192　　　　　　0.199　　　　　　0.208

图 2-37　最佳匹配块半径选择对比

2.4.6　绘制实例

本节 BMPAR 算法基于开源渲染平台 PBRT-v2[31] 上实现，硬件环境为 Intel®Core™ i7-3630 QM CPU，内存为 8GB RAM。绘制参数设置如下：$\sigma_c = 1$、$\sigma_t = 0.2$、$\sigma_d = 0.3$、$\sigma_n = 0.4$，候选重构参数设置为 $\sigma_s = \{0, 1, 2, 4, 8\}$。为了避免不连续图像细节的出现，算法最后实施二次重构，并使用全局参数 $\sigma_s = 1$。在绘制实验中和三种算法进行对比：标准蒙特卡罗 (MC) 路径跟踪算法 [31]、基于光线直方图融合 (RHF) 算法 [239] 以及使用 SURE 误差估计的 RDFC 算法 [240]。其中，RHF 算法中的距离参数根据原文推荐设置为 0.5，RDFC 算法的窗口半径设置为 10。所有参考图像均使用每像素 16384 采样点绘制得到，图像分辨率均为800×400。

图 2-38 利用房间场景对比非直接光照效果。可以看出，MC 算法由缺少合适的重构算法导致了严重的噪声残留。RHF 算法利用像素亮度直方图识别相似像素并进行融合，虽然可以有效移除噪声 (红色方框)，但却导致高频像素容易形成过模糊。RDFC 算法能够在去噪的同时保留部分场景细节，但是在壶身处也形成

了过模糊 (绿色方框)。在该场景中，BMPAR 算法最接近参考图像，同时能够清晰地绘制壶身处的细节特征，视觉效果最好。

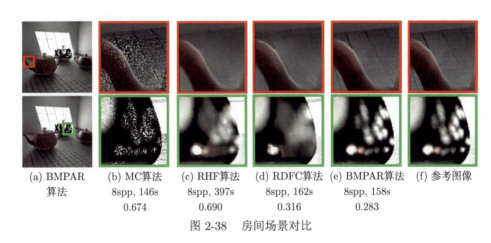

| (a) BMPAR
算法 | (b) MC算法
8spp, 146s
0.674 | (c) RHF算法
8spp, 397s
0.690 | (d) RDFC算法
8spp, 162s
0.316 | (e) BMPAR算法
8spp, 158s
0.283 | (f) 参考图像 |

图 2-38　房间场景对比

图 2-39 利用带有雾的龙场景进行算法对比，所有方法均采用每像素 8 个采样点。从图中可以看出，只有 BMPAR 算法可以保持软阴影区域的细节特征。RDFC 算法使用 SURE 在低采样率 (8spp) 时无法精确估计重构误差。RHF 算法由于没有使用辅助特征图像而形成过模糊。相比于 RDFC 算法和 RHF 算法，BMPAR 算法的最佳匹配块能够保持软阴影区域的细节特征，产生了与参考图像最为接近的结果，同时 MSE 也最低。相比于 RHF 算法，BMPAR 算法和 RDFC 算法需要更少的绘制时间，并产生了更好的绘制效果。

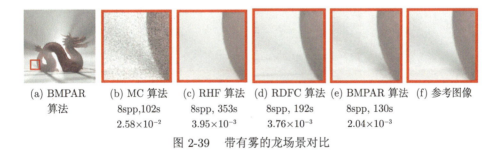

| (a) BMPAR
算法 | (b) MC 算法
8spp,102s
2.58×10^{-2} | (c) RHF 算法
8spp, 353s
3.95×10^{-3} | (d) RDFC 算法
8spp, 192s
3.76×10^{-3} | (e) BMPAR 算法
8spp, 130s
2.04×10^{-3} | (f) 参考图像 |

图 2-39　带有雾的龙场景对比

图 2-40 对比了复杂的 San Miguel(圣米格尔) 场景。可以看出，MC 算法和 RHF 算法难以去除叶片上的噪声，同时由于缺乏辅助特征图像的引导，许多纹理细节也无法保持。在该场景中，RDFC 算法和 BMPAR 算法产生了相似的绘制结果，同时这两种方法都能够保持叶片上的纹理细节。然而，BMPAR 算法的 MSE 最低，说明最佳匹配块能够更精确地估计重构误差。

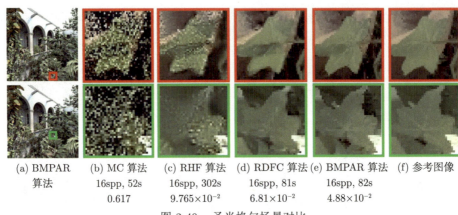

(a) BMPAR　　(b) MC 算法　　(c) RHF 算法　　(d) RDFC　(e) BMPAR 算法　(f) 参考图像
算法　　　　　16spp, 52s　　16spp, 302s　　16spp, 81s　16spp, 82s
　　　　　　　0.617　　　　 9.765×10^{-2}　6.81×10^{-2}　4.88×10^{-2}

图 2-40　圣米格尔场景对比

RHF 算法是一种优秀的算法，它通过研究像素的光照分布直方图，将相似像素的采样点进行融合，可以在低采样率情况下有效移除噪声。然而，该算法没有分析深度等辅助特征信息，容易形成过模糊，另外，该算法的关键距离参数难以选择。如图 2-41 所示，如果选用较小的距离参数 ($d = 0.3$)，茶壶场景和希贝尼克场景的噪声难以被移除。而如果选择较大的距离参数 ($d = 0.5$)，绘制结果会损失许多场景细节特征。特别是在茶壶场景的低频背景区域，由于距离参数的变大，这些区域会形成严重的过模糊。相比于 RHF 算法，BMPAR 算法的最佳匹配块

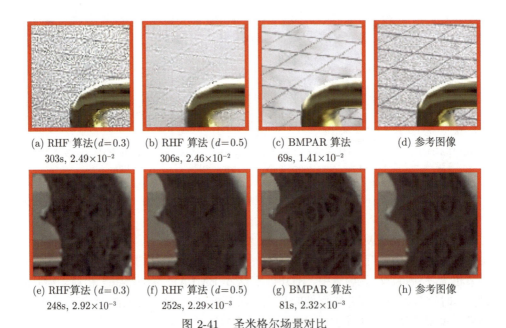

(a) RHF 算法($d=0.3$)　(b) RHF 算法 ($d=0.5$)　(c) BMPAR 算法　　(d) 参考图像
303s, 2.49×10^{-2}　　306s, 2.46×10^{-2}　　69s, 1.41×10^{-2}

(e) RHF算法($d=0.3$)　(f) RHF 算法 ($d=0.5$)　(g) BMPAR 算法　　(h) 参考图像
248s, 2.92×10^{-3}　　252s, 2.29×10^{-3}　　81s, 2.32×10^{-3}

图 2-41　圣米格尔场景对比

能够自适应地选择最优重构参数,从而在去噪的同时保持细节特征。另外,RHF算法需要较长的时间计算光照分布直方图,绘制消耗较大。

表 2-2 利用带有雾的龙场景对比了 BMPAR 算法和 RDFC 算法所产生的 MSE。可以看出,在基本一致的绘制消耗下 (特别是在低采样率时),BMPAR 算法能够更精确地选择重构参数,产生更低的数学误差。

表 2-2　BMPAR 算法与 RDFC 算法绘制消耗对比

算法名称	RDFC 算法	BMPAR 算法
	$82s/5.49 \times 10^{-3}$	$85s/3.53 \times 10^{-3}$
	$129s/3.76 \times 10^{-3}$	$130s/2.04 \times 10^{-3}$
时间/MSE	$249s/2.64 \times 10^{-3}$	$237s/1.46 \times 10^{-3}$
	$417s/2.11 \times 10^{-3}$	$410s/1.28 \times 10^{-3}$
	$740s/1.80 \times 10^{-3}$	$733s/1.12 \times 10^{-3}$

BMPAR 算法使用了深度、纹理以及法向量构建交叉过滤核。事实上,渲染器可以提供许多高维辅助特征图像,而各种辅助特征图像可以展现不同的场景细节。例如,RDFC 算法使用 BRDF 计算过滤权重。BRDF 描述了物体表面对入射光强的反射比例,容易受到光照条件变化的影响。图 2-42 进一步对比了圣米格尔场景的绘制结果,所有图像均采用每像素 16 个采样点生成。BRDF 在低采样率时比纹理图像的噪声水平高,导致 RDFC 算法损失了叶茎处的细节特征,而 BMPAR 算法使用纹理和法向量能够清晰地展现该部分场景细节,并且也产生了更低的 MSE。因此,如何选择合适的辅助特征图像,也是提高特定场景绘制质量的重要因素。近年来,随着梯度域绘制方法的发展[241,242],场景的高维特征不仅局限于单个像素范围内,相邻像素之间的特征差异也能够展现更丰富的场景细节。目前相关研究还比较匮乏,可作为进一步探索的方向。

(a) BMPAR 算法　　　　　　(b) RDFC 算法　　　　　　(c) 参考图像
MSE: 4.88×10^{-2}　　　　　MSE: 6.81×10^{-2}

图 2-42　BMPAR 算法与 RDFC 算法对比

图 2-43 对比了几种算法在相同采样率情况下的 MSE。MC 算法是最基本的蒙特卡罗光线追踪方法,由于缺少合适的重构过程,该方法会产生严重的噪声水

平，所以 MSE 最高。RHF 算法是一种有效的除噪方法，然而该方法在低采样率时 (8~32spp) 容易产生过模糊，并产生较大的 MSE。另外，RHF 算法通常很难选择合适的距离参数。较大的距离参数能够移除噪声，但是却会增加 MSE；而较小的距离参数又会遗留大量噪声。相比于 RHF 算法，RDFC 算法的表现更好。然而，该算法在低采样率时利用 SURE 难以精确估计重构误差，导致选择了次优的重构参数并增加 MSE。相比于 RHF 算法和 RDFC 算法，BMPAR 算法通过选择最佳匹配块构造引导图像，并利用引导图像选择最优重构参数，能够产生较低的 MSE。

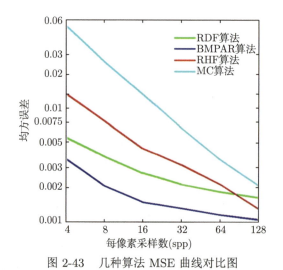

图 2-43　几种算法 MSE 曲线对比图

图 2-44 利用希贝尼克场景展现了 BMPAR 算法的去噪效果。实例采用 8spp，

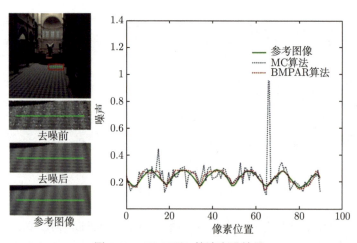

图 2-44　BMPAR 算法去噪效果

图中将绿色线条标注的一排像素值根据像素位置与参考图像进行对比。可以看出，算法输入 (蓝色曲线) 含有大量噪声，和参考图像的对应像素值 (绿色曲线) 有很大差异。经过去噪过程后，算法输出 (红色曲线) 和参考图像具有一致的变化形式，说明 BMPAR 算法能够有效地去除噪声影响。特别地，在像素位置 65 附近原始输入会产生尖锐噪声，而经过重构后，这些尖锐噪声被移除。

2.5 本章小结

本章针对光线追踪中绘制空间和绘制消耗存在的问题，介绍了四种自适应采样与重构算法。

(1) 为了提高多维绘制方法采样点采样效率，利用 KD 树给出了一种多维自适应采样方法。首先，该方法使用一种新的自适应采样评估函数，可以根据场景的不同效果，如运动模糊和景深等，针对这些特殊效果投放采样点；其次，该方法利用 KD 树划分的过程构建各向异性向量，进行各向异性采样，可以更有效地利用采样点；再次，该方法根据自适应采样特性和空间分割结果，给出了一种多维泊松盘采样方法，根据空间中某一区域中采样点的数量和体积计算可变的多维泊松盘最小半径；最后，利用 KD 树每个节点的 k 最近邻，通过寻找异常亮度点，过滤噪声采样点。

(2) 针对传统基于坐标轴划分多维空间的方法可能导致图像走样的问题，介绍了一种基于聚类划分的自适应采样方法。首先，给出一种特征向量用于特征提取和空间分割，该向量包括仿射不变梯度、局部方差和空间坐标；然后，利用聚类的思想，将绘制空间组织成任意形状的子空间，避免了传统划分轴校准的特性；最后，利用该特征向量构建聚类空间，并采用一种针对该聚类的误差评估方法来自适应投放采样点。该方法提高了自适应采样点的效率，并可以和多种重构方法相结合。

(3) 为了将绘制资源分布到最可能造成走样和噪声的区域，介绍了一种利用 BP 神经网络对像素复杂程度进行判断的算法。该算法通过分析粗采样过程得到的高维度信息，建立像素间独立的 BP 神经网络训练模型。然后利用训练好的模型判断像素复杂程度，并实施各向异性重构。该算法可以优化采样点分布，有效提高图像绘制质量。

(4) 为了在低采样率时精确估计重构误差，介绍了一种基于最佳匹配块的各向异性重构算法。该算法利用最佳匹配块构建引导图像，进而选择能够最小化重构误差的最优重构参数。最佳匹配块通过最小化 f 散度识别相似像素，能够更精确地估算重构误差并指导实施自适应采样过程。特别地，通过利用深度、纹理以及法向量构建交叉双边滤波器，可以自适应地选择空间重构参数，即便使用较低的采样率 (如 8spp) 依然可以精确估算重构误差，在去除噪声影响的同时保持场景细节特征。

第 3 章 基于频域分析的自适应绘制

第 2 章讨论了基于空域分析的多维自适应绘制方法。多维自适应绘制方法的优点是可以高质量地绘制多种真实感成像效果，缺点是存在维度灾难的问题。针对这一问题，大多数学者使用基于图像维度的绘制方法。该类绘制方法的输入为采样结果，输出为采样点位置，因此可应用于各种基于蒙特卡罗光线追踪的渲染引擎中。为了提高基于图像分析绘制方法的绘制质量，人们经常使用自适应采样方法投放采样点并给出特殊的重构方法来减少走样和去除噪声，但是，仅仅分析图像维度则会丢失多维空间中的信息。为了避免多维空间绘制方法的维度灾难问题和基于图像分析绘制方法的丢失其他维度信息问题，本章讨论基于频域分析的自适应绘制方法。

频域分析一般应用于信号处理领域，而真实感绘制中的采样与重构可以看作对二维或是多维信号的处理。其核心思想是将需要分析的信息进行频域变换，通过对频域中的特征提取和采样给出高质量的绘制结果。常用的频域变换方法有傅里叶变换和小波分析。真实感绘制过程中的很多绘制效果，如运动模糊、景深和软体阴影等，在空域的特征并不明显，但是此类效果的频率特性可以很好地在频域表示。通过频域变换可以设计高效的采样方法和滤波器。利用傅里叶变换，Durand 等 [9] 最先分析了绘制空间中光路传播的频域变化。它给出了基于傅里叶变换的绘制方法可能的研究方向，建立了理论基础。Belcour 等 [228] 叠加了光路传播特性，给出一种可以同时优化运动模糊和景深的方法。Overbeck 等 [67] 利用小波分析，给出启发式特征评估函数，进行自适应的采样和重构。Dammertz 等 [73] 通过不同层数的特征分析与提取给出了一种针对全局光照的快速滤波器。

本章针对多维自适应绘制方法的维度灾难问题和已有频域分析方法存在的缺陷，介绍一种基于 Contourlet 变换的各向异性自适应绘制 (Contourlet-based anisotropic adaptive rendering，CAAR) 算法 [243]。该方法包含基于 Contourlet 变换的自适应采样 (Contourlet-based adaptive sampling，CAS) 和多尺度各向异性滤波 (multi-scale anisotropic filtering，MAF) 两个部分 (图 3-1)。该算法在采样阶段通过多尺度分析，得到了绘制空间的粗粒度和细粒度信息，并根据这些信息可以对绘制空间进行自适应采样；在重构阶段通过每个像素的各向异性滤波器来绘制最终图像。

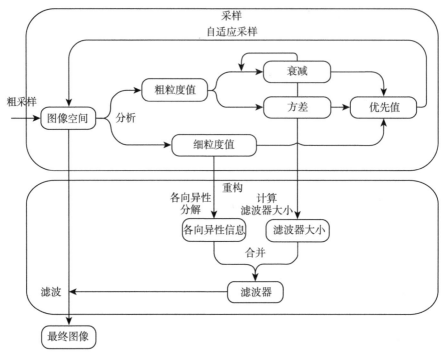

图 3-1   基于频域分析的绘制流程

自适应采样包含 4 个步骤：① 粗采样待绘制空间；② 分解待绘制空间；③ 计算绘制空间方差等信息和错误评估值；④ 自适应采样绘制空间。多尺度各向异性滤波包含 3 个步骤：① 从细粒度信号中提取多尺度各向异性子带；② 从采样过程的方差等信息中计算各个像素的滤波器大小；③ 根据方向信息和滤波器大小构建各向异性滤波器。

3.1   基于 Contourlet 变换的自适应采样

小波分析由 Morlet 和 Grossman 在 20 世纪 80 年代提出，来源于法语词汇。小波分析也称小波变换 (wavelet transform)，是指用有限长度的母小波 (mother wavelet) 的振荡波形来表示信号。

小波分析与傅里叶变换类似，傅里叶变换将信号用正弦函数的和来表示。二者的区别是小波在时域和频域都是局部的，而标准的傅里叶变换只在频域上是局部的。短时距傅里叶变换 (short-time Fourier transform, STFT) 通过加入频率限制，在时域和频域上都是局部化的，但存在频率和时间的分辨率问题。而小波通常通过多分辨率分析可以更好地表示信号。傅里叶变换也广泛地应用于计算机图形学中，但由于图像分析的特殊性，本章使用基于小波的频域分析。

图像一般都包含各向异性信息。二维小波基一般只能表示横竖两个方向，不能很好地表示图像中的方向信息。多尺度几何分析理论的提出和发展，弥补了小波变换的这一缺陷。Do 和 Vetterli[244] 在继承小波多尺度分析思想的基础上提出一种新的非自适应的方向多尺度分析方法——Contourlet 变换。Contourlet 变换能在任意尺度上实现任意方向的分解，可以描述图像中的轮廓和方向性纹理信息，弥补了小波变换在各向异性上的不足。Contourlet 变换包含拉普拉斯金字塔 (Laplacian pyramid, LP) 变换和方向滤波器组 (directional filter bank, DFB) 两部分。本章利用 Contourlet 变换，对图像绘制空间进行分析，提取相应频域特征，介绍基于频域的自适应采样 CAS (Contourlet adaptive sampling) 算法。

3.1.1 离散小波变换

小波变换分成离散小波变换和连续小波变换两个大类。两者的主要区别在于，连续小波变换在所有可能的缩放和平移上操作，而离散小波变换只在所有缩放和平移值的特定子集上操作。真实感图形绘制中应用的小波变换主要是离散小波变换，常用的有哈尔小波和多贝西 (Daubechies) 小波等。离散小波变换中的离散是指离散的输入以及离散的输出，将连续的待分析函数映射为一个数集，变换分为分解和合成两部分，离散小波分解如公式 (3-1) 和公式 (3-2) 所示。

$$c_j(k) \leqslant v(t)|\varphi_{jk}(t) \geqslant \int v(t)2^{j/2}\varphi(2^j t - k)\mathrm{d}t \tag{3-1}$$

$$d_j(k) \leqslant v(t)|\psi_{jk}(t) \geqslant \int v(t)2^{j/2}\psi(2^j t - k)\mathrm{d}t \tag{3-2}$$

公式 (3-1) 和公式 (3-2) 是将待分解离散函数 $v(t)$ 使用不同尺度的小波函数 φ_{jk} 和 ψ_{jk} 进行分解的过程。相对于分解过程，小波变换还有对应的合成过程，其合成过程如公式 (3-3) 所示。

$$v(t) = \sum_{k=-\infty}^{\infty} c_{Jk}\varphi_{Jk}(t) + \sum_{j=J}^{\infty}\sum_{k=-\infty}^{\infty} d_{jk}\psi_{jk}(t) \tag{3-3}$$

公式 (3-3) 中 J 表示合成过程的开始尺度。在小波分解过程中 φ_{Jk} 被称为尺度函数 (scaling function)，而函数 ψ_{jk} 称为小波函数 (wavelet function)。给定一个尺度函数 φ_{00} 和小波函数 ψ_{00}，可以构造出不同尺度的尺度函数和小波函数，构建方法如公式 (3-4) 和公式 (3-5) 所示。

$$\varphi_{jk}(t) = 2^{j/2}\varphi_{00}(2^j t - k) \tag{3-4}$$

$$\psi_{jk}(t) = 2^{j/2}\psi_{00}(2^j t - k) \tag{3-5}$$

因为尺度函数和小波函数是正交关系，所以由公式 (3-4) 和公式 (3-5) 可以得到尺度函数的二尺度关系和小波函数的二尺度关系。

$$\varphi(t) = \sum_k h_0(k)\sqrt{2}\varphi(2t - k) \tag{3-6}$$

$$\psi(t) = \sum_k h_1(k)\sqrt{2}\varphi(2t - k) \tag{3-7}$$

公式 (3-6) 和公式 (3-7) 中 h_0 和 h_1 表示滤波器。通过函数的二尺度关系，离散小波分解公式可以改造为公式 (3-8) 和公式 (3-9) 的形式。

$$c_j(k) = \sum_m h_0(m - 2k)c_{j+1}(m) \tag{3-8}$$

$$d_j(k) = \sum_m h_1(m - 2k)c_{j+1}(m) \tag{3-9}$$

这样离散小波分解就变成迭代的形式，可以从较低一层级来分解，得到较高层级的系数。同理，逆向的合成也可以从较高层级向较低层级进行合成。

3.1.2 绘制空间的分解与分析

3.1.1 节给出了将一维信号进行离散小波变换的方法，该方法同样可以扩展到二维的情况。图像就是一种二维信号，同样可以进行离散小波变换。利用小波变换可以对图像进行多尺度的分解和分析，其核心的思想就是提取图像中的粗粒度和细粒度信息。在 Contourlet 变换中，拉普拉斯金字塔变换用于分解出粗粒度和细粒度信息。在离散小波的基础上，下面介绍一种多尺度的拉普拉斯自适应采样技术。

真实感绘制中的输入信号为二维图像，为了避免传统基于小波分析的自适应采样方法所遇到的采样点走样问题，这里利用平移和迭代方法给出了图像的多尺度分析结果，可以得到图像空间中所有坐标在不同尺度下的分析数据。图 3-2 为传统的拉普拉斯金字塔变换，改进后的分解流程如图 3-3 所示。其中 H、G 为多尺度分解中的滤波器，不同的滤波器可以得到不同的分析结果，并导致不同的采样点分布。

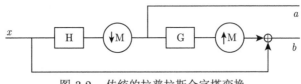

图 3-2 传统的拉普拉斯金字塔变换

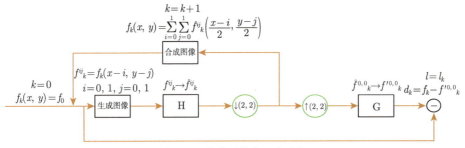

图 3-3　改进后的多尺度分解

基于多尺度拉普拉斯金字塔的自适应采样以迭代分解绘制空间为基础，其分解过程如图 3-3 所示，该方法与传统方法的不同之处如下所述。

(1) 传统自适应采样方法，主要基于局部方差投放自适应采样点，多尺度拉普拉斯自适应采样根据局部和全局的方差信息投放自适应采样点，充分采样了信号可能走样的区域。

(2) 传统自适应采样结构中，仅对绘制空间进行计算分析。多尺度拉普拉斯金字塔自适应采样将绘制空间分解为细粒度和粗粒度两部分，迭代计算得到不同尺度下的区域信息，避免了计算的局部性，能部分地提取空域的全局信息，保证了频域分析下的局部性。

(3) 传统的自适应采样中，利用小波的方法，采样点会在高尺度区域发生走样。多尺度拉普拉斯金字塔自适应采样方法利用信号偏移和合成计算，生成与待采样绘制空间大小一致的输出信号，保证了采样信息在高尺度下的完整性，避免了采样点出现走样的问题。

为了同时自适应采样高维空间中平滑和不平滑的区域，CAS 算法将粗采样图像空间分解为多尺度信息。该算法使用拉普拉斯金字塔将待分解空间分解为 $1 \sim k$ 层的粗粒度和细粒度信息。

Overbeck 等 [67] 给出了一种基于小波分析的自适应绘制方法，但是该方法没有分析绘制空间所有位置上所有尺度的信息，导致采样点存在严重的走样问题。为了避免这一问题，CAS 算法首先在每次迭代过程中通过平移的方法，从采样图像生成 4 个不同的输入信号 $f_k^{i,j}$，生成公式 (3-10)。

$$f_k^{i,j}(x,y) = f_k(x-i, y-j), \quad i = 0,1; j = 0,1 \tag{3-10}$$

这里，$f_k(x,y)$ 表示图 3-3 中分析迭代过程中输入的第 k 层的图像信号；f_0 是初始化的粗采样图像。每个生成的图像需要经过低通滤波器 H 的处理并进行低采样，处理过程如公式 (3-11) 所示。

$$\tilde{f}_k^{i,j}(x,y) = \sum_{m=-s}^{s} \sum_{n=-s}^{s} h(m,n) f_k^{i,j}(2x-m, 2y-n) \tag{3-11}$$

在多尺度分解过程中，每次分解之后都对信号进行下采样，为了保证输出信号与输入信号大小一致，并且保存输入信号各个坐标下的粗粒度信息，需要对输入信号进行偏移。首先生成 4 个不同的信号，然后分解这 4 个信号，最后在下采样后进行合成。合成信号大小与输入信号大小一致，且保存了各个坐标下粗粒度的信息。输出信号 $\tilde{f}_k^{i,j}$ 的大小是原始输入信号大小的四分之一。所有 4 个输出信号合并为 1 个新的输入信号，合成方法如公式 (3-12) 所示。

$$f_{k+1}(x,y) = \sum_{i=0}^{1} \sum_{j=0}^{1} f_k^{i,j} \left(\frac{x-i}{2}, \frac{y-j}{2} \right) \tag{3-12}$$

式中，$f_{k+1}(x,y)$ 是第 k 层的粗粒度值，同时是第 $k+1$ 层的输入信号。每层的粗粒度信息的大小都是 $2k$。因为最终的输出信号是由 4 个输入信号合并得到的。这样就避免了自适应小波绘制中采样点走样的问题。

为了得到细粒度信息，输出信号 $f_k^{0,0}(x,y)$ 通过上采样，并经过高通滤波器 G 滤波。细粒度信息 $d_k(x,y)$ 是通过原始信号 $f_k(x,y)$ 与滤波结果相减得到的，计算过程如公式 (3-13) 所示。

$$d_k(x,y) = f_k(x,y) - \sum_{m=-s}^{s} \sum_{n=-s}^{s} g(m,n) \tilde{f}_k^{0,0} \left(\frac{x-m}{2}, \frac{y-n}{2} \right) \tag{3-13}$$

传统拉普拉斯金字塔变换只要求滤波器 H 和 G 必须正交，CAS 算法还需要 $\sum h(z) = 1$。在实际分解过程中可以使用多种正交滤波器 [245]，如 Haar、5-3、9-7 或者 DB3 等。

3.1.3　多尺度自适应采样

通过多尺度分析，得到了绘制空间的粗粒度和细粒度信息，根据这些信息可以对绘制空间进行自适应采样。CAS 算法采样过程假设将整个图像绘制空间划分成棋盘网格状，由多个大小相等的正方形元素组成。每个正方形元素称为一个片元，片元的大小和图像的像素成正比，一般为一个像素或是四分之一像素。每个片元包含该区域的光照均值，最大和最小采样点光照贡献值。该方法开始时先对空间进行初始采样，每个方块至少包含一个采样点，初始采样策略使用抖动采样来避免走样。初始采样结束后，将整个图像空间看作二维离散信号，进行多尺度拉普拉斯金字塔变换，整个流程如图 3-4 所示。

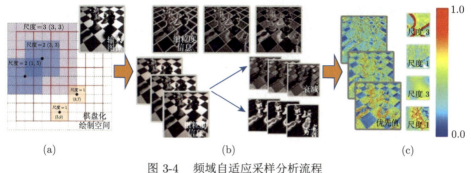

图 3-4 频域自适应采样分析流程

在对绘制空间进行多尺度分解之后，采用一种优先队列 (priority queue) 来进行自适应采样。这个优先队列包含图像空间每个位置从尺度 $1 \sim k$ 的所有优先值 (priority value)。在图 3-1 所示的循环采样过程中，每次采样优先值最大的尺度区域，采样方法使用随机分布或是泊松盘分布。当一个区域采样结束后，重新分析该区域，更新该区域的优先值并计算从尺度 $1 \sim k$ 的粗粒度和细粒度值。在采样阶段，对绘制空间进行循环采样直到使用完所有的采样点。优先值的计算函数如公式 (3-14) 所示。

$$P_k(x,y) = [V_k(x,y) + |d_k(x,y)|^2] \times A_k(x,y) \tag{3-14}$$

这个启发式计算公式的结果 $P_k(x,y)$ 表示绘制空间上坐标为 (x,y)、尺度为 k 的优先值。优先值由该区域的三个因素决定，分别是方差、细粒度信息和衰减值。方差和细粒度信息表示哪个区域在哪个尺度下需要采样。$V_k(x,y)$ 给出了该区域的复杂度；$d_k(x,y)$ 指出了光照变化迅速的区域；而衰减 $A_k(x,y)$ 给出了采样该区域可能的效率，作为其他两个因素的权重使用。

根据多尺度分解过程中的细粒度信息以及采样过程中计算的方差和衰减信息，给出一种计算绘制区域错误值的方法。自适应采样每次采样各尺度下错误评估值最大的区域。投放采样点后，该区域会进行重新迭代分解并计算相应的方差和衰减。该启发式错误评估函数用于自适应采样过程，评估绘制空间每个区域在不同尺度下的错误值。每次采样循环在错误值最大的区域投放采样点，然后重新分解该区域并更新该区域的方差、衰减和错误值。

方差值 $V_k(x,y)$ 使用 Mitchell[12] 的对比方差计算方法。$V_k(x,y)$ 表示尺度 k 下坐标 (x,y) 区域的复杂度，计算如公式 (3-15) 所示。

$$V_k(x,y) = \frac{1}{N} \sum_{(m,n) \in R_{k,x,y}} \frac{[I_{\max}(m,n) - I_{\min}(m,n)]^2}{[I_{\max}(m,n) + I_{\min}(m,n)]^2} \tag{3-15}$$

式中，$R_{k,x,y}$ 表示尺度 k 下坐标 (x,y) 的区域；$V_k(x,y)$ 通过计算尺度 k 下所有片元中方差的均值得到；N 是区域 $R_{k,x,y}$ 中片元的数量；$I_{\max}$ 和 $I_{\min}$ 分别表示每个片元中采样点最大和最小的光照贡献值。通常，绘制图像每个像素的光照值都会收敛到一个稳定的值。在采样过程中，CAS 算法计算每个区域可能的收敛速度，并将采样点优先投放到可能正在快速收敛的区域。衰减值给出了每个区域光照均值的变化速度，并假设光照变化快的区域正在快速收敛。公式 (3-16)、公式 (3-17) 为了计算收敛速度，迭代地累加每个尺度下两次采样间隔中粗粒度值的差值。

$$A_k(x,y) = \alpha \cdot A_k'(x,y) + (1 - \alpha) \cdot F_k(x,y) \tag{3-16}$$

$$F_k(x,y) = |f_k(x,y) - f_k'(x,y)| \tag{3-17}$$

坐标 (x,y) 下尺度为 k 的衰减值由 $F_k(x,y)$ 和 α 计算得到。α 控制衰减的敏感程度，一般设为 0.3~0.5。$A_k'(x,y)$ 表示上一次坐标 (x,y) 在尺度 k 下的衰减值。$F_k(x,y)$ 为坐标 (x,y) 在尺度 k 下当前粗粒度值 $f_k(x,y)$ 与上一次粗粒度值 $f_k'(x,y)$ 的差值。算法实现时，最大的分解尺度一般设为 3~5，可以得到高质量的绘制结果。

3.2　多尺度各向异性滤波器

真实感图形绘制过程中，一般都会存在各向异性信息的处理。比如，场景中物体边界可以在边界方向上与周围像素共享采样点，运动中物体的某个位置可以在其运动方向上共享采样点，这些都是绘制中的各向异性。传统的绘制方法只考虑各向同性的采样与重构。近年来，各向异性的研究已经引入到越来越多的方法中，提出了不同的方法来处理各向异性问题，如基于采样点的各向异性蓝噪声采样方法[246]、基于二维图像分析的自适应绘制方法[88] 以及基于频域的各向异性分析[247]。

各向异性信息的处理一般分为频域的各向异性信息处理和空域的各向异性信息处理。空域的各向异性信息处理一般相对简单，针对性强，使用比较广泛。但是其针对局部特征进行分析，难以达到全局最优的效果。频域的各向异性处理相对复杂，消耗较大，针对具体问题难以提出有效的方法，但是可以得到空域无法得到的其他维度的信息，分析全面。

结合上述两种方法的优点，这里介绍基于 Contourlet 变换的多尺度各向异性滤波 (MAF) 算法。绘制空间的采样点，通常情况下与其附近采样点有着相同或是相似的光照贡献值，如相同的材质、相同的纹理、物体的运动模糊区域、景深区域或是软体阴影区域等。这说明此类像素与其周围像素可以共享相同的采样点。根据这一特性，这里采用一种基于像素的滤波方法。该方法为每个像素构建属于该像素的滤波器，首先通过采样过程中得到的信息，计算滤波器大小，然后利用方向信息构建基于像素的多尺度各向异性滤波器重构图像，构建算法流程如图 3-5 所示。

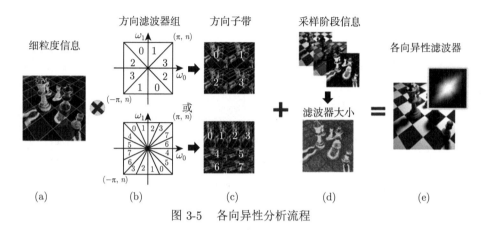

图 3-5 各向异性分析流程

各向异性信息一般出现在场景的高频区域 (图 3-5)。输入信号为多尺度拉普拉斯金字塔变换过程中得到的细粒度信息 (图 3-5(a))，通过细粒度信息可以得到高频区域的各向异性信息。经过 Contourlet 变换中的方向滤波器组处理 (图 3-5(b))，首先将多尺度的细粒度信息分解为 4~8 个不同的方向子带 (图 3-5(c))。然后结合采样过程中分析得到的信息，计算每个像素的滤波器大小 (图 3-5(d))。最后构建每个像素的多尺度各向异性滤波器，重构得到最终图像 (图 3-5(e))。该方法与传统方法的不同之处如下所述。

(1) 传统滤波绘制方法一般只考虑像素内采样点过滤，没有对多尺度进行分析。多尺度各向异性滤波器根据待处理信号在每个像素不同尺度下的过滤结果，选择最优尺度作为最终滤波器大小。

(2) 传统滤波绘制方法没有考虑各向异性信息，在边界处会产生走样的问题。多尺度各向异性滤波器通过方向滤波器组分析细粒度采样信号，计算出每个像素在不同尺度下的方向子带，构建各向异性滤波器，该方法可以绘制更清晰的图像。

3.2.1 计算滤波器大小

在构建滤波器时，首先要确定每个像素合适的滤波器的大小。如果该像素所在区域很平滑，如运动模糊区域或软体阴影区域，则该区域的滤波器相对较大，因为该区域像素之间共享较多的采样点。如果该像素所在区域光照值变化很快，如物体边界区域，则滤波器大小相对较小，因为该像素与周围像素共享较少的采样点或是不共享采样点。每个像素滤波器的大小由该区域的方差、衰减和粗粒度信息决定。Rousselle 等 [68] 给出了一种根据方差计算不同区域滤波器大小的方法，该方法通过最小化局部均方误差来确定滤波器的大小。Sen 和 Darabi 等 [43] 给出了一种滤波的信息论的方法，该方法通过考虑输入采样点与输出信号之间的统计概率关系来绘制高质量图像。MAF 算法不仅考虑方差信息，同时引入衰减信息。方差用来表示滤波区域的复杂度，而衰减信息则暗示了该区域距离真实值的偏差。

　　针对每个像素，MAF 算法从尺度 $1 \sim k$ 依次计算一个阈值。如果该阈值 $T_k(x, y)$ 为正数，则该像素的滤波器大小为 $2k$，计算过程如公式 (3-18) 所示。

$$T_k(x, y) = V_{k+1} - V_k + \frac{|A_k - A_{k+1}| \cdot (f_{k+1} - f_k)^2}{A_k + A_{k+1}} \tag{3-18}$$

式中，$T_k(x, y)$ 表示尺度为 k、坐标为 (x, y) 的像素的阈值；V_k 是方差；A_k 是衰减值；f_k 是 (x, y) 下的粗粒度信息。通过实验，MAF 算法使用衰减值取代了 Rousselle 方法中的缩放大小，可以更好地确定图像中物体的边界。

3.2.2　各向异性特征提取

　　在确定了滤波器的大小后，需要提取各向异性信息。MAF 算法利用方向滤波器组，多尺度分解采样空间中的细粒度值，其分解过程如图 3-6 所示。

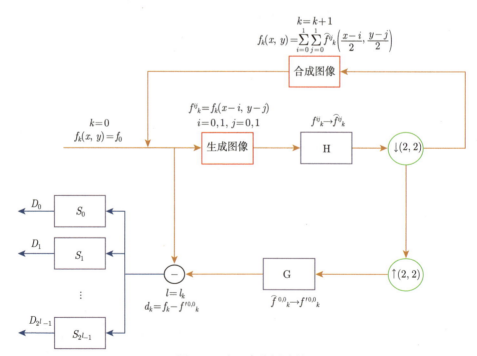

图 3-6　多尺度分解过程

在像素滤波器中，每个像素一般与其周围像素在某一个或几个方向上共享采样点。比如，运动的物体有运动方向，那么运动模糊区域的像素就在运动方向上与其周围的像素共享采样点；再比如，物体边界处的像素有时在物体的边界方向上与周围的像素共享采样点。Contourlet 变换中的方向滤波器组可以用于获得绘制空间中的这些方向信息 [248,249]。方向滤波器组通过 l 层的树形结构将输入信号分解为 2^l 个方向子带，如图 3-5 所示，每个子带是一个楔形的频率分量。MAF 算法使用方向滤波器组将输入的图像信号分解为 4~8 个方向分量，用于构建各向异性滤波器。

为了从输入信号获得 4 子带的方向信息，方向滤波器组前两层的分解如图 3-7 所示。该滤波器使用了扇形滤波器和梅花滤波器组 (QFB) Q_0，Q_1。输出信号的 0~3 表示 4 个方向子带。如果为了获得 8 个或 8 个以上的方向子带，需要在两层结构后面加入三层或是更多层的分解，如图 3-8 所示。

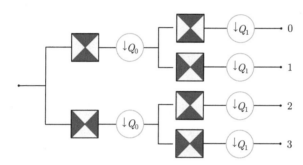

图 3-7　前两层的方向滤波器分解

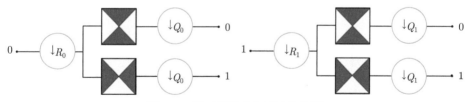

图 3-8　第三层的方向滤波器分解

图 3-8 给出第三层所需的其中两个通道的分解方法。这两个滤波步骤连接在图 3-7 中输出信号 0 和 1 的后面。第三层中剩下两个通道的分解方法与图 3-8 类似，只需要把 R_0，R_1 换成 R_2，R_3。输出信号即是 8 个方向信息的分量。方向滤波器组分解中用到的梅花滤波器 Q_0，Q_1 和用于旋转的 R_0，R_1，R_2，R_3，分别如公式 (3-19)、公式 (3-20) 所示。

$$Q_0 = \begin{pmatrix} 1 & -1 \\ 1 & 1 \end{pmatrix}, \quad Q_1 = \begin{pmatrix} 1 & 1 \\ -1 & 1 \end{pmatrix} \tag{3-19}$$

$$R_0 = \begin{pmatrix} 1 & 1 \\ 0 & 1 \end{pmatrix}, \quad R_1 = \begin{pmatrix} 1 & -1 \\ 0 & 1 \end{pmatrix}, \quad R_2 = \begin{pmatrix} 1 & 0 \\ 1 & 1 \end{pmatrix}, \quad R_3 = \begin{pmatrix} 1 & 0 \\ -1 & 1 \end{pmatrix} \tag{3-20}$$

图 3-6 是图 3-3 的完整过程，方向滤波器组有一个输入信号和 2^{l-1} 个输出信号。输入信号是细粒度信息 d_k，每个分量的处理过程可以看作滤波器 S_k，而处理得到的方向子带分量是 D_k。

3.2.3　多尺度各向异性滤波

计算滤波器大小和提取各向异性信息完成后，开始构建基于像素的各向异性滤波器。在每个滤波器里，多尺度各向异性滤波器为每个采样点计算一个权重，该权重通过提取的方向信息得到，不同的方向有不同的权值，每个像素值的计算如公式 (3-21) 所示。

$$\text{Pixel}(x, y) = \frac{\sum\limits_{s \in R_{x,y}} \omega_s L(s)}{\sum\limits_{s \in R_{x,y}} \omega_s} \tag{3-21}$$

针对滤波器区域 $R_{k,x,y}$ 内的所有采样点，该方法首先逐个计算它们的权重 ω_s，然后使用这些权重绘制每个像素 $\text{Pixel}(x, y)$。每个像素滤波器的大小 $R_{k,x,y}$ 由公式 (3-22) 计算得到。每个采样点的权重由该采样点到滤波器中心的距离和该采样点的方向决定。

$$\omega_s = \exp\left(\frac{-|\text{dis}(s)|^2}{2\delta_s^2}\right) \tag{3-22}$$

上式中的高斯方程用于保证滤波器的平滑性，$\text{dis}(s)$ 用于计算采样点 s 到当前滤波器中心的欧氏距离，δ 表示该采样点的各向异性信息。

$$\delta_s = \frac{|\beta_s - \beta_i|\,\text{dir}_i + |\beta_{i+1} - \beta_s|\,\text{dir}_{i+1}}{|\beta_{i+1} - \beta_i|} \tag{3-23}$$

采样点 s 位于滤波器区域 $R_{k,x,y}$ 中方向 i 和 $i+1$ 之间；dir_i 是方向子带 i 的值；β_i 是方向 i 的角度；β_s 是采样点 s 在滤波器区域 $R_{k,x,y}$ 中的位置与中心连线在 β_i 与 β_{i+1} 之间的角度；δ_s 是这两个方向值的线性插值。

3.3　并　行　绘　制

因为自适应绘制每次迭代前需要对之前反馈的计算结果进行分析，所以很少有并行自适应绘制方法。而 CAAR 算法将绘制空间栅格化后进行分析处理，很适合采用并行的绘制方法。在第 2 章并行算法的基础上，这里将绘制空间分块为等大小的区域，独立并行地进行绘制。为了使每个区域都能进行自适应绘制，分块的大小不能小于多尺度拉普拉斯金字塔变换中最大尺度的大小。为了保证算法整体的自适应性，在初始化结束后，给每个并行块分配一个预估的采样点数。如果该区域有复杂的图像特征，则预估使用较多的采样点；如果该区域图像平滑，则预估使用较少的采样点。基于第 2 章中提到的并行绘制方法，每个并行块分配的采样点由公式 (3-24) 计算得到。

$$B_\Omega = \frac{N_{\mathrm{T}}}{P_{\mathrm{total}}} \sum_k \sum_{(x,y \in \Omega)} P_k(x,y) \tag{3-24}$$

式中，B_Ω 表示给每个并行块 Ω 分配的采样点；N_{T} 是总的采样点数；$P_k(x,y)$ 是初始化之后计算得到的坐标 (x,y) 在尺度 k 下的优先值；$P_{\mathrm{total}} = \sum P_k$ 是所有优先值的总和。在本章绘制方法初始化之后，将绘制空间分割为多个并行块，并为每个并行块分配预估的采样点，每个块独立并行绘制，其绘制过程如 3.1~3.2 节介绍。

3.4 绘制实例与分析

本章绘制实例基于 LuxRender 平台，在 2.80 GHz 的 Intel Core i7、CPU 内存为 2GB 的机器上绘制。

3.4.1 自适应采样

1. 多尺度分析

图 3-3 中的 Contourlet 变换分析过程在拉普拉斯变换中使用不同的滤波器 H、G 影响着多尺度分析，不同的滤波器给出不同的优先级队列。表 3-1 给出了不同滤波器在不同尺度下的采样点数。因为绘制场景中高频区域较多，从表中可以看出，哈尔小波滤波器 (Haar)、LeGall5-3 滤波器、Daubechies9-7 滤波器在尺度 1 上投放的采样点都明显地高于其他尺度，而 DB3 滤波器投放的采样点则相对比较平均。

表 3-1　不同滤波器在每个尺度下的采样点数

	尺度 1	尺度 2	尺度 3	尺度 4
Haar	318321	86136	45756	74075
LeGall5-3	378369	66428	33066	46425
Daubechies9-7	416363	47456	20619	39850
DB3	247398	113640	78975	84275

  图 3-9 给出了绘制厨房桌子场景中，使用不同滤波器的采样点分布。场景分辨率为 400×400，每幅图像中采样点数为每个像素 4 个采样点。图中果篮部分为场景的高频区域，而阴影部分则是平滑变化的低频区域，具有很强的代表性。从中可以看出，虽然不同滤波器的效果并不明显，但仍存在微小差异。使用 DB3 滤波器会生成比较粗糙的采样点分布，并且会投放更多采样点在高尺度区域。Haar 小波滤波器给出了较 DB3 滤波器更加平滑的采样点分布。Daubechies9-7 滤波器生成的采样点集中在间断和边界区域。使用 LeGall 5-3 滤波器生成的采样点同 Daubechies9-7 滤波器类似，但是 LeGall 5-3 滤波器投放更多采样点在高尺度区域。

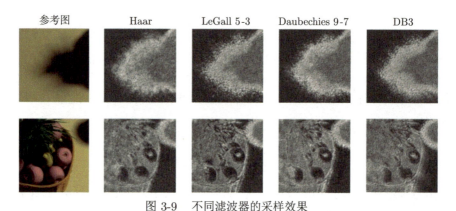

图 3-9   不同滤波器的采样效果

  图 3-10 给出了使用不同滤波器绘制场景的均方误差。针对厨房桌子场景，在

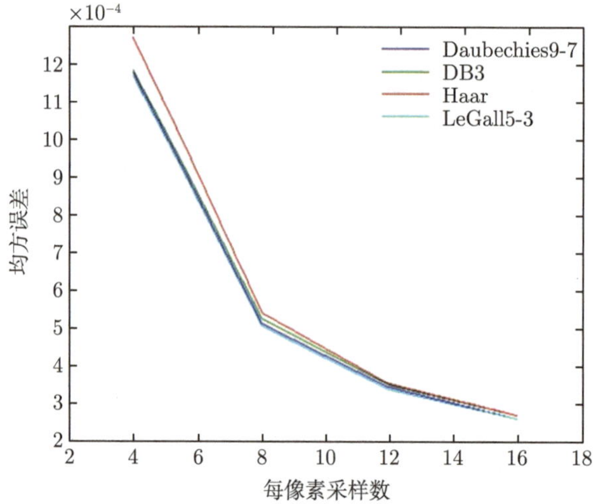

图 3-10   不同滤波器的均方误差

400×400 的分辨率下，使用不同的采样点数和滤波器绘制图像，采样点数从每个像素 4 个采样点增加到每个像素 16 个采样点。从结果可以看出，在每个像素 4 个采样点时，LeGall5-3 滤波器给出较其他滤波器更好的效果，均方误差更小。但是随着采样点数量的增加，可以看出使用不同滤波器的绘制结果没有较大的不同。在本章后续的实例中，CAAR 算法均使用 LeGall5-3 滤波器进行拉普拉斯多尺度分析。

2. 采样点分布

对于基于图像的绘制方法来说，采样点分布的效果显得尤为重要。高质量的绘制图像往往都需要高质量的采样点分布。对于大多数基于图像分析的绘制方法而言，自适应采样都是绘制方法中不可缺少的一部分。通过自适应采样可以达到去除噪声和反走样的效果。

图 3-11 给出了 CAS 算法、Mitchell 算法[12]、自适应小波绘制 (AWR) 算法[67] 和贪婪采样算法 (GEM)[68] 的采样点分布对比。通过绘制经典的棋盘场景，在 512×512 的分辨率下，每个像素 16 个采样点。绘制结果显示，CAS 算法在使用和其他方法同样采样点的情况下，同时采样了场景中的高频变化区域和低频平滑区域。Mitchell 自适应采样算法基于图像的局部均方误差，导致忽略了场景中

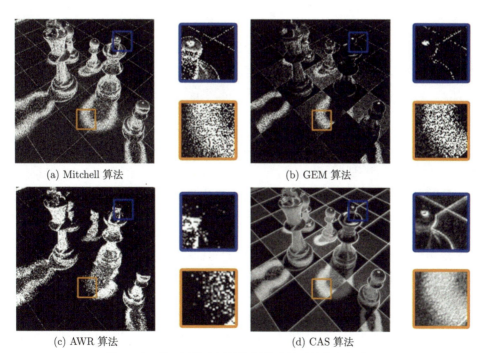

(a) Mitchell 算法 (b) GEM 算法

(c) AWR 算法 (d) CAS 算法

图 3-11　基于图像分析的绘制算法的采样点分布效果

高尺度区域的特征。基于最小均方误差的贪婪采样算法，由于通过贪婪采样算法最小化不同大小区域的局部误差，导致采样点集中在图像的高频阴影部分，忽略了如边界之类的区域，陷入了局部最优的情况。自适应小波绘制算法同 CAS 算法一样使用多尺度分析图像，避免了局部最优的情况，但是由于其多尺度分析在高层情况下没有进行偏移处理，所以采样点在高尺度区域出现了走样，走样的情况同其采样模板形状一致。从实验结果可以看出，CAS 算法在采样点分布上要优于以往方法。

　　图 3-12 显示了使用不同的绘制算法绘制国际象棋场景的效果。这里仅使用各个算法中自适应采样部分，不执行所有算法的重构过程，仅从通过采样得到的图像计算均方误差。从结果可以看出，CAS 算法要优于以往算法。

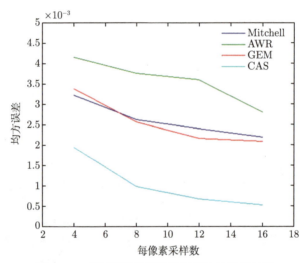

图 3-12　基于图像分析的绘制算法的采样效果

3.4.2　各向异性滤波器分析

　　CAAR 算法采用了一种多尺度各向异性滤波器 (MAF)。通过对图像进行多尺度的各向异性分析，绘制高质量的图像。这里通过实例对比使用各向异性滤波和不使用各向异性滤波的绘制结果。图 3-13 显示了 MAF 滤波器的绘制效果。通过绘制厨房桌子的软体阴影场景和桌面台球的运动模糊场景，图分辨率为 512×512，采样点数为每个像素 4 个采样点。绘制结果显示，针对运动模糊区域和软体阴影区域，MAF 滤波器具有很好的效果。

　　图 3-14 显示了使用 MAF 滤波器和不使用该滤波器的均方误差数值，相同场景在不同采样点数情况下的绘制效果。从图中可以看出，使用 MAF 滤波器的绘制结果在数值上要优于不使用各向异性滤波器的绘制结果。

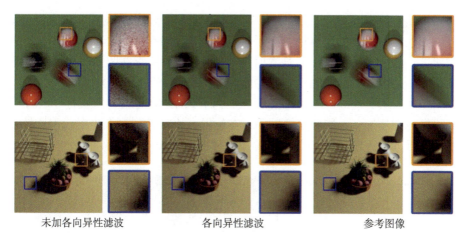

未加各向异性滤波　　　　　　各向异性滤波　　　　　　参考图像

图 3-13　各向异性滤波器对比

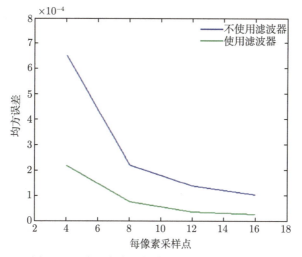

图 3-14　有无各向异性滤波器的均方误差对比

3.4.3　并行效果分析

图 3-15 显示了采用并行策略绘制厨房场景的结果。其中每幅图像的分辨率为 512×512，使用的绘制采样点数为每个像素 8 个采样点。图中对比了绘制速度、均方误差和采样点分布。

其中图 3-15(a) 显示了 CAAR 算法绘制速度随着绘制线程的增加而增加。采样点分布图 3-15(b)、(c)、(e) 显示了不同分割策略下的采样点分布：图 3-15(c) 显示了原始方法的采样点分布；图 3-15(b) 显示了使用 64×64 像素分割策略下的采样点分布；图 3-15(e) 显示了使用 16×16 像素分割策略下的采样点分布；图

3-15(f) 是厨房场景的参考图像,使用每个像素 128 个采样点。相比较原始方法,并行绘制方法会在分块的边界处存在采样点走样。随着分块大小的减小,走样会越来越明显。当分块使用 16×16 像素时,采样点分布图中存在明显走样。图 3-15(d)中显示了使用不同分割策略以及原始绘制方法在每个像素 4~16 个采样点数下的均方误差值。从实验结果可以看出,刚开始时分割策略对绘制质量有一定的影响,随着采样点数的增多,影响快速减小。在使用 8 个线程绘制图像时,相比较原始方法,并行方法速度提升了 2~4 倍。

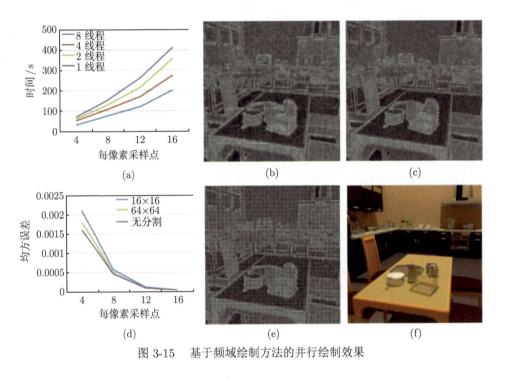

图 3-15　　基于频域绘制方法的并行绘制效果

3.4.4　真实感效果对比

图 3-16 对比了 CAAR 算法与 Mitchell 自适应采样、自适应小波绘制 (AWR) 和基于最小误差的贪婪采样 (GEM) 等算法的绘制效果。图中对比了景深和软体阴影效果局部放大的效果,并显示了绘制图像与参考图像的均方误差,图中显示的时间为绘制图像的整体时间。

图 3-16(a) 是国际象棋的景深场景,场景中包含黑白间隔的棋盘和棋子,相机的焦距对准场景中间的棋子。绘制图像的分辨率为 1024×1024,每幅图像采样点数为每个像素 8 个采样点。从绘制结果可以看出,在景深区域,相比较 Mitchell自适应采样算法,基于最小均方误差的贪婪采样算法有更好的效果。自适应小波

绘制算法给出了相对平滑的结果，但是在边界处仍存在走样。CAAR 算法相比较以往方法，在快速变化区域和平滑区域都有很好的效果。

图 3-16(b) 的场景是带有景深效果和软体阴影效果的桌球场景，场景中有两个面光源，相机对焦在场景中心的紫球上。绘制图像的分辨率为 1024×1024，每幅图像的采样点数为每个像素 8 个采样点。从实验结果可以看出，Mitchell 自适应采样算法绘制的图像生成了较为粗糙的景深效果，并且有大量的光斑噪声。自适应小波绘制重构出了较为平滑的软体阴影效果，但是在高频的光斑区域存在走样。基于最小均方误差的贪婪采样算法，通过最小化均方误差可以有效地去除最终图像中的噪声，但是针对场景中的高频边界区域，效果并不理想。CAAR 算法通过自适应采样和多尺度各向异性滤波器可以有效地去除噪声和边界走样，相比较以往算法可以绘制更高质量的图像。实验同样给出了使用并行策略的 CAAR 算法的绘制结果，可以看出绘制时间大大缩短，并且绘制效果也同样优于以往算法。

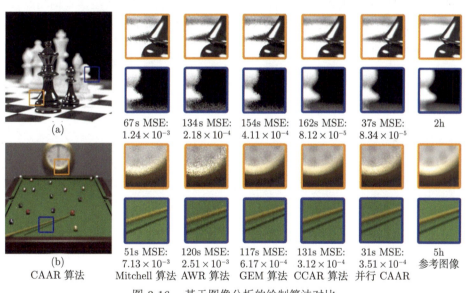

图 3-16　基于图像分析的绘制算法对比

3.5 本章小结

基于图像分析的绘制方法，是图形学绘制中的主要方法之一。它避免了多维绘制方法存在的维度灾难问题，并且输入简单，可适用于几乎所有的图形渲染引擎。而对二维图像进行频域分析可以得到其他维度的特征。基于以上特点，本章介绍了一种基于 Contourlet 变换的各向异性自适应绘制 (CAAR) 方法。该方法分为多尺度自适应采样和多尺度各向异性重构两个部分。

(1) 多尺度自适应采样方法基于 Contourlet 变换中将拉普拉斯变换改为多尺度分析的形式，迭代分析整个绘制空间。首先将整个二维绘制空间分割为棋盘状等大的片元，在采样阶段粗采样整个绘制空间；其次对棋盘的每个位置进行多尺度分析，保证了多尺度分析的完整性，避免了传统基于多尺度分析方法采样点分布走样的问题；再次为了构建启发式优先级队列，使用每个位置多尺度的粗粒度信息计算方差和衰减，每次从优先级队列中选取错误值最大的区域进行采样；最后循环进行分析和计算，直到使用完所有的采样点。

(2) 多尺度各向异性滤波器首先利用采样过程中计算的每个位置的多个尺度粗粒度值、方差和衰减，通过计算滤波器在不同尺度下阈值的方法，给出每个像素合适的滤波器大小；其次使用 Contourlet 变换中的方向滤波器组，对采样过程中得到的细粒度信息进行分析，得到多尺度的各向异性信息；再次通过计算得到每个像素的滤波器大小，结合计算出的相应尺度下的各向异性信息，构建每个像素的多尺度各向异性滤波器；最后使用每个像素的各向异性滤波器重构图像。通过绘制实例可以看出，CAAR 算法在采样点分布质量和生成图像质量上要优于以往基于图像分析的绘制方法。

第 4 章 基于光子映射的自适应绘制

第 2 章和第 3 章介绍了基于光线追踪的自适应绘制方法,但是光线追踪并不适用于所有的真实感成像效果绘制。比如,光线追踪绘制全局光照和焦散效果容易出现大量噪声,尤其是在包含多个光源的复杂场景中。针对这个问题,研究者提出了一系列的改进算法,如重采样算法[250]、自适应采样算法[131]和频域分析算法[228]等,但这些方法都无法很好地解决噪声问题。

为了解决上述问题,Jensen[251] 提出了光子映射方法。不同于光线追踪方法模拟场景中的光线绘制图像,光子映射方法模拟场景中的光通量 (flux) 来绘制图像。该绘制方法分为两步:①模拟光子从光源发射到场景中,一旦光子和场景中的一个几何面相交,相交点和入射方向就会被存储在一个叫光子映射 (photon map) 的缓存中,根据相交面的材质,光子会随机地被吸收、反射或是折射;②使用构建的光子映射计算图像像素上最终的辐射度,针对每个像素至少需要做一条相机光线采样场景,在光线与场景的交点处用绘制方程计算像素值。

光子映射方法保存在场景中的光子包含了多种信息,如辐射度、误差评估和各向异性等。传统光子映射因为内存限制而难以全面利用这些信息,而渐进式光子映射没有保存光子,从而无法利用这些信息。本章将空间划分和各向异性的方法引入到光子映射中,介绍几种提高成像效果绘制质量和绘制效率的光子映射算法。

4.1 渐进式各向异性光子重构

传统光子映射在绘制最终图像之前,需要保存空间中所有的光子信息。这需要消耗大量的存储空间,限制了光子映射的应用,使得光子映射难以绘制大型场景和清晰的图像。为了解决内存限制的问题,Hachisuka 等[59] 引入了渐进式过程,提出了一种渐进式光子映射方法,之后又给出了随机渐进式光子映射[60]。在此基础上,Kaplanyan 和 Dachsbacher[137] 给出了自适应渐进式光子映射方法。渐进式光子映射方法使用多个递增的分步 (pass),将传统的两步光子映射过程变为迭代过程。与传统光子映射不同,该方法将存储在物体表面的光子替换为从相机发射出的射线 (eye ray 或 camera ray)。在绘制的每个分步中,使用该分步中新获得的光子更新相机光线的光照值。这样渐进式光子映射就不需要保存每一步中的光子,而且绘制的最终图像也可以收敛到真实值。该方法适用于绘制高质量的

包含多次镜漫反射 (SDS) 路径的全局光照场景。但是，渐进式光子映射如果要绘制高质量的清晰图像就需要很多分步，如果只使用少量的分步，则绘制结果存在很高的模糊和走样。

针对渐进式光子映射缺少各向异性重构的问题，这里介绍一种渐进式各向异性光子映射 (anisotropic progressive photon mapping, APPM) 算法 [252]。该算法可以使用少量的分步，绘制高质量的图像。

4.1.1　算法流程

基于物理的绘制是通过绘制方程积分场景中的光照得到最终图像，光子映射的绘制方程通过场景中的光子来计算积分。场景中物体表面的光子代表物体表面该处的光通量。

$$L(x, \omega_{\mathrm{o}}) \approx \frac{1}{\pi r(x)^2} \sum_{i=1}^{k} f_{\mathrm{r}}(x, \omega_{\mathrm{o}}, \omega_i) \Phi_i \tag{4-1}$$

公式 (4-1) 使用场景中的光子重新定义了绘制方程。光子映射通过光子模拟场景中的光照，并通过积分从相机射出的光线来绘制最终图像。式 (4-1) 中，Φ_i 表示物体表面的光子；$L(x, \omega_{\mathrm{o}})$ 表示相机光线的贡献值；$r(x)$ 表示相机光线 $L(x, \omega_{\mathrm{o}})$ 在物体表面 x 处的积分半径。光子映射方法的主要问题就是如何计算 $L(x, \omega_{\mathrm{o}})$ 的值。传统方法使用各向同性的方法来估计 $L(x, \omega_{\mathrm{o}})$ 的值，这样会造成图像边界处的走样。为了解决这一问题，这里给出一种各向异性的重构方法，如公式 (4-2) 所示。

$$L(x, \omega_{\mathrm{o}}) \approx \sum_{i=1}^{k} \frac{1}{\pi r(x_i)^2} K\left[\frac{x - x_i}{r(x_i)}\right] f_{\mathrm{r}}(x, \omega_{\mathrm{o}}, \omega_{\mathrm{i}}) \Phi_i \tag{4-2}$$

由于不同光子 Φ_i 相关的半径 $r(x_i)$ 不同，则核函数 K 根据光子位置不同也是不同的。

APPM 算法根据场景中光照的各向异性，给每个 $r(x)$ 区域计算不同的各向异性的核函数。该方法流程如图 4-1 所示。首先，初始化整个绘制空间。APPM 算法使用 KD 树保存场景中的光子 (KD 树的结构在第 2 章已有介绍)。初始化之后，对整个场景进行渐进式绘制，在每个分步中，同标准渐进式光子映射一样，追踪从相机发射的光线并保存。然后，追踪从光源发射光子，在光子传播过程中保存光子，发射完所有光子后，利用场景中的光子计算相机光线的光照贡献值。最后，使用一种各向异性重构方法计算相机光线的积分值。在每次进行下一步的迭代前，该方法清空场景中的所有光子，并重置 KD 树。这样保证了内存消耗可控，避免了传统光子映射内存消耗大的问题。

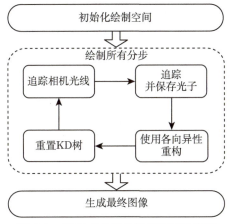

图 4-1　渐进式各向异性光子映射流程

4.1.2　渐进式过程

不同于传统光子映射，渐进式光子映射通过保存从相机射出的光线代替了保存在场景中的光子。APPM 算法需要暂时缓存空间中的光子，在每一分步结束时，通过各向异性方法计算相机光线的光照贡献值。在绘制空间初始化时，APPM 算法用 KD 树初始化全局空间。在光子追踪的过程中，通过 KD 树的节点保存空间中的光子，如图 4-2 所示。

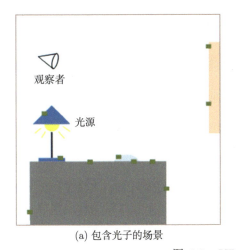

(a) 包含光子的场景

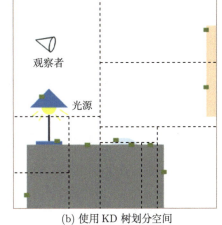

(b) 使用 KD 树划分空间

图 4-2　KD 树保存光子

在渐进式绘制的每个分步中，APPM 算法使用和标准渐进式光子追踪一样的方法保存相机光线。在光子追踪的过程中，使用如图 4-2 所示的 KD 树保存追踪过程中的所有光子。当一个光子遇到空间中一个物体表面时，则被包含这个物体表面的 KD 树节点保存。每个 KD 树节点只允许保存一个光子。如果一个节点包含的光子数大于 1,则该节点从两个光子中间沿着最长维度划分为两个子节点,每个子节点各包含一个光子。当光源发射完所有光子之后,所有光子都保存在 KD 树的叶节点中。相机图像的像素值就通过积分光子得到。与标准渐进式光子映射不同,在每一分步的光子传播过程中,不计算相机光线的光照贡献值,仅仅将光子保存在 KD 树中。当每一分步发射完所有的光子时,APPM 算法使用一种各向异性重构方法,利用相机光线与物体表面每个交点附近的光子,计算每条相机光线的光照贡献值。当计算完所有相机光线之后,将 KD 树重置成初始状态,清空 KD 树中所有的光子。

4.1.3　各向异性重构

APPM 算法的核心就是使用各向异性方法来估计光子在场景中固定位置的光通量。在多维自适应绘制领域,Hachisuka 等 [42] 给出了一种各向异性重构方法来计算光线追踪,该方法使用梯度张量来表示空间中的各向异性属性。这里使用该梯度张量来表示相机光线和物体表面相交处周围光子的各向异性。为了计算空间中的各向异性,APPM 算法选择每个相交点周围 k 个最近光子来估计该处的各向异性。k 值由半径 $\hat{R}(x)$ 决定。随着绘制分步的增加,半径 $\hat{R}(x)$ 越来越小,该半径如公式 (4-3) 所示。

$$\hat{R}(x) = R(x)\sqrt{\frac{N(x) + \alpha M(x)}{N(x) + M(x)}} \tag{4-3}$$

式中,x 表示相机光线与场景的交点;$N(x)$ 是表示交点 x 附近的光子数;$M(x)$ 表示当前分步新存储到该交点附近的光子数;α 是控制半径增减的启发式参数。渐进式光子映射方法中有该函数的详细说明 [59]。APPM 算法选取 $\hat{R}(x)$ 里的所有光子计算各向异性,光子由公式 (4-4) 选取。

$$\Omega(x) = \{\Phi_i : \|x_i - x\| < \beta \hat{R}(x)\} \tag{4-4}$$

式中,$\Omega(x)$ 表示 $\hat{R}(x)$ 中的 k 个光子的组合;x_i 表示光子 Φ_i 的位置;β 用于控制光子的数量。$\Omega(x)$ 中的光子用于计算各向异性张量。该张量由梯度组成,表示空间中该位置的各向异性。在计算张量之前,首先要通过公式 (4-5) 计算梯度来表示光照和位置之间的关系。

$$\begin{pmatrix} x_1 - x \\ \vdots \\ x_k - x \end{pmatrix} \nabla f(x) = \begin{pmatrix} f(x_1) - f(x) \\ \vdots \\ f(x_k) - f(x) \end{pmatrix} \tag{4-5}$$

梯度值 $\nabla f(x)$ 由位置 x 和该处光子的光照值 $f(x)$ 计算得到。空间中 x 处光子的光照微分由 $\nabla f(x)$ 表示。该梯度值由 x 附近的 k 个最近邻光子计算得到。计算得到梯度后，通过公式 (4-6) 计算各向异性张量。

$$
\begin{aligned}
G &= \frac{1}{k} \sum_{i=1}^{k} \nabla f(x_i) \nabla f(x_i)^{\mathrm{T}} \\
&= \frac{1}{k} (\nabla f(x_1), \cdots, \nabla f(x_k)) \begin{pmatrix} \nabla f(x_1)^{\mathrm{T}} \\ \vdots \\ \nabla f(x_k)^{\mathrm{T}} \end{pmatrix}
\end{aligned}
\tag{4-6}
$$

光子的梯度值用于构建各向异性张量，每个光子的梯度由周围 k 个光子得到。数字 k 由区域 $\Omega(x)$ 给出。根据绘制场景的维度，APPM 算法的张量 G 是一个 8×8 的矩阵，在相机光线的每个交点处计算该处的张量矩阵，用于估计最终的光照贡献值。每个张量矩阵用于计算光子之间的马氏距离，如公式 (4-7) 所示。

$$
\Phi_{\Omega} = \min\{x_i \in \Omega(x) : (x_i - x)G(x_i - x)^{\mathrm{T}}\}
\tag{4-7}
$$

式中，Φ_{Ω} 表示交点附近的光子通过张量 G 计算得到的马氏距离；x 和 x_i 分别表示交点的位置和每个光子的位置。张量 G 本身包含各向异性信息，它给出了周围哪个光子最接近交点处的光照值。APPM 算法首先通过欧氏距离选取周围的光子，然后使用马氏距离计算光照差异。周围光子中光照值最接近交点的被认为是该交点处的光照贡献值。

$$
L_m(x) = [L_{m-1}(x) + \Phi_{\Omega}] \cdot \frac{N(x) + \alpha M(x)}{N(x) + M(x)}
\tag{4-8}
$$

公式 (4-8) 给出了当前分步的光照值计算方法，在当前分步 m 中，交点 x 的光照值由该处光子的各向异性计算结果 Φ_{Ω} 和该处上一分布的光照值 $L_{m-1}(x)$ 计算得到。当计算完当前分步中所有交点的光照贡献值后，进入下一个分步的迭代。当迭代完所有的分步之后，就得到了最终图像。重构的计算过程如图 4-3 所示。

图 4-3 显示了渐进式各向异性光子重构过程，该过程又可以看作各向异性筛选，每次筛选出最适合该交点的光子。图 4-3(a) 显示了标准渐进式光子映射中相机光线积分半径的大小，图中红色圆点即相机光线与物体的交点。图 4-3(b) 显示了 APPM 算法获得的 k 个最近邻光子，橙色圆点表示选取的 k 个最近邻。图 4-3(c) 显示了计算梯度张量的过程，黑色箭头代表梯度，红色箭头代表张量。图 4-3(d) 显示了筛选结果，红色圆点旁的黄色圆点表示筛选得到的表示相机光线光照的光子。最终图像由所有相机光线的光照贡献值计算得到。

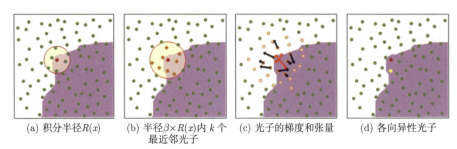

(a) 积分半径 $R(x)$　(b) 半径 $\beta \times R(x)$ 内 k 个　(c) 光子的梯度和张量　(d) 各向异性光子
　　　　　　　　　　最近邻光子

图 4-3　渐进式各向异性光子重构过程

4.1.4　绘制实例与分析

本节的 APPM 算法基于 LuxRender 渲染器上实现，使用单线程在 Intel Core i7 CPU 2.8GHz 进行绘制，内存大小 2GB。

APPM 算法中每条相机光线积分半径内的 k 个最近邻决定了绘制的收敛速度和最终效果。不同个数的光子给出不同效果的最终图像。这里分析了影响最近邻数量的参数 k，最近邻光子数量由参数 β 控制。图 4-4 给出了使用不同参数 β

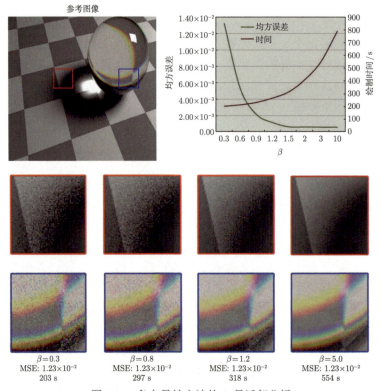

$\beta=0.3$　　　　　　$\beta=0.8$　　　　　　$\beta=1.2$　　　　　　$\beta=5.0$
MSE: 1.23×10^{-2}　MSE: 1.23×10^{-2}　MSE: 1.23×10^{-2}　MSE: 1.23×10^{-2}
203 s　　　　　　297 s　　　　　　318 s　　　　　　554 s

图 4-4　各向异性方法的 k 最近邻分析

绘制玻璃球场景的结果。图像分辨率为 512×512，一共使用了 32 分步，每个分步 10 万个光子。图 4-4 显示了绘制结果的均方误差。从图中可以看出，显示随着参数 β 的增加，均方误差递减，同时绘制时间递增。如果 β 太大，图像的绘制质量会提高，但是绘制时间消耗过大。当参数等于 1.5 时，可以绘制高质量的图像，同时绘制时间也是可以接受的。

图 4-5 显示了 APPM 算法与标准蒙特卡罗光线追踪算法、低差异采样算法、Mitchell 自适应采样算法、大路径光线追踪 (MLT) 算法以及标准的渐进式光子映射 (PPM) 算法的绘制结果。所有四个场景绘制图像的分辨率都是 1024×1024 像素。图 4-5 (a) ~(e) 是圆环体场景，(f)~(j) 是玻璃的国际象棋场景，(k)~(o) 是包含金属兔子和玻璃龙的经典康奈尔盒子场景，(p)~(t) 是室外的凉亭场景。

图 4-5 各向异性光子映射绘制效果对比

图 4-5 中第一行对比了 APPM 算法、蒙特卡罗光线追踪算法和标准渐进式光子映射算法。所有结果的绘制时间是 5min。图 (b) 显示了光线追踪导致了大量的光斑噪声，而渐进式光子映射没有噪声，APPM 算法给出了最接近参考图像的绘制结果。第二行对比了 APPM 算法、Mitchell 自适应采样算法和标准渐进式光子映射算法，绘制时间是 1h。Mitchell 自适应采样算法虽然解决了部分噪声，但是效果仍然不如标准渐进式光子映射算法。APPM 算法绘制效果和渐进式光子映射接近，但效果更清晰，更接近真实的焦散效果。第三行对比了 APPM 算法、低差异采样算法和渐进式光子映射算法。所有结果绘制时间为 1h。低差异采样算法有很多高亮光斑噪声。渐进式光子映射算法则生成效果更好的图像。针对 specular diffuse specular(SDS) 场景，APPM 算法给出更好的绘制结果。最后一行对比了 APPM 算法、大路径光线追踪算法和渐进式光子映射算法，绘制时间为 5h。大路径光线追踪算法给出了很好的绘制结果，但仍然有不少噪声。相比较渐进式光子映射算法，APPM 算法生成更平滑的绘制结果。

4.2　自适应重要性光子追踪

现实生活中有很多绚丽的自然现象在我们周围，比如日落日出、波光荡漾和火焰火光等。绘制这类全局光照和含有 SDS 路径的复杂效果会消耗大量的内存和时间。如何绘制此类效果的高质量图像是图形学近年来的一大研究热点。光子映射方法主要用于解决这类问题 [247]。该方法从光源发射光子，并在光子的追踪过程中保存光子，通过保存的光子绘制图像。光子映射方法可以绘制高质量的全局光照、焦散和体散射效果。但是由于保存空间中的光子消耗大量的内存，传统的光子映射方法只能绘制高质量的简单场景。虽然一些学者给出了自适应技术来减少光子存储或提高采样效率，但无法解决根本问题。渐进式光子映射技术 [59] 利用保存相机光线并渐进式地减小相机光线积分半径，替代保存的光子，针对含有 SDS 路径的场景有很强的鲁棒性，但是该方法收敛速度较慢。

根据以往方法的优缺点，本节介绍一种自适应重要性光子追踪 (adaptive importance photon tracing, AIPT) 算法 [253]。为了得到场景的光照分布信息，AIPT 算法使用 KD 树保存并分析空间中的光子。AIPT 算法采用一种误差值计算方法，利用光子计算绘制空间的特征误差评估值。在光子追踪过程中，用该误差值为每个 KD 树节点构建一个累积分布函数 (cumulative distribution function, CDF)，通过该函数给出经过该处光子的反射方向，从而自适应地采样光子。AIPT 算法可以加快光子映射的收敛速度，适用于传统光子映射和渐进式光子映射。

4.2.1 算法流程

真实感绘制是由光传输方程 (light transport equation, LTE) 积分得到的。该方程可以被表示为光子映射的形式，光线积分由光子代替，如公式 (4-9) 所示。

$$L(x, \omega_{\text{o}}) = \int_{\Omega} f_{\text{r}}(x, \omega_{\text{o}}, \omega_{\text{i}}) \cos \theta_{\text{i}} \mathrm{d}\omega_{\text{i}}$$

$$\approx \frac{1}{\pi r(x)^2} \sum_{i=1}^{k} f_{\text{r}}(x, \omega_{\text{o}}, \omega_{\text{i}}) \Phi_i \tag{4-9}$$

式中，$L(x, \omega_{\text{o}})$ 表示空间中某一点 x 在所有角度范围 Ω 中的入射光线 $L(x, \omega_{\text{i}})$ 经过该处的双向反射分布函数 (BRDF) 反射后在角度 ω 的入射光线。光子映射从光源发射光子，并保存在场景中代表场景中的光通量。为了积分最终图像，从相机发射积分光线，利用场景中代表光通量的光子计算光线的积分。利用场景中每个交点 x 周围区域 $r(x)$ 里的光子 Φ_i，计算交点处在方向 ω_{o} 上射出光线 $L(x, \omega_{\text{o}})$ 的光照贡献值。相机光线的贡献值由 $L(x, \omega_{\text{o}})$ 给出并生成最终图像。

AIPT 算法通过自适应地选取光子追踪过程中的反射方向，提高光子的采样效率。光子追踪过程中的反射方向通过场景中的误差评估值得到。该方法可以应用于传统光子映射和渐进式光子映射。该自适应策略基于 KD 树结构、误差评估函数和自适应累积分布函数。KD 树用于保存并分析场景中的光照分布信息和特征值，KD 树的每个节点都包含场景的一部分。误差评估函数用于通过场景中的光子计算场景中的特征误差评估值。自适应累积分布函数用于重定向传播过程中的光子，指出场景中哪片区域更需要投放光子。累积分布函数由误差评估值计算得到。KD 树每个节点包含一个累积分布函数，给出入射到该表面的光子沿着各个方向上继续传播的概率。当一个光子传播过程中与一个表面相交时，根据包含该交点的 KD 树节点中的累积分布函数，选择该光子继续的传播方向。根据 AIPT 算法，场景中误差评估值高的区域会接收较多的光子，误差评估值较小的区域收到的光子也较少。

图 4-6 给出了 AIPT 算法的主要流程。首先，粗略地对整个场景投放光子，并用 KD 树对整个场景进行初始化。场景中每个部分都属于一个 KD 树节点，KD 树的各个节点相互之间不覆盖。然后，迭代地从光源发射光子。在每个迭代步骤中，投放固定数量的光子，一般为 1000~5000 个。这些光子根据自适应传播规则在场景中传播并保存。每次的传播方向由 KD 树节点中的累积分布函数决定。被各个表面吸收的光子也保存在 KD 树的节点中。当发射完所有光子之后，AIPT 算法更新各个 KD 树节点，并计算每个节点的误差评估值和累积分布函数。如果该方法用于传统的光子映射，则当发射完所有的光子之后，通过从相机发出的光线计算光子的积分，生成最终图像。如果该方法用于渐进式光子映射，则当追踪

完相机光线之后，更新整个场景中 KD 树的节点信息，清空所有光子然后进行下一次迭代，当迭代完所有的分步之后，绘制最终图像。

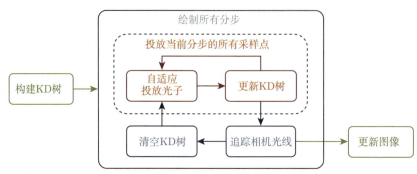

图 4-6　自适应重要性光子追踪流程

4.2.2　场景空间划分

在 AIPT 算法中，使用 KD 树保存并分析场景中物体表面的光照分布信息。每个 KD 树节点包含光子、权重、空间特征误差评估值和自适应累积分布函数。每个节点中的光子表示该区域的光照分布信息，节点最多包含一定数量的光子，一般为 16～64 个。权重给出节点相对于最终图像贡献的大小。空间特征误差评估值通过光子的光照计算得到，给出空间中哪个区域需要更多的采样点。节点中的累积分布函数决定了每个入射到该节点的光子之后的传播方向。该函数由该节点及其邻居节点的误差评估值计算得到。

首先，在开始绘制过程之前，整个场景由一个 KD 树节点包含。在每个绘制分步之前，对整个场景先进行粗采样，一般为 1000 个光子。然后，整个 KD 树根据这些初始的光子进行分割。图 4-7 给出了 KD 树初始化分割的示例图。在绘制的过程中，每当一个光子与一个表面相交并被吸收时，该光子保存在这个节点中。如果该节点中光子数量大于最大可容光子数，该节点就沿着最长维度划分为两个节点。每个子节点保存父节点一半的光子。当发射完一次迭代的所有光子后，每个节点计算该节点的误差评估值和自适应累积分布函数。图 4-6 所示光子追踪流程中，如果该方法用于渐进式光子映射，则在每次渐进分步开始前，需要计算每个节点的权重，该权重由穿过该节点的相机光线数量决定。该方法清空 KD 树中所有的光子，但是并不改变 KD 树的结构。下一次迭代开始时，KD 树结构与上次结束时相同，但是每个节点中并不包含任何光子，这样内存消耗仅与 KD 树结构相关。

4.2.3　特征误差评估值

在自适应光线追踪中，为了生成高质量的图像，采样高频区域比采样低频区域更能提高采样点的利用率。基于这一基本思想，AIPT 算法可以加速光子映射

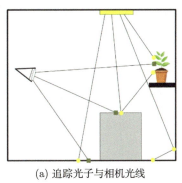 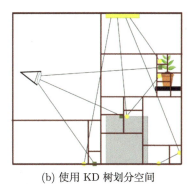

(a) 追踪光子与相机光线   (b) 使用 KD 树划分空间

图 4-7   场景空间划分

的收敛速度。算法包含三个关键步骤：①计算误差评估值；②获得邻居节点；③构建累积分布函数。绘制分步 (图 4-6 中虚线框部分) 被细化为多个重复的小步。在每一小步中，光子从光源发射并保存在场景中。每一小步结束时，就要通过误差评估函数计算每个收到新光子的节点的误差评估值。

这里采用一种新的误差评估函数，为每个节点计算该节点空间中光照的特征，给出空间特征误差评估值。该误差评估值用于计算累积分布函数，给出该区域是否需要更多的光子。为了能够获得评估场景中的高频特征，误差评估值由方差、权重和每个节点的光子数决定。

$$\varepsilon_i = \omega_i \cdot \frac{\text{var}_i \cdot \text{vol}_i}{N_i} \qquad (4\text{-}10)$$

公式 (4-10) 给出了节点 i 的误差评估值计算方法。式中，vol_i 是节点 i 的体积；N_i 是节点中光子的数量；ω_i 是该节点的权值，表示对最终图像贡献的大小；var_i 表示节点的方差，该方差由光子的均方误差计算得到。根据方差与节点体积的特性，误差评估值可以表示场景中的高频区域。根据 KD 树的结构，节点的体积会随着自适应采样而越来越小，误差评估值不会有陷入局部最优的问题。如果该方法用于渐进式光子映射，则方差计算方法需要进行一定的改进，需要引入偏差计算。根据 Hachisuka 等 [70] 的研究，渐进式光子映射中的方差需要引入一个偏差。

$$B_i = \frac{k}{2N_i} \sum_{j=i}^{N_i} \nabla^2 K f_{\text{r}} \Phi_j \qquad (4\text{-}11)$$

式中，B_i 表示节点 i 的偏差；k 是一个根据核函数得到的常数；f_{r} 是光子 Φ_j 交点处的双向反射分布函数 (BRDF)；K 是核函数方差。加入偏差之后方差的计算如公式 (4-12) 所示。

$$\mathrm{var}_i = \frac{1}{N_i - 1} \sum_{j=1}^{N_i} (\Phi_j - \bar{\Phi} + B_i)^2 \tag{4-12}$$

方差 var_i 由节点中各个光子光照值与光子的无偏光照均值的差的平方和得到，即该总和再除以光子的总数。与光线追踪的自适应采样方法相同，AIPT 算法中的空间误差评估值表示该区域是否需要更多的光子。

4.2.4　光子追踪

在光子追踪过程中，通过累积分布函数自适应地选择光子的传播路径。为了计算得到累积分布函数，需要知道任意节点周围可见的其他节点。这些邻近的可见节点给出了该节点周围的空间特征误差评估值。周围空间的误差评估值引导自适应的光子追踪。为了获得每个节点的邻居，光子的数据结构记录了该光子在传播过程中上一次的交点。每个节点保存的光子都记录着该光子上一次与场景物体表面相交的坐标。这些记录给出了该节点周围的可见节点。在每次循环采样结束后，通过这些记录获得每个节点周围的空间特征误差值分布，根据这些误差值的分布计算每个节点的自适应累积分布函数。

图 4-8 显示了场景中的光子追踪路径。图中的半圆表示入射光线可能的反射方向。底部的两个数据条表示节点 A 周围的误差评估值和权值变化。从图 4-8 可以看出，权值基于相机位置变化，而误差评估值则根据场景中的特征变化。根据节点 B 和 C 处光子记录的上一次交点位置，可以获知前置邻居为节点 A 处的光子。

4.2.5　自适应累积分布函数

AIPT 算法的主要步骤就是当光子与场景中物体碰撞时，自适应地选择光子的传播路径。该方法使用自适应的累积分布函数选择传播方向。该累积分布函数由概率密度函数 (probability density function, PDF) 积分得到，每个节点的概率密度函数表示该区域入射光照的概率密度分布。AIPT 算法采用一种新的概率密度函数替代传统的用于选择光线反射方向的概率密度函数，比如双向反射分布函数。这里的概率密度函数通过合并传统的概率密度函数和空间特征误差分布得到。当每个光子采样结束之后，通过每个节点周围的误差分布计算得到该分布函数 $p_{\mathrm{err}}(\omega)$。

$$p_{\mathrm{err}}(\omega) = \frac{\varepsilon_\omega}{\bar{\varepsilon}} \tag{4-13}$$

式中，$p_{\mathrm{err}}(\omega)$ 表示方向 ω 处的概率。该函数表示根据各个方向上的误差评估值计算得到的光子需要向 ω 方向传播的概率。如果方向 ω 上的误差评估值高则 $p_{\mathrm{err}}(\omega)$ 的值也高，反之亦然。误差评估值表示空间中特征的频率。ε_ω 表示方向 ω 上的误差评估值，$\bar{\varepsilon}$ 表示所有方向上误差评估值的均值。

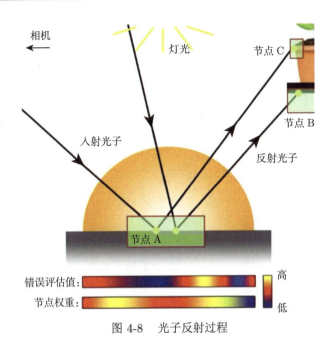

图 4-8 光子反射过程

为了自适应地传播光子,需要结合误差值分布函数和原始的概率密度函数,比如材质的双向反射分布函数或是其他重要性采样方法。合并后的方程就是新的概率密度函数。积分概率密度函数就得到了累积分布函数。根据入射角和物体材质的不同,场景中不同的节点有不同的原始概率密度函数。AIPT 算法则根据不同的入射角合并原始的概率密度函数和误差分布函数 p_{err}。

$$C_i(\omega) = \int_0^{\omega} p_{err}(t) p_{brdf}(t) \mathrm{d}t \tag{4-14}$$

式中,p_{brdf} 表示原来的概率密度函数;C_i 表示通过节点 i 的概率密度函数积分得到的累积分布函数,是归一化后的结果;p_{err} 是误差分布函数。

图 4-9 显示了不同情况下的累积分布函数的计算过程。积分得到的自适应累积分布函数由离散表实现。每个节点的两个邻居节点之间方向的概率密度函数值由这两个节点的误差值插值得到。每个入射方向都有一个出射方向,出射方向的概率则由累积分布函数的离散表插值得到。

4.2.6 光子辐射度

图 4-10 分别给出了使用和不使用 AIPT 方法在相同场景相同光子数下,光子的分布图。可以看出光子的分布发生了变化,如果仅仅进行自适应的传播而不改变光子的辐射度,则最终结果不会收敛到正确的值。收到更多光子的区域会比其他区域要更明亮;相反,收到少量光子的区域则会更暗。为了解决这一问题,需

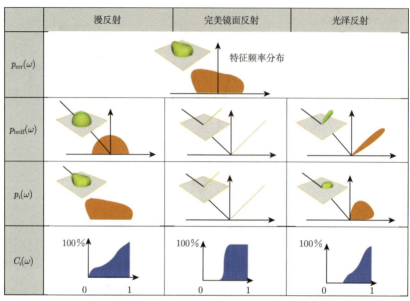

图 4-9　累积分布函数计算过程

要在传播过程中根据反射角改变光子的辐射度。误差分布函数 $p_{err}(\omega)$ 同样用于缩放光子的辐射度，如果一个光子在 ω 方向反射，则该光子的辐射度缩放尺度为 $\bar{\varepsilon}/\varepsilon_\omega$，这样保证每个光子的辐射度是正确的。

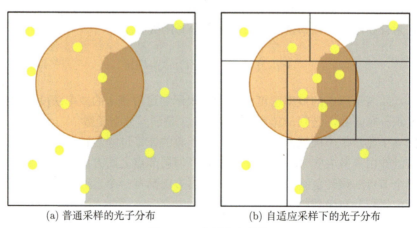

(a) 普通采样的光子分布　　　　　　(b) 自适应采样下的光子分布

图 4-10　光子分布变化

4.2.7　渐进式过程

渐进式光子映射通过保存相机光线替代了保存光子。与传统光子映射方法类似，AIPT 同样可以应用于渐进式光子映射。因为光子映射有很多分步 (图 4-6 实线框部分)，每个分步包含两个主要过程：追踪相机光线和追踪光子。为了在渐进式光子映射中使用本章方法，在之前方法的基础上有四点需要改进。

(1) 当追踪完相机光线之后，需要计算每个 KD 树节点的权值，权值的计算如公式 (4-15) 所示。

$$\omega_i = \omega_i + \frac{N_{e,i}}{N_e} \qquad (4\text{-}15)$$

式中，权值 ω_i 由穿过节点 i 的相机光线的数量决定；$N_{e,i}$ 表示穿过节点 i 的相机光线的数量；N_e 表示当前分步发射的所有相机光线数量。权值表示该节点对最终图像的贡献大小，控制着自适应的传播策略，让光子更多地向可以看得到的区域传播。

(2) 如同传统光子映射方法一样，本章方法仍然需要保存光子。但是每次分步结束时要清空 KD 树中的所有光子，而权值、误差值和累积分布函数则保留在 KD 树的节点中，所以内存消耗是可控而且有界的。

(3) 根据渐进式过程，需要给出一种新的误差评估函数来更新每个节点的误差值，并保证不丢失之前得到的信息。这里采用一种启发式方法结合当前计算结果和之前的计算结果。为了能够考虑历史结果，每个节点要保存误差评估值。

$$\varepsilon_i = (1-\alpha)\Delta\varepsilon_i + \alpha\varepsilon_i' \qquad (4\text{-}16)$$

公式 (4-16) 代替之前的误差值评估函数计算空间特征误差评估值。式中，$\Delta\varepsilon_i$ 是由公式 (4-10) 计算得到的当前误差评估值；ε_i' 是上一个分步计算得到并保存在节点中的误差评估值；ε_i 是新计算得到的误差评估值；$\alpha \in [0,1)$ 是用于控制误差评估函数敏感度的参数。如果 α 较大，则算法对新采样的结果不敏感，变化缓慢；如果 α 较小则相反。当节点进行分割时，误差评估值和权重都拷贝给该节点的两个子节点。

(4) 因为内存限制的问题，KD 树不能无限次地划分，需要限定 KD 树有一个最大的划分节点数。如果 KD 树的节点数大于该最大阈值，则 KD 树就不再进行划分。它保证了当不断渐进绘制时，KD 树结构只消耗有界的内存空间。该方法应用于渐进式光子映射的其他步骤与应用在传统光子映射中一样。

4.2.8 绘制实例与分析

本节的 AIPT 算法基于 LuxRender 渲染器上实现，硬件环境为 Intel Core i7 CPU 2.8GHz，内存大小 2GB。

1. 自适应光子分布

AIPT 算法在光子传播过程中改变了原始传播路径，达到了自适应采样的目的。图 4-11 给出了 AIPT 算法与标准渐进式光子映射 (PPM) 算法的光子分布对比结果，本节后续实例都是在 PPM 算法中加入 AIPT 的自适应追踪策略。

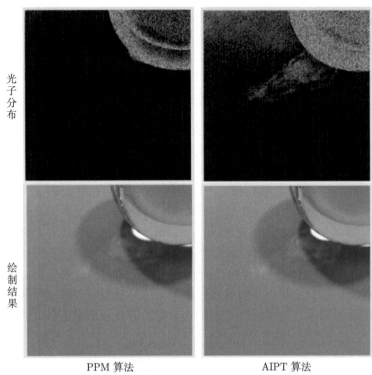

光子分布

绘制结果

PPM 算法   AIPT 算法
1210s, MSE: 5.74×10⁻³   1344s, MSE: 7.65×10⁻⁴

图 4-11   AIPT 算法与 PPM 算法的光子分布对比

根据 AIPT 算法思想，光子在追踪过程中在物体表面自适应地反射。图 4-11 通过绘制玻璃球场景对比了 AIPT 算法和 PPM 算法的光子分布，图像分辨率为 600×600，使用 40 个分步，每个分步 10 万个光子。其中光子分布显示 AIPT 算法投放更多光子在高频区域。AIPT 算法的绘制结果相比较标准渐进式光子映射更加清晰，同时增加的绘制时间也可以接受。

在绘制过程中，因为误差评估值会逐渐收敛到零值附近，所以光子分布会越来越平滑，不会陷入局部最优的情况。图 4-12 显示了 AIPT 算法在不同分步下的采样点分布。在开始时，光子集中在高频区域。在绘制过程中，光子分布逐渐变得平滑。当绘制了大量分步之后，光子分布于整个场景区域。

2. 自适应参数分析

AIPT 算法需要使用一个启发式的函数去估计空间特征的误差评估值，参数α通过控制误差评估值而控制着自适应采样的策略。如果参数α很大，则误差值受到新的光子的影响较小，变化缓慢；反之则误差值变化迅速。图 4-13 给出了使用不同参数α值绘制神灯场景的结果。绘制图像分辨率为 512×512，使用 40 个分步。图中对比了玻璃边界区域和阴影区域的图像绘制效果与均方误差值。结果显示参数 α 不能过大也不能过小。当参数为 0.4 时，可以绘制高质量的图像。

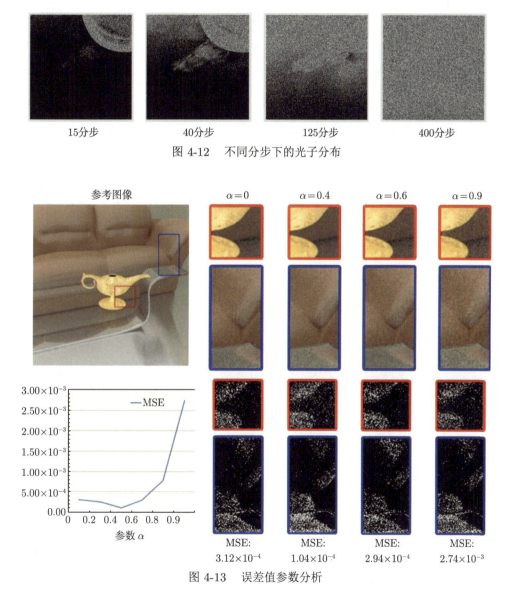

15分步 40分步 125分步 400分步

图 4-12　不同分步下的光子分布

参考图像　　$\alpha=0$　　$\alpha=0.4$　　$\alpha=0.6$　　$\alpha=0.9$

MSE:　　MSE:　　MSE:　　MSE:
3.12×10^{-4}　1.04×10^{-4}　2.94×10^{-4}　2.74×10^{-3}

图 4-13　误差值参数分析

　　AIPT 算法还有其他几个参数控制自适应追踪的策略。最大的 KD 树节点数控制着空间划分的精度和内存消耗。节点的最大光子数影响着内存消耗和自适应策略。数值化累积分布函数 (CDF) 控制着自适应采样的精度。数值化精度越高，自适应采样的精度也就越高。这些参数同样通过绘制神灯场景进行分析，绘制结果分辨率为 512×512, 使用 64 个分步。图 4-14 (a)~(c) 显示了使用不同参数绘制相同场景的内存消耗和结果的均方误差, 其中红线表示内存消耗, 蓝色线条表示均方误差。随着这些参数的增加, 绘制质量和内存消耗也同样增加。当最大深度为 64, 节点最大光子数为 32 时, 该方法给出了高质量的绘制图像, 同时内存消耗也是可以接受的。图 4-14 (d) 给出了该方法与传统方法收敛速度的对比, 可以看出该方法收敛速度要高于传统方法。

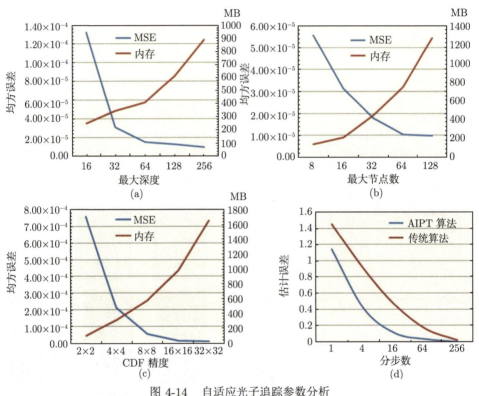

图 4-14　自适应光子追踪参数分析

3. 真实感效果对比

图 4-15 对比了 AIPT 算法与蒙特卡罗光线追踪, 大路径光线追踪 (MLT) 以及标准渐进式光子映射的绘制结果。图 4-15 (a) 是一个国际象棋场景, 图像分辨率为 1024×1024。每幅图像绘制时间为 2h。可以看出蒙特卡罗光线追踪和大路径光线追踪的绘制结果在玻璃象棋附近存在大量的光斑噪声, 而渐进式光子映射和 AIPT 算法针对 SDS 场景的绘制结果则相对平滑。参考图像使用渐进式光子映射绘制, 时间为 6h。相比较以往方法, AIPT 算法的绘制结果更接近参考图像。

图 4-15 (b) 是康奈尔盒子场景, 绘制结果分辨率为 1024×1024。每幅图像绘

制时间为 4h，蒙特卡罗光线追踪针对漫反射材质有很好的效果，但是针对玻璃球有很多噪声。大路径光线追踪绘制结果高于蒙特卡罗光线追踪，但仍然存在光斑。渐进式光子映射效果更好，但是在光子难以到达的角落区域存在噪声。AIPT 算法则可以自适应地投放更多光子在角落区域，所以该区域的绘制效果更平滑。参考图像使用渐进式光子映射绘制，时间为 12h，相比较以往方法，AIPT 算法更接近参考图像。

图 4-15　自适应重要性光子映射效果对比

图 4-15 (c) 是室外的凉亭场景，绘制图像分辨率为 1024×1024 像素。每幅图像绘制时间为 8h。由于光照和材质的原因，蒙特卡罗光线追踪在凉亭墙壁上产生了大量的噪声。大路径光线追踪因为抖动采样的关系，绘制效果较好。渐进式光

线追踪绘制结果光斑较少，但是由于场景复杂，对于如天花板等地方则存在噪声。参考图像通过渐进式光子映射绘制，时间为 24h。AIPT 算法可以自适应地投放更多光子在噪声区域，相比较以往方法能生成高质量的图像。

从上述实验可以看出，AIPT 算法虽然需要更多的内存保存场景信息，但是内存消耗是可以接受的。

4.3　基于视点重要度的适应光子追踪

传统光子映射方法 [2] 在光子追踪阶段需要存放全部光子，允许使用的光子数受到内存容量的限制，光子数量受限导致绘制结果的质量受限，绘制的图像存在偏差 (bias)。渐进式光子映射方法 [42,59] 采用迭代式的绘制模式，将光子的能量记录后随即清空光子，可使用的光子数量不受内存容量的限制。渐进式光子映射通过逐步减小密度估计的半径，提高着色点的相对光子密度，进而消除局部偏差。Hachisuka 和 Jensen[60] 将分布式光线追踪用于绘制景深、运动模糊等效果，每一轮相机光线追踪阶段均更新从每个像素发射的光线。Knaus 和 Zwicker[254] 从概率论的角度推导了渐进式光子映射的迭代公式，简化了渐进式光子映射的执行过程。

上述方法在发射光子阶段采用均匀随机的光子发射方法，没有考虑场景中的相机镜头的位置和朝向。在绘制具有复杂可见性布局的场景时，随机发出的光子难以抵达相机镜头可见的关键区域，这些区域的光子密度过低将导致密度估计算法使用较大的带宽，进而向这些区域引入显著的偏差。Fan 等 [255] 在路径空间中采样相机光线并记录局部的重要度，在追踪光子阶段根据局部重要度决定投放光子的位置。Hachisuka 和 Jensen[256] 提出了基于光子路径的可见性来引导光子的发射，Chen 等 [257] 基于初始光子密度构建指导后续采样的目标函数，引导光子到达初始光子密度较低的区域。

针对具有复杂可见性布局条件的场景绘制问题，本节在前述方法的基础上，介绍一种基于视点重要度的自适应光子追踪 (visual importance based adaptive photon tracing, VIAPT) 算法 [258]，智能地向相机镜头可见的重要区域投放光子，以解决光子映射方法在绘制具有复杂可见性布局的场景时存在的光子分布差、绘制误差下降慢的问题。

4.3.1　视点重要度

真实感绘制需要考虑三方面要素，即光源、物体材质和相机。相机放置的位置称为视点或观察点。视点重要度 (visual importance) 是对抵达视点的光线携带的辐射值的一种加权因子，直接影响入射光线对成像的贡献程度 [259]。

Smits 等 [260] 将视点重要度概念引入了计算机图形学，视点重要度在多个问题中都有应用。Bashford-Rogers 等 [261] 根据视点重要度来引导环境光的采样，

Peter 和 Pietrek[140] 应用了视点重要度分布来决定光子发射的方向。Suykens 和 Willems[262] 提出根据视点重要度来控制局部光子密度,将入射光子的能量分散到已经存放的光子中,减少实际存放的光子结构数量。

这里的视点重要度是一种无量纲的标量,可以根据相机镜头的实际情况定义其初始值。如果考虑相机感光器的实际光敏响应特性,视点重要度的初始值可以取感光器各个像素位置的光敏响应系数。这里假设相机的感光器平面具有均匀的光敏响应特性,将所有像素的初始视点重要度设为 1。

1. 视点重要度的度量

光源是场景光照的主要来源,光源向场景发射光线并传输光能。在真实感绘制中,从光源到达相机感光器的一个像素的度量方程可以表达为路径积分的形式:

$$L(X) = \int_{\Omega} f(X) \mathrm{d}\mu(X) \tag{4-17}$$

其中,L 表示一个像素的取值;$X = (x_0, x_1, \cdots, x_k)$ 表示从光源到相机的长度为 k 的路径;Ω 表示由所有路径构成的路径空间;$\mu(X)$ 表示与路径 X 关联的面积度量;$f(X)$ 为像素度量函数。$f(X)$ 可以写成如下的乘积形式:

$$f(X) = L_\mathrm{e}(x_0 \to x_1)T(X)W_\mathrm{e}(x_{k-1} \to x_k) \tag{4-18}$$

其中,$W_\mathrm{e}(x_0 \to x_1)$ 表示视点重要度;$L_\mathrm{e}(x_0 \to x_1)$ 表示从光源发出的辐射度;$T(X)$ 表示路径辐射度的吞吐量 (throughput)。类似地,从相机的角度出发,可以假设相机向场景发射视点重要度,从而可以计算视点重要度在场景中的分布情况。从相机感光器向场景发射的视点重要度可以表示为

$$M(X') = \int_{\Omega_M} g(X') \mathrm{d}\mu(X') \tag{4-19}$$

其中,$X' = (x_k, x_{k-1}, \cdots, x_{k-r})$ 表示从视点发出的长度为 r 的相机光线;Ω_M 表示所有相机光线组成的路径空间;$\mu(X')$ 表示与路径 X' 关联的面积度量;$g(X')$ 为视点重要度的度量函数:

$$g(X') = W_\mathrm{e}(x_k \to x_{k-1}) \left[\prod_{i=0}^{r-2} f_\mathrm{r}(x_{k-i-1})G(x_{k-i} \leftrightarrow x_{k-i-1}) \right] G(x_{k-r+1} \leftrightarrow x_{k-r})$$

$$\tag{4-20}$$

式中,$W_\mathrm{e}(x_k \to x_{k-1})$ 表示从视点向场景发射的视点重要度;$f_\mathrm{r}(x_{k-i-1})$ 表示表面 x 处的双向反射分布函数 (BRDF);G 表示几何因子。计算视点重要度涉及的光路如图 4-16 所示,点 x_k 位于相机感光器平面,x_{k-r} 位于场景某一表面。

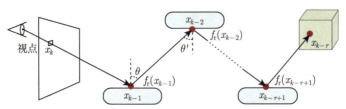

图 4-16   视点重要度的光路示意图

相机光线在场景表面发生反射或折射后，其携带的视点重要度根据表面 BRDF 或者物体的透射率作相应的更新。VIAPT 算法计算视点重要度的过程即求解公式 (4-19) 的积分，这里采用与路径追踪 [13] 类似的方法来求解积分，由于光子映射方法包含了相机光线追踪阶段，故视点重要度可在该阶段计算，避免额外引入单独的计算步骤。

在相机光线追踪阶段，首先从感光器的每个像素发射相机光线，当光线与场景表面相交时，根据表面的材质类型决定存放光线交点或者继续追踪光线。若当前表面为漫反射表面，则存放光线交点，停止追踪光线；若表面为其他材质，则以"俄罗斯轮盘赌"的方式决定是否存放光线交点。如果未存放交点，则采样新的出射光线方向，并沿新的光线方向继续追踪该光线。该光线携带的视点重要度在追踪光线的过程中作相应的更新。如果视点重要度已经降为 0 或者光线路径的长度已达到预设的最大值，则结束对当前光线的追踪。

对所有像素发出的光线计算视点重要度之后，采用 KD 树来组织场景的相机光线交点。这些交点的视点重要度描述了场景中视点重要度的点密度分布，为了降低由有限数量的点引发的高频噪声，可将点密度分布转换为面密度分布。对于交点 x_p，该位置的面密度采用密度估计的基本方法来计算，即 $M(x_p) = (1/\pi r^2) \sum_{i=1}^{N} m_i$。其中 r 表示搜索近邻光线交点的区域半径，N 是该区域内的光线交点的总数，m_i 表示一个光线交点处的视点重要度的取值。图 4-17 给出了暗室场景的视点重要度的示意图。

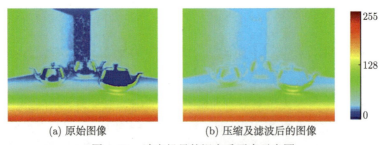

(a) 原始图像   (b) 压缩及滤波后的图像

图 4-17   暗室场景的视点重要度示意图

2. 标量重要性函数

VIAPT 算法将视点重要度纳入光子路径采样的目标函数，从而更多地采样到能抵达视点可见的重要区域的光子路径。在相机光线追踪执行结束后，场景的相机光线交点为抵达的光子提供二值化的可见性信息。采样目标函数的形式定义为

$$I(\boldsymbol{u}) = V(\boldsymbol{u}) \cdot M(\boldsymbol{u}) \tag{4-21}$$

其中，$V(\boldsymbol{u})$ 表示光子路径 $\boldsymbol{u}$ 的可见性函数，若 $\boldsymbol{u}$ 对任意视点光线交点有贡献，则认为 $\boldsymbol{u}$ 对视点可见并令 $V(\boldsymbol{u}) = 1$；反之，$V(\boldsymbol{u}) = 0$。$M(\boldsymbol{u})$ 表示光子路径 $\boldsymbol{u}$ 的视点重要度，通过 KD 树查找最近邻的相机光线交点可获取该数据。采样目标函数 $I(\boldsymbol{u})$ 经过归一化操作后，可进一步得到标量重要性函数 $S(\boldsymbol{u}) = I(\boldsymbol{u})/D$，其中的分母 D 表示归一化因子：

$$D = \int I(\boldsymbol{u}) \mathrm{d}\boldsymbol{u} \tag{4-22}$$

4.3.2 光子路径

1. 光子采样

标量重要性函数 $S(\boldsymbol{u})$ 是具有"多峰"特征的概率密度函数，包含了多个局部极值点。该函数的积分没有显式的解析式，通常采用 Metropolis 采样 [263] 来计算这类无法解析地计算积分的目标函数，生成服从目标函数的样本分布，但产生的样本往往聚集于局部极值附近，导致采样效率下降。

为了克服这些不足，VIAPT 算法采用一种混合变换策略来采样光子路径，混合变换策略结合了大幅度变换和小幅度变换操作。在大幅度变换步骤中，首先使用一个辅助的均匀分布产生一条随机的可见路径，每条路径对应马尔可夫链的一个状态；然后在目标状态链及均匀分布的状态链之间执行一次状态交换操作 [264]，将可见路径的状态作为目标状态链的当前状态。在小幅度变换操作中，采用自适应马尔可夫链采样方法来构造新路径，新路径通过对前一有效路径作小幅度扰动来产生。

混合变换策略通过概率机制来融合大幅度变换操作和小幅度变换操作，既利用小幅度变换局部化探索采样空间的优势，又利用大幅度变换操作来产生随机的新路径以避免马尔可夫链采样陷入局部最优状态。在生成一条新的光子路径前，我们首先计算下一步执行大幅度变换操作的概率 q。随后，使用 $(0,1)$ 之间的一个均匀随机数 δ 与 q 进行比较并决定下一步的变换操作的类型。若 $\delta < \min(1, q)$，则下一步将执行大幅度变换操作；否则，下一步将执行小幅度变换操作。

为了计算每一步操作执行前的概率 q，首先定义目标状态链的当前路径 P_i 和其前一路径 P_{i-1} 的重要度的比值 $\sigma = M(P_i)/M(P_{i-1})$。马尔可夫链按时间顺序

组织各个状态,状态的迁移对应了多种可能的情形。因此有必要定义对应不同情况的计算概率 q 的方法。当前路径 P_i 可能来自两种情形:① P_i 由小幅度变换操作产生;② P_i 由大幅度变换操作产生。

情形 1:P_i 由小幅度变换操作产生,如果 P_i 被接受,则 q 定义为

$$q = \begin{cases} 0, & \sigma \geqslant 1 \\ 1 - \mathrm{e}^{-\sigma \cdot n}, & \sigma < 1 \end{cases} \tag{4-23}$$

其中,n 记录连续执行小幅度变换操作的次数,当执行一次大幅度变换操作后,将 n 取 0。如果 P_i 被拒绝,则仍保留前一路径 P_{i-1},此时定义 $q=1$,下一光子路径将通过大幅度变换操作来产生。

情形 2:P_i 由大幅度变换操作产生,如果 P_i 被接受,则 q 的定义如公式 (4-23) 所示。若 P_i 被拒绝,则对前一路径 P_{i-1} 执行小幅度并变换生成路径 P_i',并令 q 取 1。

在公式 (4-23) 中,当 σ 的取值小于 1 时,概率 q 将随着连续执行小幅度变换的次数 n 的增加而增大,即下一步执行大幅度变换操作的可能性变大。适时地执行大幅度变换操作将有助于完整地访问整个采样空间。

2. 光子路径的构造

从光源向场景发射光子并追踪光子光线的过程涉及使用多个均匀随机数,在发射光子阶段,算法使用随机数来采样光源上的点作为光线起点,以及构造光线的初始方向。当光线与场景表面相交后,算法根据随机数来构造新的出射光线的方向。此外,算法还需要利用一维的随机数来决定是否停止追踪当前光线,即采用 "俄罗斯轮盘赌" 法随机地结束一条光线。N 个随机数构成的序列可以定义为 N 维单位立方体空间 [46] 中的一个点,从该空间采样一个点,可以获得一组随机数,进而可构造一条对应的光子路径。

标量重要性函数 $S(\boldsymbol{u})$ 在不同区域的变化较大,对应的目标分布是一种 "多峰" 分布,针对该目标分布,VIAPT 算法采用一种混合采样方案,一方面利用自适应马尔可夫链采样方法 [265] 来完成对局部区域的采样,根据前一有效路径执行小幅度变换操作来构造一条新路径;另一方面,使用均匀随机分布作为辅助的采样分布,适时地引入随机的新路径,该操作等价于对前一有效路径执行大幅度变换操作,促使马尔可夫链离开当前采样的局部区域。

1) 大幅度变换操作

大幅度变换操作引入均匀随机的新路径,来避免马尔可夫链采样陷入局部极值区域。首先使用一个辅助的均匀分布来产生一条随机的可见路径,然后在目标状态链及均匀分布的状态链之间执行一次状态交换操作 [264],从而将该随机可见

路径作为目标状态链的当前状态。链间状态交换操作的主要优势在于，交换不同链的状态后，并不改变原每条马尔可夫链的分布。

在采样时，算法同时运行两条马尔可夫链，C_u 以及 C_t(图 4-18)。其中的 C_u 对应一个均匀分布，C_t 表示目标分布的状态链。图中空心箭头表示目标分布 (C_t) 从辅助的均匀分布 (C_u) 接受可见路径 P_u，实心箭头表示执行小幅度变换，虚线箭头表示执行大幅度变换。由于算法并不实际使用状态链 C_u 的状态对应的路径，C_u 的每个状态通过均匀随机采样来生成。这里采用从 C_u 到 C_t 的单向替换，将 C_u 的一个当前状态替换为 C_t 的当前状态。C_t 接受该状态的概率为 $q(C_t \leftrightarrow C_u) = V(P_u)$，$P_u$ 表示 C_u 链的当前光子路径，即当 P_u 对视点可见时执行替换。

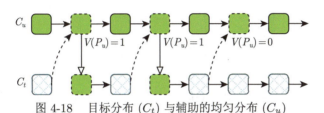

图 4-18　目标分布 (C_t) 与辅助的均匀分布 (C_u)

2) 小幅度变换操作

针对现有的一条有效路径，在超立方体空间中执行小幅度变换操作可以构造一条相似路径，新路径也有较大的概率对图像的成像有贡献。小幅度变换操作可以实现对采样空间的局部化的探索。根据对称随机游走的思想[266]，这里采用的变换核为 $\boldsymbol{x}' = \boldsymbol{x} + \hat{\boldsymbol{x}}$，其中 $\hat{\boldsymbol{x}}$ 的第 k 个维度的增量 $\hat{x}_k$ 可以定义为

$$\hat{x}_k = \begin{cases} \xi_1 \left(\dfrac{1}{\mathrm{e}}\right)^{\frac{1}{\lambda_i}}, & \xi_2 \geqslant 0.5 \\[3mm] -\xi_1 \left(\dfrac{1}{\mathrm{e}}\right)^{\frac{1}{\lambda_i}}, & \xi_2 < 0.5 \end{cases} \tag{4-24}$$

其中，ξ_1 和 ξ_2 表示 0 和 1 之间的随机数；λ_i 表示第 i 次迭代的变换操作的参数。从当前状态 $\boldsymbol{x}$ 接受新样本 $\boldsymbol{x}'$ 的概率为

$$a(\boldsymbol{x} \to \boldsymbol{x}') = \min \left(1, \frac{F(\boldsymbol{x}')}{F(\boldsymbol{x})}\right) = \min \left(1, \frac{V(\boldsymbol{x}')M(\boldsymbol{x}')}{V(\boldsymbol{x})M(\boldsymbol{x})}\right) \tag{4-25}$$

λ_i 通过控制增量的大小来影响变换幅度。当 λ_i 趋于无穷大时，$\hat{x}_k$ 变为随机数 ξ_1，变换核退化为一个均匀随机核。当 $\lambda_i = 0$ 时，$\hat{x}_k$ 取 0，变换核为一个常数。这里采用受控的马尔可夫链蒙特卡罗方法[266] 来自动调整 λ_i 的值，以使新状

态的接受率靠近目标接受率。当新状态的接受率达到目标接受率时，对应的 λ_i 称为静止值。调整 λ_i 的步骤可以表达为

$$\lambda_{i+1} = \lambda_i + (A_i - A_*) \cdot \gamma_i \tag{4-26}$$

其中，A_i 表示到第 i 轮迭代结束为止的总的状态接受率，等于变换被接受的总数与变换的总数之间的比值；A_* 表示接受率的目标值，A_* 在 1 维采样空间下的最佳取值被证明为 0.44，A_* 在高维采样空间下的最佳取值接近 $0.234^{[267]}$；γ_i 为影响 λ_i 的变化步长的缩放因子。

为了使马尔可夫链采样结果形成的分布收敛到目标分本，γ_i 应满足两个基本条件 [268]：

$$\begin{cases} \lim\limits_{i \to +\infty} \gamma_i = 0 \\ \sum\limits_{i=1}^{+\infty} \gamma_i \to +\infty \end{cases} \tag{4-27}$$

这里定义 $\gamma_i = 1/t$，其中 t 的取值序列使用一个从 1 开始的单调非减的正整数序列 [269]。γ_i 满足公式 (4-27) 的条件。初始时 t 取 1，后续根据 $A_i - A_*$ 的符号变化情况来确定 t 的增量。若 $A_i - A_*$ 的符号频繁发生变化，则表明 λ_i 的取值在最终静止值的附近振荡，此时继续增加 t 以加速算法的收敛。若 $A_i - A_*$ 的符号保持不变，且其绝对值不断接近 0，则表明 λ_i 的取值正在靠近最终的静止值，此时也继续增加 t。反之，若 $A_i - A_*$ 的符号不变化，且差的绝对值较大，则说明 λ_i 离最终的静止值较远，此时保持 t 不变化，即保持调节的幅度不变化。

4.3.3　初始变换参数的搜索

公式 (4-26) 变换参数 λ_i 的取值直接影响变换核增量 $\hat{x}_k$ 的大小，进而影响自适应马尔可夫链采样方法的运行过程。初始变换参数的值 λ_0 决定了自适应马尔可夫链采样的变换操作的初始幅度。现有的方法 [256,270] 一般通过试错法来设置变换参数的初始值，但往往需要测试大量候选值以找到合适的值。变换参数的初始值决定了自适应马尔可夫链采样的初始状态，马尔可夫链采样的扰动操作依赖于历史状态，因此变换参数的初始值通过传递的方式间接影响马尔可夫链抵达稳态时 λ_i 的值。

受基于回火的链间调节方法 [271] 的启发，VIAPT 算法采用一种初始变换参数的选取方法。首先生成一族目标分布 $\{\Pi_0, \Pi_1, \cdots, \Pi_T\}$，其中的下标对应了逐步升高的温度，共选用 5 种温度级 ($T = 4$)，相邻的两个目标分布之前的差异应较小。基于视点重要度图构造的目标分布设为 Π_0，对应最低温度的分布。随后，对视点重要度图进行平滑，平滑操作选用了一组具有不同支撑的低通平滑滤波核，

滤波核的大小分别为 3×3、7×7、11×11、15×15，如图 4-19 所示。基于平滑后的视点重要度图构造目标分布 Π_1、Π_2、Π_3 和 Π_4。在高温对应的分布中，平滑操作有助于减少局部细节，从而减少原目标函数的局部"峰值"数量。从 Π_1 往后的每个高温分布保持了其前一分布的基本特征，但减少了局部细节，从而实现对前一分布的松弛处理。

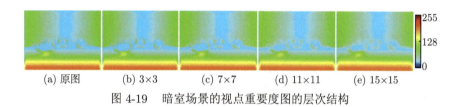

(a) 原图　　　(b) 3×3　　　(c) 7×7　　　(d) 11×11　　　(e) 15×15

图 4-19　暗室场景的视点重要度图的层次结构

在实际执行中，增加了一个搜索初始变换参数值的预处理阶段，在该阶段，首先以最高温对应的分布 Π_4 作为目标分布，该步的变换参数的初值 $\lambda_0^{t_4}$ 可以设置为一个任意的正数 (如 1.0)，随后执行自适应光子追踪方法直至当前的变换参数收敛到一个稳定值 $\lambda_{\text{stable}}^{t_4}$。然后，将目标分布切换为 Π_3，令该步的变换参数的初始值 $\lambda_0^{t_3} = \lambda_{\text{stable}}^{t_4}$，再次执行自适应光子追踪方法，直至变换参数稳定。类似地，随后依次切换到分布 Π_2 和 Π_1 并执行自适应光子追踪，最后得到分布 Π_1 的稳定变换参数值 $\lambda_{\text{stable}}^{t_0}$。在后续的实际绘制阶段，变换参数的初始值设置为 $\lambda_{\text{stable}}^{t_0}$。在预处理阶段，发射光子的贡献不计入绘制的图像中。执行光子追踪主要用于搜索最佳的变换参数值，因此不记录这一阶段发射光子的贡献，这一简化有利于缩短预处理阶段的执行时间。

4.3.4　可编程重要性函数

随机渐进式光子映射方法扩展了渐进式光子映射用于绘制运动模糊、景深等效果。随机渐进式光子映射方法的执行分为两个阶段：第一阶段为相机光线追踪阶段，从观察点向场景发射相机光线，并记录相机光线与非镜面表面的交点，每个交点记录局部的统计数据，包括累计接收的光子，接收的光通量等；第二阶段为光子发射阶段，从光源向场景发射光子光线，并在场景的表面放置光子。在发射一轮光子之后，更新所有相机光线交点的统计数据。首先更新累计接收的光子总数 $N_{i+1}(S) = N_i(S) + \alpha M_i(x_i)$，其中的 i 表示迭代轮数的序号，$N_i(S)$ 表示第 i 轮光子追踪结束后共享区域 S 累计接收的光子总数，$M_i(x_i)$ 表示共享半径 $R_i(S)$ 范围内新增的光子总量，α 是实际接收光子数量的比例；其次根据局部光子密度不变这一假设来更新光子收集的半径：

$$R_{i+1}(S) = R_i(S) \left((N_i(S) + \alpha M_i(x_i)) / (N_i(S) + M_i(x_i)) \right)^{1/2} \tag{4-28}$$

然后，更新共享区域 S 上累积的光通量：

$$\tau_{i+1}(S) = [\tau_i(S) + \phi_i(x_i, \omega_i)] \, R_{i+1}^2(S)/R_i^2(S) \tag{4-29}$$

$\phi_i(x_i, \omega_i)$ 表示第 i 轮新增的光子通过 BRDF 加权后的光通量。定义 $\phi_i(x_i, \omega_i) = \sum f_r(x_i, \omega_i, \omega_p)\phi_p(x_p, \omega_p)$，其中的 f_r 表示 BRDF，$\phi_p(x_p, \omega_p)$ 表示从 ω_p 方向入射到 x_p 的光子能量，该能量隐含了采样光子路径的概率密度函数 $F(P)$，又称为重要性函数，即有

$$\phi_i(x_i, \omega_i) = \sum_{p=1}^{M_i(x_i)} f_r(x_i, \omega_i, \omega_p) \frac{\phi_p(x_p, \omega_p)}{F(P)} \tag{4-30}$$

随机渐进式光子映射方法均匀随机地发射光子，有 $F(P)=1$，故 $F(P)$ 被省略。

当绘制具有复杂可见性设置的场景时，均匀随机发射的光子常导致在视点可见的关键区域接收的光子数量偏少，密度估计阶段需要使用较大的带宽来平滑噪声，从而引起较大的偏差。公式 (4-30) 的形式表明 $F(P)$ 具有可编程性，可以设计与场景特征相符的重要性函数 $F(P)$，同时，根据 $F(P)$ 采样的光子的能量应被正确地归一化。

在场景中，视点重要度高的区域将对最终成像有较高的贡献。其次，光子密度低的区域对应了在最终图像中噪声和偏差显著的区域。光子路径的可见性决定了该路径携带的辐射度是否将贡献至图像中。考虑到这些可用的辅助信息，VIAPT 算法采用一种新的目标函数，汇集了视点重要度、光子密度分布、光子路径的可见性这三方面因素，综合利用这些信息来引导光子抵达场景的关键区域。

计算视点重要度的推导和构造视点重要度图的步骤如 4.3.1 节所示。本节介绍对初始光子密度分布图的处理，为了反映场景物体的实际分布特征，首先用随机渐进式光子映射的均匀光子采样 (uniform photon sampling，UPS) 方法执行 10 轮光子发射，追踪光子并将光子放置在场景中，随后统计场景中的光子密度分布，形成光子密度图 (photon density map)D。场景中的相机光线交点已记录累计接收到的光子数目，因此可对该数据作可视化。可视化结果的动态范围通常超过可显示的像素动态范围 (0~255)，这里采用幂律变换 (指数为 0.7) 将动态范围压缩至可显示的范围。随后，采用低通中值滤波器对图像作进一步平滑，结果如图 4-20(a) 所示。

为了强调光子密度较低的可见区域的重要程度，这里根据光子密度图 D 构造缩放因子图 (scaling parameter map)S(图 4-20(b))，光子密度较低的区域被赋予较大的数值用于突出这些区域的相对重要程度，S 元素的计算方式如下：

$$s = \begin{cases} 1.0, & r > 1 \\ \mathrm{e}^{1-r}, & \delta < r \leqslant 1 \\ 1 + k\mathrm{e}^{1-r}, & r \leqslant \delta \end{cases} \tag{4-31}$$

其中，$r = \rho/\rho_{\mathrm{mid}}$ 是当前光子密度 ρ 和平均光子密度 ρ_{mid} 的比值；δ 和 k 是控制参数，这里令 $\delta = 0.3$，$k = 4$。当 $r > 1$ 时，局部的光子密度超过了平均光子密度，缩放因子取 1.0，不增加其重要度。当 $r \leqslant \delta$ 时，缩放因子被赋予一个较大的值。当 r 的取值位于 δ 和 1 之间时，缩放因子被赋予一个中间值。

为将之前构造的视点重要度图 V 和缩放因子图 S 进行融合，首先构造加权标量贡献图 M。标量贡献图 M 的元素的计算方式为

$$m_i = v_i + (v_{\max} - v_i) \cdot \frac{s_i - 1}{s_{\max} - s_{\min}} \tag{4-32}$$

其中，m_i、v_i 和 s_i 分别表示 M、V、S 的第 i 个元素；$s_{\max}$ 及 $s_{\min}$ 分别表示 S 中的最大值和最小值；$v_{\max}$ 为 V 的最大值。由公式 (4-32) 可知，在光子密度较低的区域的视点重要度值 v_i 将被放大，因为这些区域的 s_i 具有较高的值。同时，m_i 的值将被限制在 V 的动态范围内。从图 4-20(c) 可以发现，视点可见的关键区域已被赋予了较高的重要度值。

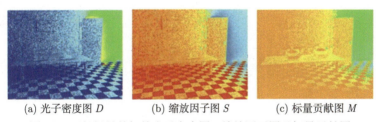

(a) 光子密度图 D (b) 缩放因子图 S (c) 标量贡献图 M

图 4-20   门场景的初始光子密度图、缩放因子图及标量贡献图

光子路径 P 的可见性 $U(P)$ 是一种二值变量，当一条光子路径对相机光线交点有贡献时，称该光子路径对相机镜头可见并令 $U(P)=1$；否则，令 $U(P)=0$。f 表示一个归一化因子。随后我们将光子路径的可见性这一因素也融入标量贡献函数中。执行过程并未预先将 $U(P)$ 与加权标量贡献图 M 融合，而是在算法运行中计算二者的乘积。综上所述，新的标量贡献函数为

$$F(P) = M(P)U(P)/f \tag{4-33}$$

式中，归一化因子 f 计算公式如下：

$$f = \int F(P)\mathrm{d}\Omega \tag{4-34}$$

初始时，算法执行若干轮 (如 10 次) 的均匀随机光子追踪，计算归一化因子，采用下列公式计算其近似值：

$$f = \int_P F(P)\mathrm{d}P \approx \frac{1}{n}\sum_{i=1}^{n} F(P_i) \tag{4-35}$$

其中，n 表示均匀随机光子路径的数目；$F(P_i)$ 为 P_i 访问区域的标量重要度的最大值。

4.3.5　绘制实例与分析

本节的 VIAPT 算法基于 LuxRender 渲染器上实现，硬件环境为 Intel®Core™ Xeon E5-2609 2.4 GHz CPU，内存大小 2GB。

1. 光子分布情况对比

自适应光子追踪方法的目的在于引导光子抵达场景的可见且重要的关键区域。图 4-21 对比了随机渐进式光子映射 (SPPM) 算法 [60]、RAPT 算法 [256] 和 VIAPT 算法经过 1000 轮光子追踪后的光子密度分布的归一化结果，所用场景为具有复杂可见性布局的暗室场景和门场景。

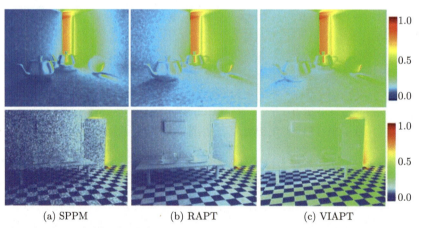

(a) SPPM　　　　　　　(b) RAPT　　　　　　　(c) VIAPT

图 4-21　暗室场景和门场景经 1000 轮光子追踪后的光子密度分布情况

针对暗室场景，VIAPT 算法采用 4.3.1 节的目标函数；而在门场景中，使用 4.3.3 节的目标函数。可以发现，与 SPPM 和 RAPT 算法相比，VIAPT 算法有效地提高了整体的光子密度，在视点重要度较高的内侧区域，VIAPT 算法的光子密度更高。SPPM 算法的整体光子密度较低，RAPT 算法的整体光子密度较 SPPM 有所提高，但在一些内侧区域，光子密度仍较低。4.3.3 节的目标函数较之前的目标函数增加了初始光子分布的信息，这两种目标函数对应产生的光子密度分布较为相似，在后续绘制实例中均选用第一种目标函数。

2. 变换参数的初始化方法的分析

图 4-22 分析了 VIAPT 算法的变换参数初始化方法寻找的初始参数对自适应马尔可夫链采样状态接受率的影响。绘制实例选用暗室场景，每轮发射 5×10^4 个光子，主要对比 VIAPT 算法和 RAPT 算法的状态接受率和变换参数的变化情况。RAPT 算法的初始变换参数设置为 1.0，而 VIAPT 算法则从初始值 0.496 出发，该初始值通过 4.2 节的方法计算得到。

图 4-22 (a) 对比了两种方法的变换参数随光子数量的变化情况，VIAPT 算法的参数变化幅度更大，因为 VIAPT 算法采用的单调不减的缩放因子序列 $\{t\}$ 使变换幅度的下降速度减慢。在经过大约 50 轮光子追踪后，两种算法的变换参数 λ_i 都收敛到静止值。

图 4-22 (b) 对比了两种变换参数的静止值对于算法后续状态接受率的影响，两种算法的状态接受率均逐步下降，这是因为相机光线交点的光子收集半径在每轮光子追踪后均被减小，从而使可见性函数等于 1 的区域不断缩小。在光子追踪的过程中，VIAPT 算法的状态接受率比 RAPT 算法的状态接受率更高。

图 4-22 (c) 对比了 VIAPT 算法和 RAPT 在前 50 轮光子追踪过程中的状态接受率的变化情况。注意，VIAPT 算法的状态接受率迅速地抵达 0.234 附近，并在 0.234 附近振荡，这是因为 VIAPT 算法选取了合适的初始变换参数，单调不减的缩放因子序列也使变换参数可以得到充分调节，避免缩放因子过大而导致的调节作用趋近于 0。注意 RAPT 算法的状态接受率在抵达 0.234 之后逐步下降。

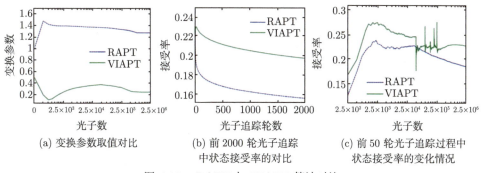

(a) 变换参数取值对比　　(b) 前 2000 轮光子追踪　　(c) 前 50 轮光子追踪过程中
　　　　　　　　　　中状态接受率的对比　　　状态接受率的变化情况

图 4-22　RAPT 与 VIAPT 算法对比

表 4-1 记录了绘制实例中的四种场景的初始变换参数和静止变换参数的取值情况。RAPT 算法的初始变换参数为 1，VIAPT 算法通过变换参数的初始化方

法，找到与最终静止值更为接近的初始值。

表 4-1　变换参数的初始值和静止值对比

场景	初始变换参数		静止变换参数	
	RAPT	VIAPT	RAPT	VIAPT
暗室	1.0	0.496	1.276	0.245
Cornell Slit	1.0	0.381	0.903	0.319
门	1.0	0.213	0.418	0.117
Cornell	1.0	9.120	8.936	9.853

3. 绘制结果对比

本节的绘制实例对比了三个具有复杂可见性设置的场景，绘制图像的分辨率为 512×512，绘制使用 8 个 CPU 线程，光子收集半径的缩放因子取 0.7，变换参数初始化方法的分布个数为 5，状态接受率的目标值设置为 0.234。光子收集半径的初始值设置为 4 个像素宽。对于暗室场景，每轮光子追踪使用 50k 个光子；对于门场景，每轮光子追踪使用 200k 个光子；对于 Cornell 场景，每轮光子追踪使用 100k 个光子。

图 4-23 对比了 SPPM、RAPT 以及 VIAPT 算法在暗室场景中，经过 50 轮以及 1000 轮光子追踪后的绘制结果。该场景中仅有一小部分区域能接收到来自隔壁房间光源的直接光照。在初始阶段的 50 轮光子追踪过程中，VIAPT 算法的优势不明显，因为 VIAPT 算法包括一个变换参数的初始化阶段，该阶段需要占用若干轮的光子追踪时间。随后，VIAPT 算法的噪声下降速度显著超过了 RAPT 算法，因为 VIAPT 算法能够引导光子抵达对相机镜头可见的且贡献较高的区域。

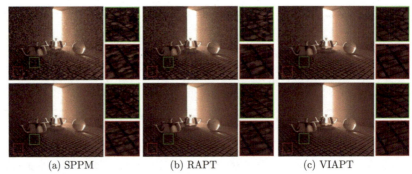

(a) SPPM　　　　　　　(b) RAPT　　　　　　　(c) VIAPT

图 4-23　暗室场景绘制结果，第一行执行 50 轮光子追踪，第二行执行 1000 轮光子追踪

图 4-24 对比了经过相同的光子追踪轮数以后，三种算法的均方根误差 (root mean square error, RMSE) 的下降情况，VIAPT 算法的误差收敛速度最快，RAPT

算法次之, 而 SPPM 算法误差下降最慢。在经过相同的光子追踪轮数后, VIAPT 算法绘制图像的数值误差要比其他算法的误差更低。因此, 为将绘制图像的误差降至某一误差水平, VIAPT 算法需要的光子数更少。

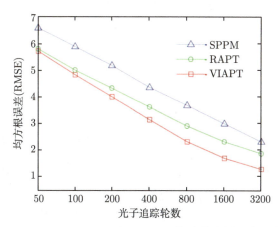

图 4-24   SPPM、RAPT 和 VIAPT 算法的绘制误差下降分析

图 4-25 是 Cornell 场景和门场景的绘制效果对比。其中 4-25(a) 的 Cornell 场景中光源发出的光只能通过房间后门的门缝进入场景。所有方法的绘制时间均为 0.5h, VIAPT 算法比 RAPT 算法执行的光子追踪的轮数少, 因为 VIAPT 算法对光子路径的接受率要比 RAPT 算法的接受率高, 所以每一轮需要追踪更多被接受的光子路径, 然而 VIAPT 算法取得了比 RAPT 算法更低的 RMSE 值以及更高的 structural similarity index(SSIM) 值。路径追踪方法 (PT) 和 Metropolis 光传输方法 (MLT) 在绘制地板上的焦散光时存在严重的噪声, 两种方法都不能正确绘制后墙上的焦散光的反射光。因为这些方法在采样 SDS 路径时仍存在困难。其他的三种基于光子映射的方法均能够绘制地板和后墙上的焦散效果。

图 4-25(a) 是经典的具有复杂可见性布局的门场景, 场景的光照主要是间接光照, 由门缝外的光源经过多次散射后进入房间。PT 算法难以采样到能够穿过门缝进入房间的光路, 因此绘制效率较低, 绘制图像的噪声严重。MLT 算法对于采样困难光路具有一定的优势, 绘制结果比 PT 绘制结果的噪声少。经过相同的绘制时间后, VIAPT 算法绘制的图像具有更高的视觉质量, 且绘制误差更低。

4. 算法讨论

1) 预处理阶段的计算分析

预处理阶段的视点重要度图的构造、变化参数的初始化需要耗费额外的时间, 但算法随后能够有效地优化光子的分布, 从而加快绘制误差的下降速率。针对 4.3.2 节的变换参数初始化方法, 温度级和目标分布的数量选取具有灵活性。当

图 4-25　Cornell 场景和门场景的绘制效果对比

目标分本的数量过少时，算法不能充分地调节变换参数，而使用过多的温度级以及目标分布时，将导致该阶段的计算时间过长。绘制实例发现使用了 5 个温度级的目标分布能够满足实验场景的需求。

2) 视点重要度图的更新

VIAPT 算法在视点光线追踪阶段计算视点重要度，在 SPPM 迭代执行的模式下，每一轮视点光线追踪阶段均可更新视点重要度的计算。在确定相机镜头的位置和朝向之后，视点重要度的分布是固定的，因此仅需在首轮视点光线追踪过程中计算视点重要度，避免更新视点重要度的计算开销。

3) 马尔可夫链采样的收敛性

由于渐进式光子映射方法的光子收集半径是逐步缩小的，则可见性函数 $V(P)$ =1 的区域将不断缩小。算法定义的采样目标函数中包括了该可见性函数，因此采样目标函数是动态目标函数。Kaplanyan 和 Dachsbacher[272] 的工作证明，使用动态目标函数的马尔可夫链采样仍然是收敛的。绘制实例也表明，自适应光子追踪绘制复杂可见性布局场景时，能够有效地降低绘制误差。

4) 方法的局限性

图 4-26 是可见性布局简单的康奈尔盒子场景，光源对相机直接可见，视点可见的主要区域均能接收到来自光源的直接光照。图中对比了 SPPM、RAPT 和

VIAPT 算法绘制 1h 后的结果，可以发现，三种方法的绘制结果相近。此时，SPPM 算法执行的光子追踪轮数最多，而 VIAPT 算法执行的光子追踪的轮数偏少，因为 VIAPT 算法构建视点重要度图和执行变换参数的初始化都需要付出额外的时间代价。VIAPT 算法的绘制误差要比 RAPT 算法的误差略微偏高。该实例表明，VIAPT 算法在绘制可见性设置较为简单的场景时，不会带来额外优势。

(a) SPPM 　　　　　　 (b) RAPT 　　　　　　 (c) VIAPT
1708 轮, RMSE: 0.725 　 1529 轮, RMSE: 0.471 　 1452 轮, RMSE: 0.563

图 4-26　康奈尔盒子场景绘制误差对比

4.4　本 章 小 结

光子映射是真实感图形绘制中的重要绘制方法，不同于光线追踪，它适用于绘制全局光照、焦散和间接漫反射等包含 SDS 路径的场景。渐进式光子映射的出现解决了传统光子映射内存消耗的问题。本章将光线追踪的研究成果引入光子映射中，介绍了三种自适应的光子映射绘制算法。

(1) 针对光子映射重构没有考虑各向异性的问题，介绍了一种渐进各向异性光子重构 (APPM) 算法。不同于标准的渐进式光子映射，APPM 算法首先使用 KD 树保存每个分步中的光子，然后在每个分步结束时，利用这些光子计算空间中的各向异性信息，采用一种各向异性的重构方法积分相机光线，减少了图像边界处的走样，使用少量的绘制分步就可以绘制高质量的图像。

(2) 针对光子映射收敛过程慢的问题，介绍了一种自适应重要性光子追踪 (AIPT) 算法。该算法基于空间中的光子特征分析，可以用于传统光子映射和渐进式光子映射。该算法在绘制过程中使用 KD 树划分空间，采用一种空间特征评估函数，计算每个 KD 树节点中的误差评估值；通过节点周围的误差评估值计算每个节点的自适应累积分布函数；当一个光子在传播过程中与一个节点中的物体相交时，该光子继续传播的方向由该节点中的累积分布函数决定。相比较以往光子映射方法，AIPT 算法显著提升了收敛速度。

(3) 针对光子映射绘制复杂可见性布局场景存在的光子分布质量差、绘制误差下降慢的问题，介绍了一种基于视点重要度的自适应光子追踪 (VIAPT) 算法。该算法从场景提取光源、相机镜头、物体布局三方面的信息，融合这些信息构建指导光子发射的目标函数，自适应地构造光子路径，引导光子抵达相机镜头可见的重要区域。与传统方法相比，VIAPT 算法能够有效地优化场景的光子分布，进而提高绘制效率。

第 5 章 光学衍射效果绘制

以 LuxRender 为代表的传统渲染器通过逼真地模拟光和物体表面的交互过程，进而得到真实感成像绘制结果。由于它们不具有相位描述能力，当遇到具有波长级的缝隙或具有波长级微观结构的对象，如光栅、光盘、光学透镜及若干生物体表面等时，无法绘制相应的波动光学效果。

作为波动光学领域的经典现象，衍射和干涉是光的波动性的主要标志之一，并广泛存在于彩色光盘、彩虹状的肥皂泡和光彩熠熠的蝴蝶等自然场景中。在计算机渲染的图像中加入这些效果，不仅可以增强图像的真实感，也可以丰富人眼的视觉体验。为此本章将重点讨论光学衍射效果绘制方法，光学干涉效果绘制将在第 6 章进行讨论。

5.1 基于基尔霍夫理论的微表面衍射效果绘制

在计算机图形学领域，微表面反射一直都是真实感绘制技术的重点应用领域，研究者提出了多种反射模型。与此相反，微表面衍射的研究起步较晚，但它所描述的波动特性能解释许多复杂的物理现象，例如图 5-1 所示的光盘表面微结构引起的衍射效果 [160]。

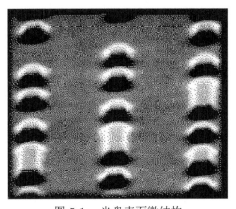

图 5-1　光盘表面微结构

根据麦克斯韦理论，光作为一种电磁波，当它与微表面等凹凸结构相互作用时，应作为电磁场的边值问题进行求解。但这种通用解法很复杂，电场和磁场的耦合性在实际应用中因其计算困难而很难得到广泛的应用，因此目前几乎所有的衍射模型都属于标量衍射理论，忽略了光的磁场特性，并且都是基于数值方法近似求解，比较典型的就是 Stam[160] 利用随机过程及基尔霍夫波动理论解释光与微表面的交互作用，其中傅里叶分析的应用加快了基尔霍夫积分式的计算速度。

本节分析物体微表面与光的交互原理，在此基础上介绍一种基于基尔霍夫理论的微表面衍射效果绘制 (Kirchhoff theory based microfacet diffraction rendering, KMDR) 算法 [273]。

5.1.1 入射光能

在分析衍射现象之前，首先需要了解光在环境中辐射能的分布状态，并计算它与微表面相交处的入射光能。在复杂场景中借助波动理论计算很复杂，考虑实际计算的简洁性及清晰性，则使用几何光学解释光源 (以点光源抽象) 能量的空间分布具有巨大的优势。其中 McCluney[274]、Preisendorfer[275] 和 Nicodemus[276] 等对光能的空间分布进行了详细的测定，可以参考这些已知结果进行更准确的模拟。

下面根据光与微表面的交互原理，通过分析光在 P 点处的场强来获取入射光能的计算方程。如图 5-2(a) 所示，点光源形成了一圈圈的球面波。此时假设光源自身散发的能量为 φ，且它向周围所有方向同等地散射光能。根据能量守恒定律，每一球面的受辐射总能量相等，可用 $k\varphi$ 表示，这里 k 为某一常量。根据这一原理，可以得到相同面积下，远球面上的块比近球面的块接受的能量更少。具体而言，到达半径为 R 的球面波上某点的能量与 $1/R^2$ 成正比。而根据朗伯定律，到达表面的光强与入射方向和表面法线的余弦成正比 (图 5-2(b))。设光源与微表面 P 点的距离为 R，根据图 5-2(c) 的空间积分图，P 点周围 ΔP 面积内收到的能量可由公式 (5-1) 近似值计算 [31]。

$$E_p = \int_{\Omega} L_i(p, \omega_i, \lambda) |\cos \theta_i| \mathrm{d}\omega_i = \int_{\Delta P} \frac{k\varphi |\cos \theta|}{R^2} \mathrm{d}P \tag{5-1}$$

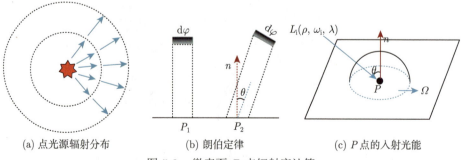

(a) 点光源辐射分布   (b) 朗伯定律   (c) P 点的入射光能

图 5-2 微表面 P 点辐射度计算

5.1.2 衍射着色器

根据惠更斯–菲涅耳原理，波在空间各点逐步传播，波阵面上的每一点都可以看作一个次级扰动中心，发出球面子波；在后一时刻这些子波形成了新的波阵面。与此同时，波阵面外面的任意一点的波振动是波阵面上所有子波相干叠加的结果。图 5-3 中，P 点的场强由点光源 S 在衍射孔隙处生成的所有子波相干叠加产生。

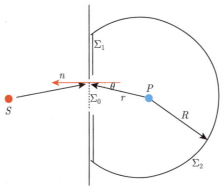

图 5-3 惠更斯–菲涅耳衍射示意图

然而，在光线追踪器真实感绘制过程中，只有光线与物体相交才能获取反射辐射能的光强分布，即只考虑光与微表面的交互。为了计算视点所接收到的光强 (以图 5-4 中接收点 R 为例)，这时需要计算来自微表面的反射光能，在这里光波 ψ 满足亥姆霍兹定律如公式 (5-2) 所示。

$$\nabla^2\psi + K^2\psi = 0 \tag{5-2}$$

根据基尔霍夫标量衍射方程，可得 P 点的空间光场强度如公式 (5-3) 所示。

$$\psi(P) = \frac{1}{4\pi}\int_S\left[\frac{\partial\psi}{\partial n}\frac{\mathrm{e}^{\mathrm{i}kr}}{r} - \psi\frac{\partial}{\partial n}\left(\frac{\mathrm{e}^{\mathrm{i}kr}}{r}\right)\right]\mathrm{d}S \tag{5-3}$$

式中，$k = 2\pi/\lambda$ 为波数；P 是空间某点；ψ 表示光场强度；S 是微表面衍射区域。

在计算机图形学领域，为了渲染光学现象，常用 BRDF 来构造微表面的反射模型，它被定义为反射辐射度与入射辐射度的比值。公式 (5-4) 显示了 Stam 给出的 BRDF 与光波的关系。

$$\mathrm{BRDF}_\lambda = \lim_{R\to\infty}\frac{R^2}{A\cos\theta_1}\frac{\langle|\psi_2|^2\rangle}{|\psi_1|^2\cos\theta_2} \tag{5-4}$$

其中，A 表示微表面衍射区域；$\psi_1 = \exp(ik \times \omega_i \times x)$ 表示入射光波；ψ_2 表示表面反射光波的标量基尔霍夫积分式，它用来描述入射光波与反射光波的关系，可由下式计算：

$$\psi_2 = \frac{ike^{ikR}}{4\pi R}(F_{ds}v - p) \times \int_S \widehat{n}e^{ikv \times s}ds \tag{5-5}$$

式中，R 是微表面 P 点到接收点的距离；F_{ds} 为菲涅耳系数，用微表面法线分布的统计平均值表示。

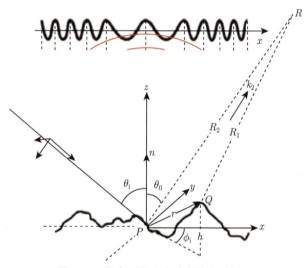

图 5-4   微表面某点产生的次级波阵面

5.1.3   微表面衍射模型

1. BRDF 衍射模型

由 5.1.2 节可知，Stam 在计算对象微表面的衍射效应时，基于基尔霍夫标量衍射方程求得了可应用于计算机图形学真实感绘制的公式 (5-4)。然而该公式只是表达了反射光线的各自相位延迟信息，忽略了微表面对光幅值的作用，即没有考虑光的吸收和散射等影响因素。为了克服这一不足，这里引入可变菲涅耳因子 $F_{Fresnel}$ 取代公式 (5-4) 中 ψ_2 产生式的 F_{ds}，将不以微表面法线分布统计均值的形式概括光幅值的变化，而考虑更细微的特征，如光子吸收。同时引入微表面复杂性描述函数 $G_\lambda(\omega_o, \omega_i)$ 描述微表面再反射等影响因子，以增强微表面高度场设计的适用性，绘制出更准确的衍射图像。

令 $p(x, y) = \exp[ikw \cdot \text{height}(x, y)]$ 表示微表面 S 的高度场，微表面法线可表示为 $(-\partial \text{height}(x, y)/\partial x, -\partial \text{height}(x, y)/\partial y, 1)$，并将其简记作 $(-\text{height}_x, -\text{height}_y, 1)$，公式 (5-4) 中 ψ_2 表达式可重新表达为公式 (5-6)。

$$\psi_2 = \frac{ike^{ikR}}{4\pi R}(F_{\text{Fresnel}}v - p) \times \int_S \hat{n}e^{ikv \times s}ds$$

$$= \frac{ike^{ikR}}{4\pi R}(F_{\text{Fresnel}}v - p)$$

$$\times \iint (-\partial \text{height}(x,y)\partial x, -\partial \text{height}(x,y)\partial y, 1)e^{ik\omega \text{height}}e^{ik(ux+vy)}dxdy$$

$$\approx \frac{ike^{ikR}}{4\pi R}(F_{\text{Fresnel}}v - p) \times \iint \frac{1}{ik\omega}(-p_x, -p_y, ik\omega p)e^{ik(ux+vy)}dxdy$$

$$\approx \frac{ike^{ikR}}{4\pi R}\frac{F_{\text{Fresnel}}(1 - \omega_{\text{i}} - \omega_{\text{o}})}{\omega}P(ku, kv) \tag{5-6}$$

式中，$P(ku, kv)$ 表示微表面高度场 $p(x, y)$ 的傅里叶变换；$k = 2\pi/\lambda$；ω，u，v 是与反射波和入射波在微表面法线方向的投影相关的量[160]。根据公式 (5-4) 和公式 (5-6)，改进后的波动渲染方程如公式 (5-7) 所示。

$$\text{BRDF}_\lambda = \frac{k^2 F_{\text{Fresnel}}^2}{4\pi^2 A\omega^2}\frac{(1 - \omega_{\text{o}}\omega_{\text{i}})^2}{\cos\theta_1 \cos\theta_2}\left\langle |P(ku, kv)|^2 \right\rangle$$

$$= \frac{F_{\text{Fresnel}}^2}{\omega^2}\frac{(1 - \omega_{\text{o}}\omega_{\text{i}})^2}{\cos\theta_1 \cos\theta_2}\left[\frac{k^2}{4\pi^2}S_p(ku, kv) + |\langle p \rangle|^2 \delta(u, v)\right] \tag{5-7}$$

根据引入的可变菲涅耳因子及微表面复杂性描述函数 $G_\lambda(\omega_{\text{o}}, \omega_{\text{i}})$，基于公式 (5-7) 可得到完整的 BRDF 衍射模型实现方程：

$$\text{BRDF}_\lambda = F_{\text{Fresnel}}^2 G_\lambda(\omega_{\text{o}}, \omega_{\text{i}})\frac{(1 - \omega_{\text{o}}\omega_{\text{i}})^2}{\cos\theta_1 \cos\theta_2}\left[\frac{k^2}{4\pi^2\omega^2}S_{p\lambda} + |\langle p \rangle|^2 \delta(u, v)\right] \tag{5-8}$$

其中，$S_{p\lambda}$ 为微表面相关函数的傅里叶变换，表示其光谱密度，其详细推导见参考文献 [31]，[145]，[160]。

2. 可变菲涅耳系数

光与材质表面交互时，光子可能被吸收 (转化为热能) 或反射。反射的光可能离开表面或撞击到另外的表面，脱离原反射方向重新沿某方向发射 (双层反射的特性)。根据材质属性相应产生了两种现象：镜面反射 (包含多次反射与双层反射) 和散射。由于散射很难定量描绘，通常被处理成常量。而反射最显著的特征就是随着视角的变化，能量也会相应改变。除此之外，材质属性对不同的波长也会显现不同的反应特性。

图 5-5 显示了铜材质的折射率与吸收率依赖于波长的变化示意图。由图可知，随着波长的增加，折射率越来越小，而吸收系数会越来越大。在物理光学中光的波长范围很广,在模拟衍射效果时,一般更关注于可见光部分,其波长为 350~730nm。

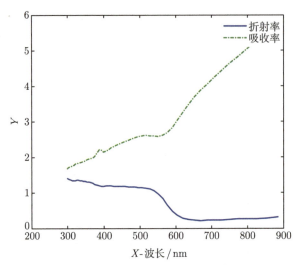

图 5-5　铜材质对不同波长光波的吸收率与折射率

在经典的光线追踪算法中，输入光反射比值往往表示为常量。然而在真实的物理场景中，这些值对光波的方向、相位等有很大的依赖性，不能用常量值代替。为了便于用几何方法快速计算，这里采用菲涅耳方程描述材质对光波的影响程度，它是麦克斯韦方程组在平滑表面的近似表达。由于衍射模型受不同材质的影响，所以主要涉及具体材质的菲涅耳方程。与此同时出于求解简化的目的，这里假设光是非偏振的，由此菲涅耳系数可表示为

$$F_{\text{Fresnel}} = 0.5 \times (r_{\parallel}^2 + r_{\perp}^2) \tag{5-9}$$

对于金属导体，一般采用公式 (5-10) 和公式 (5-11) 进行近似计算。

$$r_{\parallel}^2 = \frac{(k_{\lambda}^2 + \eta_{\lambda}^2)\cos\omega_{\text{i}}^2 - 2\eta_{\lambda}\cos\omega_{\text{i}} + 1}{(k_{\lambda}^2 + \eta_{\lambda}^2)\cos\omega_{\text{i}}^2 + 2\eta_{\lambda}\cos\omega_{\text{i}} + 1} \tag{5-10}$$

$$r_{\perp}^2 = \frac{(k_{\lambda}^2 + \eta_{\lambda}^2) - 2\eta_{\lambda}\cos\omega_{\text{i}} + \cos\omega_{\text{i}}^2}{(k_{\lambda}^2 + \eta_{\lambda}^2) + 2\eta_{\lambda}\cos\omega_{\text{i}} + \cos\omega_{\text{i}}^2} \tag{5-11}$$

其中，k_{λ} 表示受波长影响的导体吸收系数；η_{λ} 表示受波长影响的导体折射度；ω_{i} 表示照射到材质表面的入射光波。

3. 遮挡、再反射微表面衍射模型

在 LuxRender 等渲染系统中，一般使用 BRDF 描述光与材质的交互作用 (如反射)。目前已有很多成熟的模型可以构造 BRDF 模型，如直接光谱测量模型 [277]、

观察实验模型[278,279]、高度场相关函数模型[160] 和微表面模型[146,147] 等，这里选用微表面模型构造衍射 BRDF。

图 5-6 显示了光源、微表面和视点之间的不同位置关系，要么来自视点的视线被挡，要么光线经过多次反弹到达视点，或者光源发出的光线直接受遮挡。高度场模型在处理光的遮挡、视线屏蔽、多次反射等方面时用标量基尔霍夫积分方程及相关函数进行了抽象，而微表面模型介于观察实验与高度场之间，可以更有效地处理上述问题。

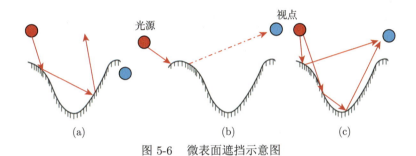

图 5-6　微表面遮挡示意图

针对微表面的不规则性，Torrance 和 Sparrow[145]、Blinn[146]、Cook 和 Torrance[147] 以及 Ashikhmin 和 Shirley[153] 各自使用概率密度等分布严格地分析了光与微表面的交互作用。在他们的模型中，表面由带有随机法线方向指向的 V 形镜面构成，其法线分布通常利用高斯、泊松等随机函数进行统计性分析。需要注意的是，以统计方法分析微表面结构不能严格处理遮挡、视线屏蔽等效果。这里用 G 表示这些实际存在的多种影响，可得公式 (5-12)。

$$G_\lambda(\omega_i, \omega_o) = G_\lambda(\omega_i)G_\lambda(\omega_o \mid \omega_i) \tag{5-12}$$

其中，$G_\lambda(\omega_i)$ 表示入射波正常传播的概率；$G_\lambda(\omega_o|\omega_i)$ 表示在 ω_i 正常传播的情况下，输出波正常传播的条件概率，公式 (5-12) 成立的前提是假设入射波与输出波不相关，但当它们方向接近时，公式 (5-12) 的条件概率趋近为 1，这说明极端情况下二者是相关的，因此采用一个修正的表达式处理了这种相关性：

$$G_\lambda = [1 - \psi(x)]G_\lambda(\omega_i)G_\lambda(\omega_o \mid \omega_i) + \psi(x)\min(G_\lambda(\omega_i), G_\lambda(\omega_o \mid \omega_i)) \tag{5-13}$$

这里引入 $\psi(x)$ 表示入射波与输出波的相关因子，x 表示入射波与输出波之间的变化角度，关于这一相关函数影响因子的论述可参考 van Ginneken 等的著述[280]。

采用几何方法计算入射波与输出波的正常传播概率非常复杂，这里需要给出一个简单通用并且可以解释处理前述复杂微表面现象的函数，Torrance 等提出的模型用高斯分布来近似，Pharr 等也做过类似的工作。这里利用统计学知识得到公式 (5-14)。

$$G_\lambda(\omega_i, \omega_o) = \min(1, \min(2(n \cdot \omega_h)(n \cdot \omega_o)/\omega_o \cdot \omega_h,$$
$$2(n \cdot \omega_h)(n \cdot \omega_i)/\omega_o \cdot \omega_h)) \tag{5-14}$$

式中，ω_h 表示 ω_i 与 ω_o 的平分线；n 为微表面法线。

5.1.4　衍射渲染方程

在具体绘制过程中，微表面与光波的交互作用可以通过新产生的 BRDF 衍射模型予以描述，这里需要在渲染器中借助光线理论绘制衍射效果 (图 5-7)，波长为 λ 的光衍射方程如公式 (5-15) 所示。

$$L_o(p, \omega_o, \lambda) = L_e(p, \omega_o, \lambda) + \int_{\delta^2} \text{BRDF}_\lambda(p, \omega_i, \omega_o) \times L_i(p, \omega_i, \lambda)|\cos\theta|\mathrm{d}\omega_i \tag{5-15}$$

式中，$L_o(p, \omega_o, \lambda)$ 表示从微表面 P 点到视点的反射光能；$L_e(p, \omega_o, \lambda)$ 表示在 P 点微表面自发光的能量；$L_i(p, \omega_i, \lambda)$ 表示到达 P 点的入射光能，它由入射光能方程 (5-1) 计算得到，$\text{BRDF}_\lambda(p, \omega_i, \omega_o)$ 为上述获得的表面衍射模型 (公式 (5-8))。

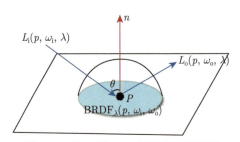

图 5-7　微表面 P 点衍射几何描述图

5.1.5　衍射效果绘制流程

在光线追踪器中，为了获取光波在视点处的强度 (含幅值与相位) 以实现最终的衍射效果，KMDR 算法采取两步完成。第一步计算光源到达材质微表面时的辐射度，第二步利用新构建的 BRDF 衍射渲染模型分析微表面与光的交互作用，计算表面微结构产生的次级波阵面在视点处的叠合光强。图 5-8 显示了 KMDR 算法历程，其具体步骤如下所述。

(1) 预先设计好衍射场景描述符文件，并将其配置到相应的渲染路径中。

(2) 渲染引擎通过文件分析功能解析场景描述符文件，生成场景及渲染器类实例。

(3) 开始主渲染循环操作。

①渲染器利用采样器计算图像平面需要采样的点，并利用相机将采样转换为从胶平面进入场景的光线。

②光线积分器通过本书已生成的 BRDF 衍射模型，获取光线与物体交点处的反射辐射度，其中利用蒙特卡罗采样方法选择入射光源的方向，然后进行概率累加运算。

③渲染器将采样点及相应的辐射度一并交给胶平面，它将光能值存储在待生成的图像上。

④直到采样器提供了尽可能多的样本生成最终图像为止，循环结束。

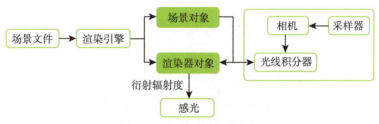

图 5-8　衍射效果绘制流程

5.1.6　绘制实例

通过在 PBRT 光线追踪器中创建新的衍射材质，实现了所提出的 KMDR 算法衍射模型。为增强实验结果的说服力，这里针对 Torrance-Sparrow 的各向同性与各向异性模型分别绘制了相应的光学效果，并与真实的光盘衍射图像进行了比较。所有绘制实例均在 Intel® Core i5-2400 3.10 GHz CPU、4GB 内存、1GB 显存 NVIDIA GeForce GTX480 显卡的环境下完成。为了保证图像渲染的准确性及快速执行，对光线追踪相关参数设置如下：每像素点随机采样数为 12，相机视场角为 60°，最大递归追踪深度值为 5(这些参数可根据实际情况灵活调整)。

1. λ 与 Torrance-Sparrow 模型的比较

图 5-9(a) 和图 5-9(c) 是基于标准的 Torrance-Sparrow 微表面反射模型。图 5-9(a) 采用成熟的 Blinn 各向同性方法描述 Torrance-Sparrow 反射模型的微表面法线概率分布，图 5-9(c) 采用 Ashikhmin 各向异性方法描述 Torrance-Sparrow 反射模型的微表面法线概率分布，其中在 Ashikhmin 的各向异性参数中，决定 x 和 y 轴微表面法线朝向分布的指数参数均可调。

根据几何光学原理，Torrance-Sparrow 模型是基于光线的微表面反射模型，只能模拟光的几何属性，即幅值变动，不能解释衍射效应。与此相反，在相同的光照条件下，KMDR 衍射模型基于波动光学理论，通过封装相位变化到反射光能中，能够近似地模拟波动效果，如图 5-9(b) 和 (d) 所示。

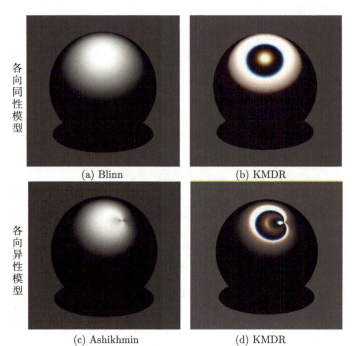

各向同性模型

(a) Blinn   (b) KMDR

各向异性模型

(c) Ashikhmin   (d) KMDR

图 5-9　采用 Blinn 各向同性与 Ashikhmin 各向异性函数的 Torrance-Sparrow 模型与
KMDR 衍射模型绘制效果对比

2. 与真实拍摄图片的比较

显著的衍射现象大都发生在各向异性的微表面上，并受其材质属性的影响，因此这里主要考虑各向异性的微表面衍射生成效果。图 5-10 以光盘的渲染效果为例，与真实拍摄图片进行了比较。其中图 5-10(a) 是根据 KMDR 模型生成的波动效果，从中可观察到明显的由红向黄再向蓝的变化过程，这与图 5-10(b) 的真实环境中的光盘成像效果近似一致。由于环境光较难准确地建模，这里在近似的光照下，通过调节不同的参数值来模拟类似的波动效果。虽与真实的光盘场景有些差别，但这也从侧面证明了 KMDR 模型能定性地模拟现实中衍射材质的波动效应。

3. 不同波长条件下的衍射效果绘制

图 5-11 显示了在物理光线追踪渲染框架中绘制的三维场景衍射图样，绘制波长范围在 370~730 nm(为可见光)。图 5-11(a) 和 (b) 为全波长渲染图，图 (c) 和 (e) 光波长范围在 370~550nm，图 (d) 和 (f) 光波长范围在 550~730nm。各子图为相应波长范围内 30 个均匀采样波长的渲染结果。由于渲染器以 RGB 三基色

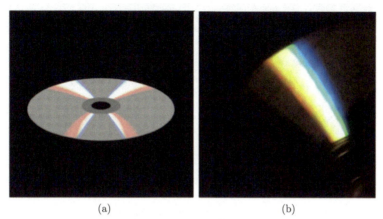

图 5-10 KMDR 模型渲染效果与真实图片对比

表示光谱,因此绘制中的图像受光波采样率的影响,当波长采样率较高时,图像质量较好;当波长采样率较低时,图像质量较差。波动模型在基于物理的光线追踪器中的绘制时间消耗一般较大,波长采样率的高低对性能影响不显著。

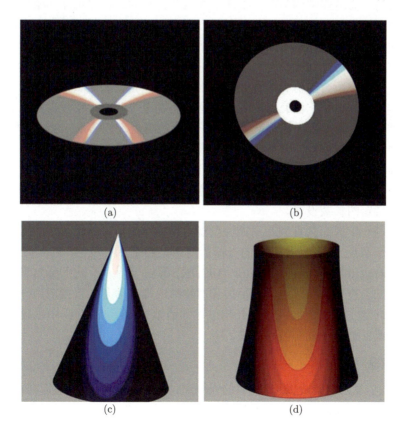

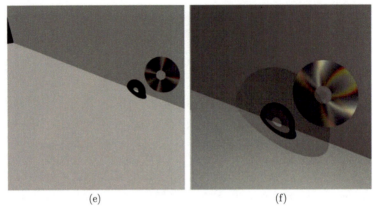

(e)   (f)

图 5-11　　不同波长条件下的衍射效果绘制

5.2　基于惠更斯–菲涅耳理论的光栅衍射效果绘制

衍射光栅、一些动物表皮及水晶石所产生的衍射光学效果归因于它们的周期性微观结构，而这些结构与图 5-1 所示光盘结构不同。计算机图形学领域已提出了多种技术用于绘制这种特定结构的波动效果。Thorman 等 [158] 应用电磁边界值方法通过光栅方程模拟衍射效果，但所用的光栅方程不是一连续函数，无法描述其他角度的反射光特性。作为扩展，Agu[159] 应用惠更斯–菲涅耳原理生成了一连续函数以描述所有反射光的行为，并将其包含在完整的光照模型中，可以渲染多种简单的场景，但它没有融入基于物理的光线追踪器中，也没有考虑表面结构的菲涅耳系数，不能用于描述散射、光子吸收等更复杂的场景。Stam[160] 基于基尔霍夫理论，通过傅里叶分析构造衍射模型并实现了光盘的衍射现象，该方法能生成更准确的结果，但计算方法复杂，且需要预先获取场景和衍射表面轮廓的细节信息。傅里叶方法本身对参数的依赖增加了其实现的复杂性，它的每种解只适用于一种特定的参数设置。

为了进一步提高具有规则周期性微观结构物体的衍射效果描述能力，这里介绍一种基于惠更斯–菲涅耳原理的光栅衍射效果绘制 (Huygens-Fresnel principle based grating diffraction rendering, HGDR) 算法 [281]。不同于基尔霍夫衍射模型，该算法不需预先获取场景和衍射表面轮廓的细节信息，直接应用光栅方程判定特定方向起主要作用的波长，并构造连续函数应用于 BRDF 中以模拟来自光栅的透射或反射光生成的波动效果。

5.2.1　多缝衍射

图 5-12 显示了点光源 S 发射的光波通过间距为 d 的多缝之后在视点 P 处发生相干作用的示意图。根据惠更斯–菲涅耳理论 [282]，波阵面外面的任意一点的

波振动是波阵面上所有子波相干叠加的结果。因此，点 P 处的场强由光通过多缝孔隙时各子波场的相干叠加决定。

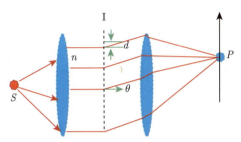

图 5-12　点光源通过多缝平面传播示意图

假设点 P 与衍射缝隙的距离相对于波长为无穷大，点光源 S 发射单位幅值的光波，缝隙数目为 N，缝隙宽度为 a，则可求得多缝平面在 P 点产生的复振幅之和，如公式 (5-16) 所示。

$$E(P) = \frac{\sin \alpha}{\alpha} + \frac{\sin \alpha}{\alpha}\mathrm{e}^{\mathrm{i}\delta} + \cdots + \frac{\sin \alpha}{\alpha}\mathrm{e}^{\mathrm{i}(N-1)\delta}$$
$$= \frac{\sin \alpha}{\alpha}\frac{\sin N\delta/2}{\sin \delta/2}\mathrm{e}^{\mathrm{i}(N-1)\delta/2} \tag{5-16}$$

式中，$\alpha = (\pi a \sin \theta)/\lambda$，$\delta = (2\pi d \sin \theta)/\lambda$ 表示相邻缝隙的对应点在 P 处的位相差。P 处的辐射能即是光场强度幅值的平方，由公式 (5-17) 决定。

$$I(P) = \left(\frac{\sin \alpha}{\alpha}\right)^2 \left(\frac{\sin N\delta/2}{\delta/2}\right) \tag{5-17}$$

5.2.2　光栅方程

公式 (5-17) 的缝隙衍射方程为构造光栅模型提供了理论基础。如图 5-13 所示，考虑一个含有 N 条缝隙的衍射光栅。由于缝隙的宽度都为波长级尺寸，所以光照射到光栅表面时会发生衍射，即不同的角度不同的波长起决定作用，在人眼视觉中，这就形成了彩色现象。来自衍射光栅的衍射效果可以使用维格纳分布函数 (Wigner distribution function, WDF) 进行模拟。由于 WDF 不能直接模拟反射位置的即时衍射现象，所以可用光栅方程来加以解决。

假设平行光束 R_1 和 R_2 以入射角 θ_i 斜入射到反射光栅上，图 5-13(a) 显示了目标衍射光与入射光处于光栅法线的两侧情形。在该种情况下，当光束到达光栅时，R_1 和 R_2 的光程差为 $d\sin i - d\sin \theta$。图 5-13(b) 显示了目标衍射光与入射光处于光栅法线的同侧情形，此时 R_1 和 R_2 的光程差为 $d\sin i + d\sin \theta$。

根据物理光学理论 [273]，当光与多缝表面发生交互作用时，可由成像平面的亮暗条纹分布得到如下光栅方程：

$$d(\sin\theta_i \pm \sin\theta) = m\lambda, \quad m = 0, \pm1, \pm2, \cdots \tag{5-18}$$

其中，负号相应于图 5-13(a) 中情形，正号相应于图 5-13(b) 中情形，其是光栅分光特性的直接体现。由公式 (5-18) 可求解特定反射角度起决定作用的波长值。

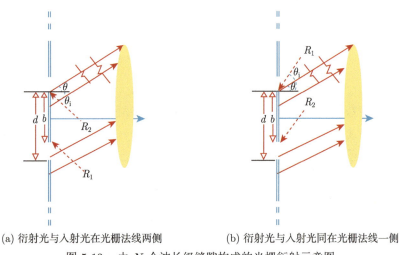

(a) 衍射光与入射光在光栅法线两侧　　　　　　(b) 衍射光与入射光同在光栅法线一侧

图 5-13　由 N 个波长级缝隙构成的光栅衍射示意图

结合光线追踪器中 BRDF 的定义和已有工作 [25]，可得到公式 (5-19) 表示的衍射光栅表面反射模型。

$$\mathrm{BRDF}_\lambda = F_{\mathrm{Fresnel}}\frac{1}{N^2}\left(\frac{\sin\alpha}{\alpha}\right)^2\left(\frac{\sin N\delta/2}{\sin\delta/2}\right)^2 \delta[d(\sin\theta_i - \sin\theta) \pm m\lambda] \tag{5-19}$$

5.2.3　光谱建模

在光线追踪器中，为了有效地绘制光栅效果，需要考虑全光谱下的光与表面之间的交互作用。根据光栅衍射原理，在特定的方向，只有特定的波长对表面反射辐射度起决定作用。为此，将光谱聚焦于可见光 (350~730nm)，即在该光谱范围内求取各方向起决定作用的特定波长值。由公式 (5-19) 可得单个波长的光在成像平面上的光强分布，最终的干涉图样是所有可见波长的光经过光栅后在成像平面上的累加结果 (如公式 (5-20) 所示)。为了计算最终的全波长干涉图样，需要对其进行光谱建模：首先计算具有最大反射比的波长的光强反射分布，然后根据国际照明委员会 (CIE) 波长–颜色匹配函数确定 RGB 三色值，将光谱强度分布转化入 RGB 颜色坐标系中。

$$
\begin{cases}
I_r = \displaystyle\int_{380\mathrm{nm}}^{780\mathrm{nm}} r(\lambda)I(\lambda)\mathrm{d}\lambda \approx \sum_{i=1}^{n} r(\lambda_i)I(\lambda_i) \\[3mm]
I_g = \displaystyle\int_{380\mathrm{nm}}^{780\mathrm{nm}} g(\lambda)I(\lambda)\mathrm{d}\lambda \approx \sum_{i=1}^{n} g(\lambda_i)I(\lambda_i) \\[3mm]
I_b = \displaystyle\int_{380\mathrm{nm}}^{780\mathrm{nm}} b(\lambda)I(\lambda)\mathrm{d}\lambda \approx \sum_{i=1}^{n} b(\lambda_i)I(\lambda_i)
\end{cases}
\tag{5-20}
$$

式中，n 为采样波长的数目；$r(\lambda)$、$g(\lambda)$ 和 $b(\lambda)$ 分别为 CIE 颜色系统中关于波长的 RGB 值函数；$I(\lambda)$ 表示波长为 λ 的光谱强度值。

5.2.4 绘制实例

基于公式 (5-19) 和公式 (5-20)，通过在光线追踪器 PBRT 中创建新的材质插件，实现了所提出的 HGDR 算法衍射模型。在绘制样例中光线追踪相关参数设置如下：每像素点随机采样数为 32，相机视场角为 60°，最大递归追踪深度值为 5。

图 5-14 显示了通过 HGDR 模型所绘制的具有类似光栅结构对象的衍射效果。图 5-14(a)、(c) 和 (e) 分别显示了在相同缝隙宽度和相同光栅常数参数下的球、抛物面和双曲面绘制结果。从图中可以看出它们具有类似的彩色效果，并且可以清晰地看到不同波长光波的不同分光特性。除零级外，其他波长均不重合，即发生色散。图 5-14(b) 显示了减小光栅常数的绘制结果，而图 5-14(d) 和 (f) 则是增加光栅常数的绘制结果。从图中可以看出，随着缝隙间隔的减小，光栅会使色散向外偏移，而适当增加间隔，会使光栅相干干涉更加显著。

表 5-1 显示了图 5-14 中各子图的光栅参数，主要包括场景分辨率、缝隙宽度和光栅常数等。在绘制过程中，光栅常数和缝隙宽度对最终的衍射效果具有决定性的影响，而场景尺寸则直接影响绘制时间 (表 5-2)。

表 5-1　衍射光栅参数配置

场景	分辨率	绘制光谱	缝隙宽度	光栅常数 (相邻缝隙的间隔)
图 5-4(a)	300×300	340～740nm	0.8μm	2.4μm
图 5-4(b)	300×300	340～740nm	0.8μm	1.0μm
图 5-4(c)	500×500	340～740nm	0.8μm	2.4μm
图 5-4(d)	500×500	340～740nm	0.8μm	3.2μm
图 5-4(e)	400×400	340～740nm	0.8μm	2.4μm
图 5-4(f)	400×400	340～740nm	0.8μm	3.2μm

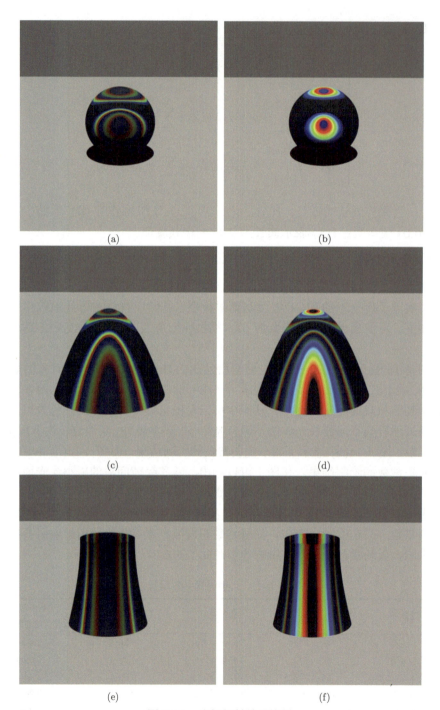

图 5-14　光栅衍射效果绘制

表 5-2 不同场景分辨率的绘制时间

场景	分辨率	绘制时间/s
图 5-4(a)	300×300	44.3
图 5-4(b)	300×300	44.3
图 5-4(c)	500×500	117
图 5-4(d)	500×500	117.4
图 5-4(e)	400×400	77.7
图 5-4(f)	400×400	77.6

5.3 基于维格纳分布函数的衍射效果绘制

在 1932 年，维格纳 (Wigner)[283] 首次在力学中引入一个分布函数，可以同时描述粒子的位置和动量，这一分布函数即是维格纳分布函数 (WDF)。该函数被 Dolin[284] 和 Walther[285] 引入光学领域，以在部分相干性与辐射能之间搭建桥梁。之后 WDF 在光学领域中得到广泛应用。Bastiaans[164,165] 系统分析了 WDF 在光学领域的应用过程，并提供了一些应用示例。

前面几节所描述的模型只能模拟光在表面上的即时衍射效果，不能绘制光经表面多次弹射后生成的衍射现象。Bastiaans 证明了 WDF 可以被视作信号的局部频谱，能同时在空域和频域描述信号 (光波)。派生于傅里叶变换的 WDF 描述信号的行为非常类似于几何光学中的光线概念，它提供了傅里叶光学与几何光学联系的纽带。Zhang 和 Levoy[286] 解释了光场与平滑 WDF 之间的关系。Oh 等[166] 基于 WDF 引入了一个增强的光场，并利用 OpenGL 实现了一个彩色着色程序可以生成任意表面的波动效果。Cuypers 等[167] 基于增强光场，首次在光线追踪器中构造了一个波动双向散射分布函数模型以渲染多次弹射后的干涉现象，其中通过引入光子正和负值系数，可以间接将光的相位信息完全封装进反射光线中。

WDF 可以同时在空间和频率领域描述信号 (波)，为傅里叶光学与几何光学提供了联系的纽带，可以在基于几何光学的光线追踪器中使用 WDF 绘制衍射和干涉等波动效果。由于 WDF 的光谱解含有负系数，而光线追踪器中光子映射算法允许负值存在，这为推迟相位计算以模拟多次反射后的波动现象提供了条件。本节介绍一种基于 WDF 的光学衍射效果绘制 (WDF based diffraction rendering, WDFDR) 算法[287]，从平面波角谱理论解释 WDF 如何与几何光线相联系，并将其融入光线追踪器中模拟推迟相位计算后的衍射现象。

5.3.1 平面波角谱理论

在物理光学中，可以利用亥姆霍兹方程[288] 并根据角谱理论模拟波动效果。假设一单色平面波沿着 z 轴传播并通过一个衍射孔隙 (或障碍物)，如图 5-15 所示。在平面 $z = 0$ 处的复幅值分布为 $E(x_1, y_1, 0)$。

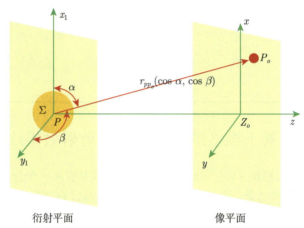

衍射平面　　　　　　　　　　　像平面

图 5-15　　通过孔隙的平面波传播示意图

根据傅里叶光学理论，$E(x_1, y_1, 0)$ 可以被分解成为 $\exp[\mathrm{j}2\pi(\mu x_1 + \nu y_1)]$ 形式的无数个基本周期函数的线性组合：

$$E(x_1, y_1, 0) = \iint \xi(\mu, \nu, 0) \mathrm{e}^{\mathrm{j}2\pi(\mu x_1 + \nu y_1)} \mathrm{d}\mu \mathrm{d}\nu \tag{5-21}$$

式中，μ 和 ν 分别表示沿 x 和 y 轴的空间频率，积分域为无穷空间 (下同)；$\xi(\mu, v, 0)$ 表示角谱：

$$\xi(\mu, \nu, 0) = \iint E(x_1, y_1, 0) \mathrm{e}^{-\mathrm{j}2\pi(\mu x_1 + \nu y_1)} \mathrm{d}x_1 \mathrm{d}y_1 \tag{5-22}$$

基于亥姆霍兹理论 [278]，图 5-15 中成像平面上的波场可以被表达为

$$E(x, y, z_o) = \iint \xi(\mu, \nu, 0) \mathrm{e}^{\mathrm{j}z_o\sqrt{k^2 - 4\pi^2(\mu^2 + \nu^2)}} \mathrm{circ}(\sqrt{\lambda^2(\mu^2 + \nu^2)}) \mathrm{d}\mu \mathrm{d}\nu \tag{5-23}$$

式中，$\mathrm{circ}(\sqrt{\lambda^2(\mu^2 + \nu^2)})$ 表示满足 $k^2 > 4\pi^2(\mu^2 + \nu^2)$ 条件的同性波；$k = 2\pi/\lambda$ 表示波数。从式中可知，如果 $E(x_1, y_1, 0)$ 已知，$E(x, y, z_o)$ 就可以基于 $\xi(\mu, \nu, 0)$ 的值进行求解。

在成像平面上，最后的光强度分布如公式 (5-24) 所示。

$$I(x, y, z_o) = |E(x, y, z_o)|^2 \tag{5-24}$$

基于公式 (5-24)，可以采用快速傅里叶变换 (FFT) 离散化空间变量和频率变量的方式求解连接 $E(x, y, z_o)$ 与 $E(x_1, y_1, 0)$ 平面波的角谱，以获取成像平面的辐射能分布。

5.3.2 维格纳分布函数

通过引入角谱理论，光线与障碍物之间的角度变动引起的辐射能空间分布值就可以通过空间频率进行描述，它为波动效果的几何绘制提供了条件。根据已有的物理知识，角谱仅仅表示能量的全局分布，并不适用于模拟多次弹射后的衍射效果。但 WDF 可以同时描述辐射能的局部分布和空间频率，即将光的能量分布与光线传播方向联系在一起，从而解决相位推迟后衍射的问题。

类似于针孔衍射，来自点光源的光波是各向同性的 [286,288]，然而来自以该点为中心的有限区域的波会显示出与角度变动相关的一些属性，它们可以用朝不同方向 (空间频率) 传播的光线进行处理。蒙特卡罗方法广泛用于渲染全局光照下的场景，该算法会在对象表面产生一系列离散点。每一个离散点近似模拟一微小区域。如图 5-16 所示，蓝色表示以红色采样点为中心的微小区域。

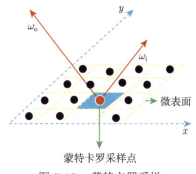

图 5-16 蒙特卡罗采样

如公式 (5-21) 所示，通过一平面的入射光可以被分解为一系列含有特定空间频率的单色平面波，含有特定空间频率的辐射能即是沿某一方向的对应能量。光线追踪器中的 BRDF 可以模拟自微小区域反射或透射的沿各方向辐射的光能量分布，此时相位差已被封装于反射光线中。

考虑一个单位幅值的平面波垂直通过一个矩形孔隙。中心位置为 (m,n) 的孔隙的透射函数为

$$T(x_1,y_1) = \text{rect}\left[(x_1-m)/\Delta m\right] \text{rect}\left[(y_1-n)/\Delta n\right] \tag{5-25}$$

其中，Δm 和 Δn 分别表示孔隙的宽度和高度。基于角谱理论，在成像平面的辐射能密度公式如下：

$$I(m,n,\mu,\nu) = \left\langle |\xi(\mu,\nu)|^2 \right\rangle$$

$$= \iint T(x_1-m, y_1-n) e^{-j2\pi(\mu x_1 + \nu y_1)} \mathrm{d}x_1 \mathrm{d}y_1$$

$$\iint T^*(x_2 - m, y_2 - n) e^{j2\pi(\mu x_2 + \nu y_2)} dx_2 dy_2$$

$$= \iiiint T\left(x_1 + \frac{p}{2} - m, y_1 + \frac{q}{2} - n\right)$$

$$\cdot T^*\left(x_1 - \frac{p}{2} - m, y_1 - \frac{q}{2} - n\right) e^{j2\pi(\mu p + \nu q)} dx_1 dy_1 dp dq \qquad (5\text{-}26)$$

在物理光学领域，一个 2D 复函数的 WDF 被定义为 [277]

$$W_E(x, y, \mu, \nu) = \iint E\left(x + \frac{p}{2}, y + \frac{q}{2}\right) E^*\left(x - \frac{p}{2}, y - \frac{q}{2}\right) e^{-j2\pi(\mu p + \nu q)} dp dq$$

$$(5\text{-}27)$$

式中，$E(x, y)$ 由入射光波和衍射表面透射系数的乘积决定。根据公式 (5-26) 和公式 (5-27)，来自孔隙 $T(x_1, y_1)$ 的辐射能可被进一步表达为

$$I(m, n, \mu, \nu) = \iint W_T(x_1 - m, y_1 - n, \mu, \nu) dx_1 dy_1 \qquad (5\text{-}28)$$

其中，$I(m, n, \mu, \nu)$ 表示从衍射平面某微小区域 (以 (m, n) 为中心) 发射的沿 (μ, ν) 代表的特定角度的辐射能。$W_T(x, y, \mu, \nu)$ 用于描述通过微小区域传播的平面波的辐射能分布。Cuypers 等 [289] 和 Oh 等 [166] 系统总结了使用 WDF 描述一些简单衍射障碍物的计算公式。例如对单缝平面，缝隙表达式为 $\mathrm{rect}(x/A)$，用于光线追踪器的 WDF 如下：

$$2A \wedge \left(\frac{x}{A/2}\right) \mathrm{sinc}\left([2A - 4|x|]\frac{\theta}{\lambda}\right) \qquad (5\text{-}29)$$

式中，A 为缝隙宽度的一半。如果 $|x| \leqslant 1$，则 $\wedge(x) = 1 - |x|$，否则 $\wedge(x) = 0$；如果 $|x| \leqslant A$，则 $\mathrm{rect}(x/A) = 1$。

对双缝平面，缝隙表达式为 $\mathrm{rect}((x - a)/A) + \mathrm{rect}((x + a)/A)$，用于光线追踪器的 WDF 如下：

$$2A \wedge \left(\frac{x - a}{A/2}\right) \mathrm{sinc}\left([2A - 4|x - a|]\frac{\theta}{\lambda}\right)$$

$$+ 2A \wedge \left(\frac{x + a}{A/2}\right) \mathrm{sinc}\left([2A - 4|x + a|]\frac{\theta}{\lambda}\right)$$

$$+ 2A \wedge \left(\frac{x}{A/2}\right) \mathrm{sinc}\left([2A - 4|x|]\frac{\theta}{\lambda}\right) \cos\left(\frac{2\pi}{\lambda}\theta(2a)\right) \qquad (5\text{-}30)$$

在自然场景中，波动现象经常起源于光和具有波长级微观结构的物体如光盘或光栅等的交互作用，而这一交互可以通过 BRDF 进行模拟，下面将基于公式 (5-28) 给出适用于光线追踪器的维格纳衍射模型。

5.3.3　与光线追踪器集成

在光线追踪器中使用波动理论渲染多次反弹后的衍射效果的关键在于，描述含有波长级微观结构的孔隙或障碍物如何改变或调制波的幅值和相位信息。BRDF本质上是将波的幅值变动封装进反射光线中以表示不同辐射能量，但它忽略了与衍射相关的相位信息。

参考公式 (5-27) 和公式 (5-28)，在波动光学中 WDF 类似于几何光学中的光线理论，其等价于某种形式的双向反射模型。因此，根据 WDF 的物理机制，它可以很容易与光线追踪器融合，并通过推迟相位计算，模拟反射后的衍射现象，产生现实中光从光盘反射到墙面的真实场景，这一特性弥补了微表面衍射模型功能的不足，使衍射光学效果绘制系统更具可拓展性。

假设一单色平面波传播通过一正弦相位光栅，根据 WDF 的定义[286]，可将其与 BRDF 相结合，获得可应用于光线追踪器的另一衍射产生式：

$$
\mathrm{BRDF}_\lambda = W\left(x, \frac{\sin\theta}{\lambda}\right) = W(x,\mu) = \int \varphi\left(x + \frac{x'}{2}\right) \varphi^*\left(x - \frac{x'}{2}\right) \mathrm{e}^{-\mathrm{i}\mu x'} \mathrm{d}x'
$$

$$(5\text{-}31)$$

其中，$\varphi(x)$ 表示微表面的振幅透射比；$\varphi(x + x'/2)\varphi^*(x - x'/2)$ 表示微表面相关函数；θ 表示反射光线与微表面法线的夹角。

5.3.4　绘制实例

这里通过在光线追踪器 PBRT 中构造新的材质插件将 WDF 融入光渲染方程中，实现了 WDFDR 算法。图 5-17 左图显示了一束平行光传播通过双缝发生衍射的几何模拟图，右图显示了在成像平面由平面波通过双缝衍射所生成的 WDF空间分布光谱值，其中红色表示正值，绿色表示负值。由于 WDF 的光谱值含有负值，而光线追踪器中光子映射算法允许负值存在，因此可以充分利用现有光线追踪器的能力构造推迟相位的 BRDF(即公式 (5-31))，逼真地模拟光反弹后的衍射效果，如图 5-18 所示。

在波动光学领域，角谱理论仅仅表达了能量的全局分布，而 WDFDR 算法实现了借助光线追踪描述能量局部特性的功能，并绘制了相应的衍射结果 (图 5-18墙面上的衍射效果)。图中光线通过光盘微观结构的作用反射到墙面之后，会将衍射效果清晰地呈现。这一现象的本质是着色模型推迟了相位计算，使光线之间的相干干涉在下一次光与表面交互时才呈现。

尽管 Cuypers 等[289] 和 Oh 等[166] 直接将物理光学中的 WDF 应用于衍射绘制领域，但他们并没有深入地解释维格纳绘制方法的机制和不足。在全局光照下，WDF 并不能绘制来自表面的即时衍射效果。这里将 WDF 与前面描述的光盘衍射模型相结合，获取了不同光照下的光盘表面的即时衍射效果，如图 5-18 光盘表面的彩色现象所示。

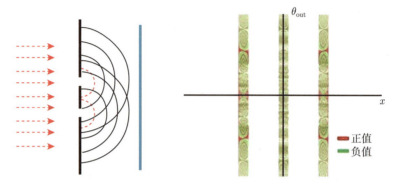

图 5-17　平行光通过双缝发生衍射及生成的 WDF 空间分布光谱值

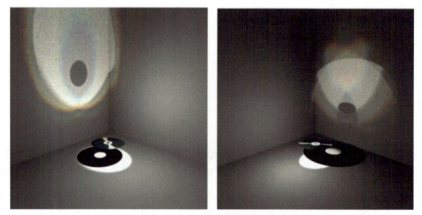

图 5-18　WDFDR 算法绘制结果

5.4　本　章　小　结

衍射是一种自然物理现象，在计算机渲染的图像中加入衍射效果，可以增强图像的真实感。本章结合几何光学与波动光学理论，介绍了几种衍射效果绘制算法。

(1) 针对传统光线追踪器缺乏对光波相位有效描述的问题，介绍了一种基于基尔霍夫波动方程的衍射效果绘制方法。该方法融合了现有衍射绘制模型的特点，并结合特定材质的可变菲涅耳系数以增强衍射效果，并考虑微表面对光子的吸收、遮挡、再反射等交互场景，以扩展高度场微表面的适用范围；采用蒙特卡罗采样理论求解波动方程积分式，辅以几何光线追踪理论，求取微表面辐射度空间分布，降低计算复杂度；以光的波动方程为基础，构建可应用于光线追踪器的 BRDF 衍射绘制模型,可有效地模拟波的相位与幅值信息,以绘制出较为逼真的衍射效果。

(2) 为进一步提高具有规则周期性微观结构物体的衍射效果描述能力,介绍了一种基于惠更斯–菲涅耳原理的光栅衍射效果绘制方法。该方法不需预先获取场景和衍射表面轮廓的细节信息,直接应用光栅方程判定特定方向起主要作用的波长,并构造可应用于 BRDF 的连续函数,以模拟来自光栅的透射或反射光生成的波动效果。

(3) 针对由相位推迟计算而使多次反弹的衍射效果真实感绘制较难的问题,介绍了一种基于 WDF 的衍射效果绘制方法。该方法基于 WDF 在空域和频域的光波描述能力,推导适用于光线追踪器的维格纳衍射模型;利用 WDF 的光谱值含有负系数和光线追踪器中光子映射算法允许负值的特点,构造推迟相位的 BRDF,逼真地模拟多次反弹后的衍射效果。

第 6 章　光学干涉效果绘制

第 5 章有关光学衍射效果的绘制方法仅仅是波动光学效果绘制领域的一部分，作为结构色的另一代表，干涉效果在计算机图形学中也是研究者们关注的热点之一。现有的光学干涉模型都是针对某类特定的对象，不能用于绘制涉及不同类型的光学干涉现象，而且它们对光的多次反射、透射和吸收等复杂现象往往作简化处理，对物体表面粗糙的微观结构所引起的各向同性和各向异性等光学效应也缺乏考虑。本章针对现有方法的不足，以自然界常见的多层薄膜干涉现象为例，讨论光学干涉效果绘制问题。

6.1　基于多光束方程的多层薄膜干涉效果绘制

作为自然界波动光学效果的经典代表，薄膜干涉效果在计算机图形学领域获得了高度关注。Gondek 等 [176] 使用基于波长的双向反射比分布函数和虚拟角镜分光光度计生成了薄膜和珍珠材质的反射光谱值。Hirayama 等 [178] 构造了一系列多层薄膜模型。Sun[179] 结合分析计算和数值仿真提出了一种彩色着色方法，可以绘制具有多层薄膜结构的彩色外貌。这些方法能近似地描述薄膜的波动属性，但很少考虑粗糙表面的微观结构，并且用于金属材质的菲涅耳方程求解需要高昂的计算代价。

为了有效地绘制不同薄膜材质的光学现象，这里介绍一种基于多光束干涉方程的着色 (multiple-beam interference formula based shading, MIFS) 模型 [290]。该模型利用多光束干涉方程解释光在多层薄膜内部的多次反射、折射和吸收；引入面向导体的菲涅耳系数，以绘制有复杂折射度并影响光子吸收的多层金属薄膜；将微表面散射因子融入彩色着色模型中，以仿真光与含有不同粗糙度表面的交互作用，可以有效描述材质表面的各向同性与各向异性特征。

6.1.1　相干干涉条件

薄膜干涉最显著的特性之一就是反射波具有选择性，即在特定的方向、特定的波长起决定作用。在真实感绘制过程中，这一现象即等同于不同的反射角度，对象会呈现不同的光学效果，也就是产生色散效应。

考虑一个单层薄膜如图 6-1(a) 所示，其厚度为 h，折射度为 n_1，两边介质的折射度分别为 n_0 和 n_2，平面波以入射角 θ_0 入射到薄膜表面并发生一系列反射与折射，其中折射角为 θ_1。在薄膜两外表面，经过多次反射或透射的光会发生相干干涉，从而产生彩色效果。

相对于反射光，波长为 λ 的光的干涉条件如公式 (6-1) 所示。

$$2n_1h\cos\theta_1 = m\lambda \tag{6-1}$$

式中，如果薄膜下表面相邻的介质为空气，即 $n_0 = n_2$，则经薄膜多次反射的光会在 m 为 1/2 奇数倍条件下发生相干干涉；但当薄膜下表面相邻的介质有更高折射度时，反射光会在 m 为整数时发生相干干涉[180]。

当薄膜层数增加时，光在多层薄膜内部的多次反射、透射也会更加复杂，相应的数值求解方法则需要利用迭代方程进行计算。这里专注于相干干涉条件，并以两层薄膜为例说明 (图 6-1(b))。

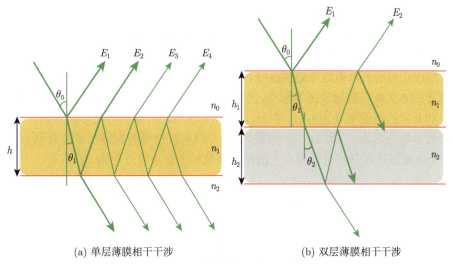

(a) 单层薄膜相干干涉　　　　　　　　　　　(b) 双层薄膜相干干涉

图 6-1　光与薄膜交互作用示意图

当 $n_1 > n_2$ 时，相干干涉条件被定义为

$$2(n_1h_1\cos\theta_1 + n_2h_2\cos\theta_2) = m\lambda \tag{6-2}$$

当 $n_1 < n_2$ 时，相干干涉条件被定义为

$$2n_1h_1\cos\theta_1 = \left(m + \frac{1}{2}\right)\lambda \tag{6-3}$$

由公式 (6-1) ~ 公式 (6-3) 可知，当入射角增加时，具有最大反射比的波长会向更短的波长连续地变化，在人眼视觉上等效于颜色随着观察视角变化。例如，

蝴蝶表面随着观察角度的增大，颜色会由蓝变紫。因此与角度和波长相关的结构色 (干涉) 特性可以使用薄膜理论很好地描述。

6.1.2　多层薄膜干涉

在薄膜干涉中，通常仅考虑单层薄膜的每条光束的单次反射，然而光在多层薄膜内部会发生多次反射，这需要通过数值方法进行求解。研究者针对这一问题提出了多种薄膜干涉模型[292]。

当光与薄膜交互时，既有从薄膜表面直接反射到视点的光，也有经过薄膜表面折射，在底层表面多次反射再折射到视点的光。在一玻璃片的光滑表面上涂镀一层折射率和厚度都均匀的透明介质薄膜，当光束入射到薄膜上时，将在薄膜内产生多次反射，在薄膜的两表面形成一系列的互相平行的光束射出，这些光束会相互叠加形成干涉。若点光源是单色光，则到达视点的光是相干的，结果在反射成像平面上会显示一组同心圆环状亮暗条纹。当点光源是白光时，会看到一组彩色条纹。为了有效地计算多层薄膜在反射光方向和透射光方向产生的干涉，需要考虑多光束效应。

MIFS 利用多光束原理处理这些光束，以了解薄膜对光的反射和透射性质[273]。考虑如图 6-2 所示的两层薄膜结构，设薄膜的厚度为 H，折射度为 n_1，薄膜两边的空气和基片的折射率分别为 n_0 和 n_2。设光从空气进入薄膜时在界面上的反射系数和透射系数分别为 r_1 和 t_1，而从薄膜进入空气时反射系数和透射系数分别为 r_1' 和 t_1'，光从薄膜进入基片时在界面上的反射系数和透射系数分别为 r_2 和 t_2。

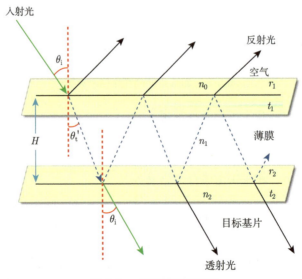

图 6-2　多层薄膜干涉图

假设入射光为单位幅值的单色光，则从薄膜表面反射的光如下：

$$R = E_1^{(\mathrm{r})} + E_2^{(\mathrm{r})} + E_3^{(\mathrm{r})} + E_4^{(\mathrm{r})} + \cdots \tag{6-4}$$

式中，反射光 E 的分析性数值表达式如下：

$$\begin{cases} E_1^{(\mathrm{r})} = r_1 \\ E_2^{(\mathrm{r})} = t_1 t_1' r_2 \mathrm{e}^{\mathrm{i}\delta} \\ E_3^{(\mathrm{r})} = t_1 t_1' r_2 (r_1' r_2) \mathrm{e}^{\mathrm{i}2\delta} \\ E_4^{(\mathrm{r})} = t_1 t_1' r_2 (r_1' r_2)^2 \mathrm{e}^{\mathrm{i}3\delta} \\ \cdots \end{cases} \tag{6-5}$$

将公式 (6-5) 代入公式 (6-4) 中，通过数值演算，可以求得通过单层薄膜的近似反射比：

$$\bar{r} = r_1 + \sum_{m=0}^{\infty} t_1 r_2 t_1' (r_1' r_2)^m \mathrm{e}^{\mathrm{i}\delta(m+1)} \approx \frac{r_1 + r_2 \mathrm{e}^{\mathrm{i}\delta}}{1 + r_1 r_2 \mathrm{e}^{\mathrm{i}\delta}} \tag{6-6}$$

同理，对透射光进行数值推导，可获得单层薄膜的透射比近似值：

$$\bar{t} = \frac{t_1 + t_2}{1 + r_1 r_2 \mathrm{e}^{\mathrm{i}\delta}} \tag{6-7}$$

公式 (6-8) 定义了 δ 产生式，它表示光在薄膜内部反射产生的相继两光束光程差所引起的位相差。

$$\delta = \frac{4\pi}{\lambda} n H \cos\theta_{\mathrm{t}}' \tag{6-8}$$

其中，θ_{t}' 是光束在薄膜中的折射角。对于层数 $M \geqslant 2$ 的薄膜系统，可以采用等效分界面的概念进行处理。从与基片相邻的第 M 层开始，用一个等效分界面来代替它，其反射系数和透射系数分别如公式 (6-9) 和公式 (6-10) 所示。

$$\bar{r}_M = \frac{r_M + r_{M+1} \mathrm{e}^{\mathrm{i}\delta_M}}{1 + r_M r_{M+1} \mathrm{e}^{\mathrm{i}\delta_M}} \tag{6-9}$$

$$\bar{t}_M = \frac{t_M t_{M+1}}{1 + r_M r_{M+1} \mathrm{e}^{\mathrm{i}\delta_M}} \tag{6-10}$$

其中，δ_M 由公式 (6-11) 给出。

$$\delta_M = \frac{4\pi}{\lambda} n_M H_M \cos\theta_M \tag{6-11}$$

再把第 $M-1$ 层膜加进去，求出反射系数和透射系数，分别如公式 (6-12) 和公式 (6-13) 所示。

$$\bar{r}_{M-1} = \frac{r_{M-1} + \bar{r}_M \mathrm{e}^{\mathrm{i}\delta_{M-1}}}{1 + r_{M-1}\bar{r}_M \mathrm{e}^{\mathrm{i}\delta_{M-1}}} \tag{6-12}$$

$$\bar{t}_{M-1} = \frac{t_{M-1}\bar{t}_M \mathrm{e}^{\mathrm{i}\delta_{M-1}}}{1 + r_{M-1}\bar{r}_M \mathrm{e}^{\mathrm{i}\delta_{M-1}}} \tag{6-13}$$

其中，δ_{M-1} 由公式 (6-14) 给出。

$$\delta_{M-1} = \frac{4\pi}{\lambda} n_{M-1} H_{M-1} \cos\theta_{M-1} \tag{6-14}$$

此计算过程一直重复到与空气相邻的第一层，最终可求得整个膜系的反射系数和透射系数。

6.1.3　介质属性建模

1. 绝缘体散射

当光通过绝缘体薄膜传播时，它的行为可以用完美的镜面反射和透射近似描述 (图 6-3)。这里不考虑光子吸收情况，并且在薄膜内部透射光的方向遵从折射定律，即满足

$$\eta_{\mathrm{i}} \sin\theta_{\mathrm{i}} = \eta_{\mathrm{t}} \sin\theta_{\mathrm{t}} \tag{6-15}$$

式中，η_{i} 和 η_{t} 分别表示入射和透射介质的折射度；θ_{i} 和 θ_{t} 分别表示入射光和透射光与表面法线的夹角。

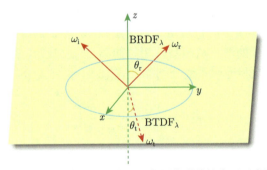

图 6-3　在光线追踪器中光和多层薄膜结构交互示意图

为了求解多层薄膜结构的混合反射比和透射比，需要计算每一单层的反射比和透射比。这里菲涅耳公式确定反射或透射光的数量。对 s 波和 p 波，已知的绝缘体菲涅耳公式采用公式 (6-16) 近似。

$$\begin{cases} r_{\mathrm{s}} = \dfrac{\eta_{\mathrm{i}}\cos\theta_{\mathrm{i}} - \eta_{\mathrm{t}}\cos\theta_{\mathrm{t}}}{\eta_{\mathrm{i}}\cos\theta_{\mathrm{i}} + \eta_{\mathrm{t}}\cos\theta_{\mathrm{t}}} \\[2mm] r_{\mathrm{p}} = \dfrac{\eta_{\mathrm{t}}\cos\theta_{\mathrm{i}} - \eta_{\mathrm{i}}\cos\theta_{\mathrm{t}}}{\eta_{\mathrm{t}}\cos\theta_{\mathrm{i}} + \eta_{\mathrm{i}}\cos\theta_{\mathrm{t}}} \\[2mm] t_{\mathrm{s}} = \dfrac{2\eta_{\mathrm{i}}\cos\theta_{\mathrm{i}}}{\eta_{\mathrm{i}}\cos\theta_{\mathrm{i}} + \eta_{\mathrm{t}}\cos\theta_{\mathrm{t}}} \\[2mm] t_{\mathrm{p}} = \dfrac{2\eta_{\mathrm{i}}\cos\theta_{\mathrm{i}}}{\eta_{\mathrm{i}}\cos\theta_{\mathrm{t}} + \eta_{\mathrm{t}}\cos\theta_{\mathrm{i}}} \end{cases} \tag{6-16}$$

其中，r_{s} 和 t_{s} 表示对 s 偏振光的菲涅耳系数；t_{s} 和 t_{p} 表示对 p 偏振光的菲涅耳系数；透射角 θ_{t} 满足公式 (6-15)。

在光线渲染器中，菲涅耳反射率和透射率是相对 s 波和 p 波的反射和透射系数平方的均值。因此，对 M 层薄膜结构，反射率定义如下：

$$R_{\mathrm{Fresnel}} = \frac{1}{2}(\bar{r}_{\mathrm{s}}^2 + \bar{r}_{\mathrm{p}}^2) \tag{6-17}$$

相应的透射率被定义如下：

$$T_{\mathrm{Fresnel}} = \frac{1}{2}(\bar{t}_{\mathrm{p}}^2 + \bar{t}_{\mathrm{s}}^2) \tag{6-18}$$

公式 (6-17) 和公式 (6-18) 中，$\bar{r}$ 和 $\bar{t}$ 是基于公式 (6-9) ∼ 公式 (6-13) 所计算的混合反射比和透射比。

图 6-4 显示了使用本节光学干涉模型绘制的薄膜结构干涉效果。玻璃和绝缘体的折射度分别被设为 1.5 和 2.0。由于存在镜面材质，它会对照射到表面的光进行镜面反射，因此，左图所示的薄膜产生的干涉光学效果会通过透射进一步呈现在镜面上，如右图所示。

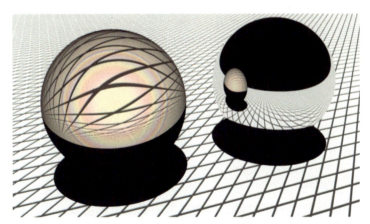

图 6-4　由含有 400nm 绝缘体薄膜的玻璃材质 (左) 和镜面材质 (右) 构成的球干涉绘制效果

2. 金属波动系数

6.1.2 节所构造的干涉模型能有效地模拟具有绝缘体薄膜结构的干涉效果，但当涉及金属薄膜时，需要将光子吸收纳入干涉方程中。由于存在复折射度，已有的多层薄膜模型中面向导体的递归方程非常复杂，则通常采用近似方程以简化计算过程。简化计算一般仅考虑导体的折射度 η 和吸收系数 k 的影响。导体的折射度和吸收系数会随着波长的改变而改变。图 6-5 显示了波长敏感的金和铜材质的折射度与吸收系数的变化曲线。从图中可以看出，材质吸收系数与波长近似成正比，而折射度与波长近似成反比。

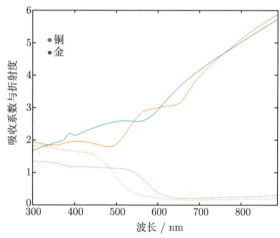

图 6-5　金和铜的吸收系数 (实线) 和折射度 (虚线) 与波长关系示意图

为了简化计算，这里采用面向导体的近似的菲涅耳方程求解，如公式 (6-19) 和公式 (6-20) 所示。

$$r_\parallel^2 = \frac{(k_\lambda^2 + \eta_\lambda^2)\cos\omega_i^2 - 2\eta_\lambda\cos\omega_i + 1}{(k_\lambda^2 + \eta_\lambda^2)\cos\omega_i^2 + 2\eta_\lambda\cos\omega_i + 1} \tag{6-19}$$

$$r_\perp^2 = \frac{(k_\lambda^2 + \eta_\lambda^2) - 2\eta_\lambda\cos\omega_i + \cos\omega_i^2}{(k_\lambda^2 + \eta_\lambda^2) + 2\eta_\lambda\cos\omega_i + \cos\omega_i^2} \tag{6-20}$$

图 6-6 显示了使用金属薄膜方程所模拟的干涉效果，其中基底绝缘体折射度被设为 1.5。从图中可以看出，光透过金属薄膜时会被完全吸收，而在金和铜表面会显示出类似彩虹状的圆环。

3. 粗糙表面散射

当如大闪蝶这样具有多层薄膜结构对象的表面粗糙度较高时，它的彩色现象不能简单地使用多光束干涉原理进行解释，它是表面结构几何无规则性与多层薄

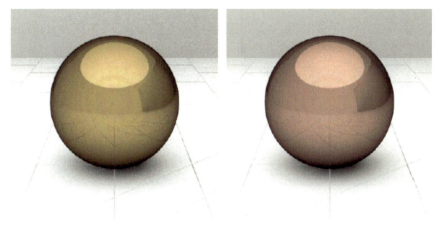

图 6-6　由金薄膜材质 (左) 和铜薄膜材质 (右) 构成的绝缘体渲染效果

膜干涉共同作用的结果，即散射、衍射、干涉共同影响的效果 [192,291]。为了绘制这种复杂的效果，研究者提出了多个基于几何光学的 BRDF 模型 [31,145,146,153]，它们将复杂结构表面看作完美平滑的镜面微面元的集合，光受粗糙表面元之间的相互阻挡、遮蔽及自反射等引起的空间不均匀分布可以采用概率函数统计性地模拟，然而它们很少考虑光的波动特性。例如，Torrance 和 Sparrow[145] 提出的微表面模型可以较好地模拟金属表面的光学效果，但不能绘制多层薄膜的彩色现象。

　　为解决这一问题，MIFS 将微表面散射因子融入波动 BSDF 光照方程中 (公式 (6-21))，以有效地描述局部光照效果。这样，将多层薄膜生成的干涉和表面无规则几何结构生成的散射统一到同一框架中。

$$\text{BSDF}_\lambda = c_a I_{\text{diffuse}} + c_b \frac{D_{\text{facet}} F_{\text{Fresnel}} G(\omega_o, \omega_i)}{4 \cos\theta_o \cos\theta_i} \tag{6-21}$$

式中，I_{diffuse} 表示由表面无规则性而导致的漫散射光谱值；$G(\omega_o, \omega_i)$ 是一个几何衰减项；F_{Fresnel} 由公式 (6-17) 和公式 (6-18) 决定；c_a 和 c_b 用于对反射光谱项进行加权，其设置与 Sun[179] 方法类似。当薄膜反射比应用于微表面模型时，公式 (6-8) 中的角度 θ 变成入射光方向与半角向量之间的夹角。针对微表面各向同性分布，这里采用 Blinn[146] 的着色器。其中含有半角向量 ω_h，表面法线 n 和指数 e，即 $D_{\text{facet}} = (\omega_h \cdot n)^e$。对于微表面各向异性分布，可采用 Ashikhmin 和 Shirley[153] 的着色器，即 $D_{\text{facet}} = \sqrt{(e_x+2)(e_y+2)}(\omega_h \cdot n)^{e_x \cos^2\phi + e_y \sin^2\phi}/(2\pi)$。

　　图 6-7 显示了使用所提出的波动模型绘制的袋鼠干涉渲染结果，其中采用了 Blinn 各向同性着色器，指数 e 被设为 0.1。从图中可以看出，薄膜厚度影响最终的彩色效果。

(a) 薄膜厚度：100nm

(b) 薄膜厚度：300nm

(c) 薄膜厚度：400nm

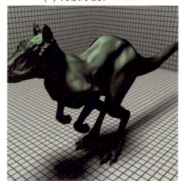

(d) 薄膜厚度：500nm

图 6-7　涂有不同厚度薄膜的袋鼠 3D 模型干涉绘制结果示意图

4. Gamma 校正

传统的光线追踪器尽管能有效地绘制复杂场景的几何效果，也能通过集成相关波动模型渲染衍射和干涉现象。但在所生成的图像中，像素值与它们在人类视觉系统中表示的辐射度之间存有非线性关系，即相同比例的像素所表示的辐射值比例不同。在计算机图形学中通常需要采用适当的方法进行颜色校正。一般的方法是应用 Gamma 校正方法进行近似 [293,294]，一种常用的校正函数是含有指数 I_{Gamma} 的强度曲线 (公式 (6-22))。由于模拟干涉效果生成的像素值可能会溢出有效范围，这里采用 Smits 和 Meyer[173] 的剪切方法，它含有固定的亮度和色调。

$$I_{\text{des}} = \text{powf}(I_{\text{scale}}, I_{\text{src}}, I_{\text{Gamma}}) \tag{6-22}$$

式中，I_{scale} 是用于缩放整体尺度的常量；I_{src} 表示原始像素值；I_{des} 表示所计算的目标值；I_{Gamma} 取值范围在 1.0~2.0。

当光从高折射度薄膜传播入低折射度薄膜时，将发生全内反射，其中反射值被设为常量 1。当光从表面离开时公式 (6-16)、公式 (6-19) 和公式 (6-20) 中入射和透射介质的折射度需要被互换。同时，由 BRDF 和 BTDF 构成的 BSDF 散射系数遵从能量守恒定律，如公式 (6-23) 所示。

$$\int_{H^2(\boldsymbol{n})} \mathrm{BRDF_r}(p, \omega_\mathrm{o}, \omega_\mathrm{ir})|\cos\theta|\mathrm{d}\omega_\mathrm{ir}$$
$$+ \int_{H^2(\boldsymbol{n})} \mathrm{BTDF_r}(p, \omega_\mathrm{o}, \omega_\mathrm{it})|\cos\theta|\mathrm{d}\omega_\mathrm{it} \leqslant 1 \tag{6-23}$$

6.1.4 干涉渲染方程

具有多层薄膜结构的对象与光波的交互作用可以通过上述 BSDF 干涉模型予以描述。波长为 λ 的光干涉方程如下：

$$L_\mathrm{o}(p, \omega_\mathrm{o}, \lambda) = L_\mathrm{e}(p, \omega_\mathrm{o}, \lambda) + \int_{\delta^2} \mathrm{BSDF}_\lambda(p, \omega_\mathrm{i}, \omega_\mathrm{o}) \cdot L_\mathrm{i}(p, \omega_\mathrm{i}, \lambda)|\cos\theta|\mathrm{d}\omega_\mathrm{i} \tag{6-24}$$

式中，$L_\mathrm{o}(p, \omega_\mathrm{o}, \lambda)$ 表示从微表面 P 点到视点的反射光能；$L_\mathrm{e}(p, \omega_\mathrm{o}, \lambda)$ 表示在 P 点微表面自发光的能量；$L_\mathrm{i}(p, \omega_\mathrm{i}, \lambda)$ 表示到达 P 点的入射光能，它由入射光能方程即公式 (5-1) 来计算；$\mathrm{BSDF}_\lambda(p, \omega_\mathrm{i}, \omega_\mathrm{o})$ 表示所获得的多层薄膜干涉光谱比值。

MIFS 将上述干涉方程加入渲染器中，就可借助光线理论绘制干涉效果。具体绘制步骤如下所述。

(1) 根据光学和电子显微镜测量结果，预先设计好多层 (或单层) 薄膜结构的数据信息 (包括薄膜折射率、厚度和薄膜层数等)，构建可被光线追踪器 PBRT 识别的场景描述文件。

(2) 通过渲染引擎加载薄膜预定义信息，并通过解析场景描述文件，生成场景及渲染器类实例；渲染器控制相机，利用采样器遍历成像平面的采样点，并将每一点转换为从胶平面进入场景的光线。

(3) 依次对生成的光线进行逆向递归追踪，开启主渲染循环。计算光线与场景物体的第一个交点 (不被其他物体所遮挡)，并调用对象材质的 GetBSDF( ) 方法，取得对象相应材质的 BSDF，获取描述光在表面散射 (反射或透射) 的光谱分布。

(4) 光线追踪器利用已构造的薄膜干涉材质，获取光线与特定干涉对象交点处的反射或透射辐射能，其中透射方向均遵从折射定律；渲染器将采样点及相应的辐射能一并传给胶平面，它将光能值存储在待生成的图像上。

(5) 重复第 (3)、(4) 步，直到采样器提供了尽可能多的样本生成最终图像为止，循环结束。

6.1.5   绘制实例与分析

通过在 PBRT 光线追踪器中创建新的材质插件，实现了 MIFS 模型，以绘制具有多层薄膜结构对象的干涉效果。所有绘制实例均在 Intel Xeon CPU E5-2609、16GB 内存、1GB 显存 NVIDIA GeForce GTX480 显卡的环境下完成。实例所用光谱为可见光 (350～730nm)，光源方向为远距离平行光，光线追踪最大递归深度为 5，每像素采样点数为 32。这里通过基于物理的薄膜绘制实例证明所给模型的有效性，并通过绘制参数的调整说明，如何应用着色模型可视化更丰富的涂有金属或绝缘体薄膜对象的干涉效果。

图 6-8 左侧显示了在一玻璃球上的单层绝缘体薄膜因多光束干涉而生成的光学现象，其中玻璃和绝缘体的折射度分别被设为 1.5 和 2.0。薄膜球会产生清晰的彩色圆环，并透过光线反射过程映射到周围环境中。由于镜面材质会引起光的镜面反射，它会将带有相位信息的光线直接反射到相机成像平面，图 6-8 右侧显示了这一清晰的色散场景。与图 6-4 相比，随着薄膜厚度的增加，整体的波动颜色会向红色偏移，这也与实际物理观察结果一致。类似于光透过三棱镜产生色散效应，图 6-4 和图 6-8 绘制了透射光在涂有薄膜的玻璃内部交互产生的干涉效果，由于光反射对彩色效果的贡献较少，在绘制过程中予以省略。

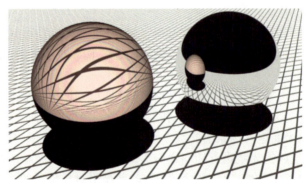

图 6-8   含有 600nm 绝缘体薄膜的玻璃球 (左) 和完美镜面反射材质球 (右) 的绘制结果

图 6-9 为利用干涉模型绘制全局光照下含有不同薄膜厚度的不透明对象的结果。基底和绝缘体的折射度分别被设为 1.5 和 1.25。绘制过程考虑了球体各向异性，并采用 Ashikhmin 着色器模拟微表面的不规则性，其中 $(e_x, e_y) = (4, 10)$。图 6-10 显示了与入射角和波长相关的反射比光谱分布图。从图 6-10 可以看出，反射光在靠近表面法线方向时具有最大反射比，并随着角度的偏移，反射比也会越来越小。由 BRDF 光谱分布图也可看出，图 6-9 中薄膜的最大反射比介于 0.3～0.5，这也与实际物理实验结果一致，从侧面进一步证明了 MIFS 模型的正确性。

(a) 薄膜厚度为100nm   (b) 薄膜厚度为500nm   (c) 薄膜厚度为1000nm

图 6-9 涂有不同厚度的单层绝缘体薄膜的球的各向异性干涉绘制结果

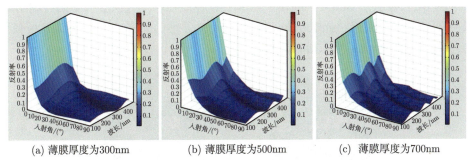

(a) 薄膜厚度为300nm   (b) 薄膜厚度为500nm   (c) 薄膜厚度为700nm

图 6-10 含有不同厚度的单层绝缘体薄膜的球的 BRDF 光谱分布图

图 6-11 显示了含有 500nm 绝缘体薄膜的不透明对象各向同性与各向异性干涉绘制结果。MIFS 干涉模型以 Blinn 各向同性与 Ashikhmin 各向异性函数为基础，可以反映对象表面粗糙度和各向异性对干涉效果的影响。另外，MIFS 模型可以直接用于绘制生物体彩色 (见 6.2 节)。

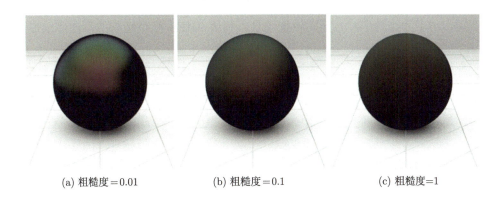

(a) 粗糙度＝0.01   (b) 粗糙度＝0.1   (c) 粗糙度＝1

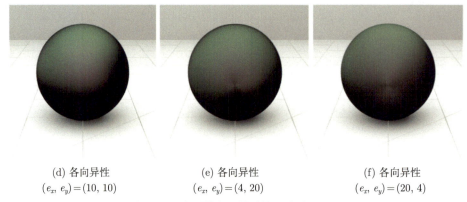

(d) 各向异性　　　　　　　　(e) 各向异性　　　　　　　　(f) 各向异性
$(e_x, e_y) = (10, 10)$　　　　　　$(e_x, e_y) = (4, 20)$　　　　　　$(e_x, e_y) = (20, 4)$

图 6-11　　应用微表面模型的干涉效果绘制

图 6-12 显示了 Sun[179] 的模型与 MIFS 模型在相同光照条件下的绘制结果，其中 MIFS 模型应用 Ashikhmin 函数生成各向异性的光谱分布代替 Sun 所使用的各向同性的 Phong 镜面指数分布。

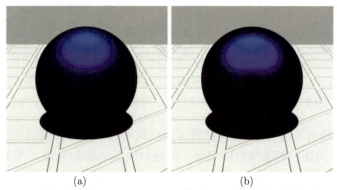

(a)　　　　　　　　　　　　　　　(b)

图 6-12　　基于 Sun 的蝴蝶着色器 (a) 和 MIFS 模型 (b) 绘制的含有类似蝴蝶翅膀结构球的干涉效果

图 6-13 为在兔子、茶壶和佛像场景，利用 MIFS 模型绘制的不同薄膜厚度

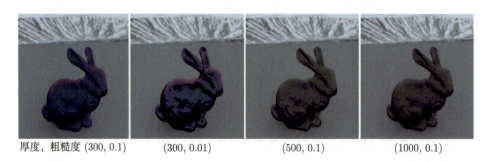

厚度，粗糙度 (300, 0.1)　　　　(300, 0.01)　　　　　(500, 0.1)　　　　　(1000, 0.1)

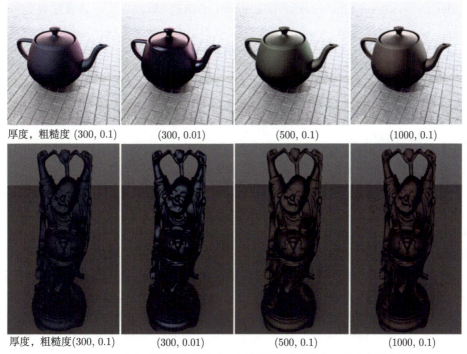

厚度，粗糙度 (300, 0.1)　　(300, 0.01)　　(500, 0.1)　　(1000, 0.1)

厚度，粗糙度(300, 0.1)　　(300, 0.01)　　(500, 0.1)　　(1000, 0.1)

图 6-13　含有不同薄膜厚度和表面粗糙度的对象的干涉绘制效果

和微表面粗糙度材质的干涉效果。从图中可以看出，薄膜厚度直接影响对象的彩色光谱，而表面粗糙度会对色调饱和度产生直接影响。

6.2　基于薄膜干涉模型的蝴蝶翅膀彩色效果绘制

蝴蝶翅膀的彩色是由光和具有多层薄膜结构特性的翅膀脊突结构发生干涉导致的，它是结构色的一种重要表现类型，由蝴蝶翅膀反射表面亚波长尺寸的微观结构决定。这类物理结构在昆虫、鸟和鱼等生物体中广泛存在。生物学对蝴蝶翅膀表面微观结构开展了大量研究，给出了蝴蝶表面完整的光学属性测量值。在计算机图形学领域，由于缺少对相位信息的有效描述，常见的光线追踪器难以绘制高真实感的蝴蝶彩色效果。为克服这一问题，研究人员提出了一些基于物理的波动着色模型，例如，Kinoshita 等[143] 给出了一种含有无规则高度的间隔薄层光栅模型以模拟蝴蝶的彩色光学效果；Sun[179] 也提出了一种简化的蝴蝶光谱模型。然而，这些模型不能描述由脊突微观结构粗糙度引起的蝴蝶表面各向异性和后向散射现象。

本节介绍一种基于薄膜干涉模型的蝴蝶彩色效果绘制 (butterfly iridescence

rendering based on film interference model, BIRFI) 算法 [295]。该算法首先分析蝴蝶生物体结构并构造 3D 渲染模型，然后利用多层薄膜干涉技术构造干涉效果渲染方程，其中通过菲涅耳公式和微表面散射因子来解释光子反射、透射和吸收及微表面粗糙结构引起的各向异性。最后将该模型集成到光线追踪渲染器中，通过应用 XYZ 颜色空间进行光谱建模，并将相位信息封装到反射光线中实现蝴蝶彩色真实感绘制。

6.2.1   蝴蝶翅膀模型

在生物学领域，研究者们借助于光学显微镜和电子显微镜对蝴蝶翅膀微观结构开展了大量研究 [143,144,180]。本节以具有结构性彩色的雄性大闪蝶 (rhetenor) 为研究对象。根据已知的测量结果，该蝴蝶翅膀表面覆盖着一层大小为 $100\mu m$ 的鳞片，它们以屋顶铺瓦的形式排列。每一个鳞片表面有一组规律排列的脊状结构，类似于一个衍射光栅 (图 6-14)。图 6-14(a) 为一个具有代表性的大闪蝶图像 [192]，图 (b) 是在光学显微镜下观察到的蝴蝶鳞片结构 [180]，图 (c) 则是利用电子显微镜观察到的单个鳞片的横切面微观结构，它由一组类似树状形态的多层脊突结构构成 [296]。这些脊突由角质层和空气交替排列，它们的厚度近似为 50~150nm，相对于可见光谱，角质层的折射度近似为 1.56。同时每个鳞片的最底层可能有一些散布的色素，在实验中它们由散射光谱值取代进而被忽略。

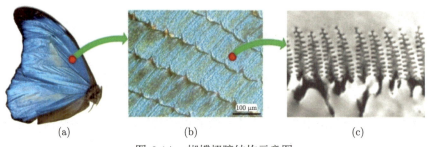

(a)   (b)   (c)

图 6-14   蝴蝶翅膀结构示意图

根据图 6-14(c) 的结构示意图可以构造出大闪蝶鳞片横截面脊突几何模型 (图 6-15)。脊突有近似的树形形态，它们具有由角质层和空气错列排布组成的多层结构，这说明蝴蝶的彩色效果可以用多层薄膜理论进行解释。光与蝴蝶表面交互时，有从脊突结构直接反射到视点的光，也有经过脊突角质层多次反射和折射后再反射到视点的光。这些光束会相互叠加形成干涉。若光源是单色光，则到达视点的光是相干的，结果在反射成像平面上会显示一组亮暗条纹。当光源是白光时，则会看到一组彩色条纹，它们随着观察角度的变化而变化。

通过光线追踪绘制蝴蝶波动效果的关键在于，描述含有亚波长结构的蝴蝶脊突如何改变或调制光波的幅值和相位。现有的光线追踪器普遍采用双向散射分布函数描述光和对象表面的交互过程，其本质是将波的幅值变动率封装进反射光线中以表示辐射能在空间上的不同分布，而忽略了与干涉相关的相位信息。

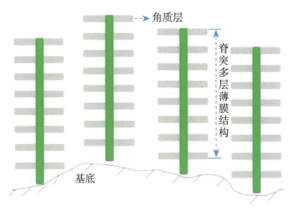

图 6-15　脊突结构模型图

下面以多层薄膜与光的交互原理为基础，使用多光束干涉方程构造薄膜干涉模型，并说明波的空间频率与光线传播方向之间的关系，将波的相位变动融入与传播方向相关的能量的分布中，以绘制蝴蝶具有类似多层薄膜结构对象的彩色光学效果。

6.2.2　蝴蝶翅膀多层薄膜干涉

根据上面蝴蝶翅膀微观结构的介绍可知，蝴蝶翅膀表面的脊突薄层结构可以被看成一个多层薄膜系统。有光与薄膜交互后达到视点的光，有从薄膜表面直接反射到视点的光，也有经过薄膜表面折射、在底层表面多次反射再折射到视点的光。它们在薄膜外部区域发生相干干涉即生成了蝴蝶翅膀表面的彩色现象。

图 6-16 显示了一个由 N 层薄膜和 N 层空气组成的薄膜–空气多层系统。假定薄膜和空气的厚度分别为 h_{2i-1} 和 h_{2i-2}，$i = 1, 2, \cdots, N$。在它们之间的界面上，由菲涅耳公式决定的光的反射系数和透射系数分别为 r 和 t。r_{2j-1} 和 t_{2j-1} 分别表示光从空气进入薄膜时表面的反射系数和透射系数，r_{2j} 和 t_{2j} 分别表示光从薄膜进入空气时表面的反射系数和透射系数，$j = 1, 2, \cdots, N$。

从如图 6-16 所示的多层薄膜结构中的第一层薄膜开始，由于光在薄膜内部会经历多次反射和透射，根据已知的物理光学定律[282]，可获得单层薄膜的反射系数：

$$\bar{r}_1 = \frac{r_1 + r_2 \mathrm{e}^{\mathrm{i}\delta_1}}{1 + r_1 r_2 \mathrm{e}^{\mathrm{i}\delta_1}} \tag{6-25}$$

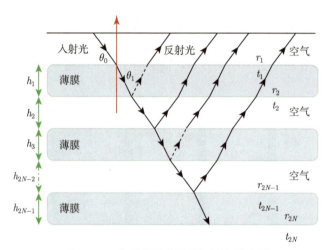

图 6-16　多层薄膜反射几何结构示意图

其中，δ_1 是相继两光束在薄膜–空气系统第一层中所引起的相位差，公式 (6-26) 给出了其具体表达式。

$$\delta_1 = \frac{4\pi}{\lambda} n_1 h_1 \cos\theta_1 \tag{6-26}$$

其中，θ_1 是光束在第一层中的折射角；h_1 是第一层的厚度；n_1 则是该层对应的折射度。在蝴蝶脊突多层系统中，$n_1 = n_3 = \cdots = n_{2N-1} = 1.56$ 表示角质层的折射度，$n_2 = n_4 = \cdots = n_{2N-2} = 1$ 表示空气的折射度。相应地，单层薄膜透射系数定义如下：

$$\bar{t}_1 = \frac{t_1 + t_2}{1 + r_1 r_2 \mathrm{e}^{\mathrm{i}\delta_1}} \tag{6-27}$$

当层数增多时，可以采用等效分界面的概念 [282]，从最底层向上递归处理。图 6-16 中，从第 $2N - 1$ 层开始，其反射系数如公式 (6-28) 所示。

$$\bar{r}_{2N-1} = \frac{r_{2N-1} + r_{2N} \mathrm{e}^{\mathrm{i}\delta_{2N-1}}}{1 + r_{2N-1} r_{2N} \mathrm{e}^{\mathrm{i}\delta_{2N-1}}} \tag{6-28}$$

其中，δ_{2N-1} 是相继两光束在薄膜–空气系统第 $2N - 1$ 层中所引起的相位差：

$$\delta_{2N-1} = \frac{4\pi}{\lambda} n_{2N-1} h_{2N-1} \cos\theta_{2N-1} \tag{6-29}$$

式中，θ_{2N-1} 是光束在第 $2N - 1$ 层中的折射角；h_{2N-1} 是第 $2N - 1$ 层的厚度；n_{2N-1} 则是该层对应的折射度。将第 $2N - 1$ 层看成一个与第 $2N - 2$ 层相邻的界面，即用一个等效分界面来代替它，把第 $2N - 2$ 层空气膜加进去，求出其反射系数如下：

$$\bar{r}_{2N-2} = \frac{r_{2N-2} + \bar{r}_{2N-1}\mathrm{e}^{\mathrm{i}\delta_{2N-2}}}{1 + r_{2N-2}\bar{r}_{2N-1}\mathrm{e}^{\mathrm{i}\delta_{2N-2}}} \tag{6-30}$$

其中，$\delta_{2N-2} = (4\pi/\lambda)n_{2N-2}h_{2N-2}\cos\theta_{2N-2}$。

根据公式 (6-28) 和公式 (6-30) 递归计算，直到薄膜–空气系统第一层，最终可求得整个膜系的反射系数，即 $\bar{r}_1 = (r_1 + \bar{r}_2\mathrm{e}^{\mathrm{i}\delta_1})/(1 + r_1\bar{r}_2\mathrm{e}^{\mathrm{i}\delta_1})$，其中 $\bar{r}_2$ 为第二层到第 $2N-1$ 层的一个等效分界面。

在光线追踪器中可获得多层薄膜双向反射分布函数 (BRDF) 产生式：

$$\mathrm{BRDF} = R = \frac{I_\mathrm{o}}{I_\mathrm{i}} = \frac{E_\mathrm{o}^2}{E_\mathrm{i}^2} = \frac{(E_\mathrm{i}\bar{r}_1)^2}{E_\mathrm{i}^2} = \bar{r}_1^2 \tag{6-31}$$

式中，E_o 和 E_i 分别表示反射光能和入射光能。由能量守恒定律可知，相应的双向透射比分布函数 (即透射率) 为 $\mathrm{BTDF} = 1 - R$。

1. 脊突反射和透射系数

由上面的介绍可知，当光与脊突多层薄膜系统交互时，薄膜表面反射系数 r_j 和透射系数 t_j 是影响蝴蝶翅膀彩色效果的最基本因素，它们可根据菲涅耳公式 (6-32) 计算得到，通过改变光的幅值变动以影响光能的空间分布。菲涅耳公式受入射光偏振态的影响，一般假设光是非偏振的，即随机朝向。为简化求解，多层薄膜系统的反射比可以近似表示为相对入射平行偏振光部分和垂直偏振光部分的反射比的均值，即 $\mathrm{BRDF} = (R^\parallel + R^\perp)/2$。

$$\begin{cases} r_j^\parallel = \dfrac{n_j\cos\theta_{j-1} - n_{j-1}\cos\theta_j}{n_j\cos\theta_{j-1} + n_{j-1}\cos\theta_j} \\[2mm] t_j^\parallel = \dfrac{2n_{j-1}\cos\theta_{j-1}}{n_{j-1}\cos\theta_j + n_j\cos\theta_{j-1}} \\[2mm] r_j^\perp = \dfrac{n_{j-1}\cos\theta_{j-1} - n_j\cos\theta_j}{n_{j-1}\cos\theta_{j-1} + n_j\cos\theta_j} \\[2mm] t_j^\perp = \dfrac{2n_{j-1}\cos\theta_{j-1}}{n_j\cos\theta_j + n_{j-1}\cos\theta_{j-1}} \end{cases} \tag{6-32}$$

式中，$r^\parallel$ 和 $t^\parallel$ 分别表示相对平行偏振光的菲涅耳反射比和透射比；$r^\perp$ 和 $t^\perp$ 分别表示相对垂直偏振光的菲涅耳反射比和透射比；n_{j-1} 和 n_j 分别表示入射介质和透射介质的折射度；θ_{j-1} 和 θ_j 满足折射定律 (图 6-17)。

折射角依赖于入射角和交接表面两边的折射度，而折射度会随着波长变化，它描述了光在介质中与在真空中速率的比值。当入射光不是单色光时，它会在两介质交界平面上朝向多个方向散射，产生色散等波动效果。在蝴蝶绘制实验中，折射度对波长的依赖被忽略，以简化光与材质交互的计算过程，采用其相对可见光谱的均值代替。

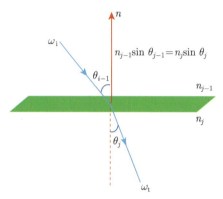

图 6-17　折射定律几何模拟图

根据光线追踪器实现机理，为了取得从不同材质反射的波在视点处的强度 (含幅值与相位) 以实现最终的干涉效果，需要计算材质表面的反射光谱分布。将公式 (6-32) 代入公式 (6-28) 和公式 (6-30) 的递归方程，即可求得各自偏振态下的多层薄膜反射比和透射比，根据公式 (6-29)，即可求得翅膀表面反射光谱分布，由此可以通过光线追踪实现特定的干涉效果绘制。

2. 脊突结构的无规则特性

对于多层薄膜结构，有规律排列的周期性特性会引起与波长相关的光能散射比的选择性变化，即在特定的方向、特定的波长起决定作用，其直接结果就是生成了彩色光学效果。根据来自周期性结构散射的光谱分布分析，如此巨大的一组结构应该显示出很强的方向性散射特性。然而，由于蝴蝶翅膀表面脊突高度和形状的无规则变化，往往会产生一些复杂的光学效果。Kinoshita 等 [143] 详细讨论了脊突结构的这种无规则性，表明脊突的随机排列可以尽可能消减来自脊突个体散射之间的相干叠加。这一观察也暗示了整个散射图案可以仅仅由单个脊突进行近似模拟，这种近似处理方法被研究者广泛采用。

图 6-18 显示了蝴蝶翅膀表面脊突结构模型的三种异变体。假设在所有情况下角质层数量为 N。图 6-18(a) 显示脊突薄膜具有相同的宽度，且左右两边的薄层相互对齐，是理想的多层薄膜模型；图 6-18(b) 显示了类似于松树锥形形态的薄膜结构，越往上，薄层宽度越窄；图 6-18(c) 左右两边的薄层相互对齐但有间隔错列排布。另外，在脊突下面的基底是凹凸不平的，而脊突之上的漫反射层的

厚度也不规则。在真实的鳞片中，在脊突和基底之间也存在着一些结构支撑脊突，这样的结构对散射光的颜色有很小的影响，在这里被忽略掉了。

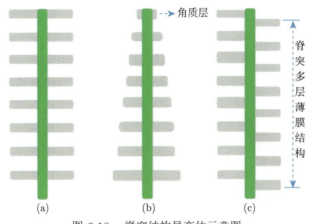

图 6-18   脊突结构异变体示意图

如图 6-18 所示的脊突结构异构排布和图 6-15 所示的脊突表面粗糙结构，会引起辐射能的直接或间接遮挡、交替反射和相干干涉等复杂光学现象，多层薄膜干涉模型不能准确解释这一现象。针对脊突的不规则排布，可以用概率密度分布严格地分析光与脊突表面的交互过程。这里采用类似于 Ashikhmin 和 Shirley[153] 的各向异性分布函数，处理前述复杂微表面光学现象：

$$M(\omega_{\mathrm{h}}) = \frac{\sqrt{(a+2)(b+2)}}{2\pi}(\omega_{\mathrm{h}} \cdot n)^{a\cos^2\varphi + b\sin^2\varphi} \qquad (6\text{-}33)$$

其中，ω_{h} 表示脊突面入射方向与反射方向之和的归一化二分单位向量；n 为翅膀表面法线向量；a 和 b 分别表示粗糙表面沿 x 和 y 轴的各向异性反射分布指数；φ 表示反射光线在表面的投影与 x 轴的夹角，控制表面光谱的散射强度。

6.2.3   蝴蝶翅膀彩色效果绘制算法

计算机图形学领域常用 BRDF 和 BTDF 来构造薄膜的反射和透射模型以描述光和微表面交互过程中生成的光谱分布，即可通过它们表示的反射或透射的能量比率准确描述对象的外貌。在光线追踪器中，它们可以统一以双向散射分布函数 (BSDF) 表示。

图 6-19 显示了蝴蝶翅膀多层薄膜表面散射示意图，当入射光沿着 ω_{i} 方向到达表面某一点时，光会根据材质特性沿着 ω_{o} 方向发生散射。绘制过程中，脊突多层薄膜系统与光波的交互过程可以通过新产生的 BRDF 干涉模型进行描述，得

到蝴蝶翅膀彩色渲染方程：

$$L_{\mathrm{o}}(p,\omega_{\mathrm{o}},\lambda) = L_{\mathrm{e}}(p,\omega_{\mathrm{o}},\lambda) + \int_{\delta^2} M(\omega_{\mathrm{h}}) \cdot \mathrm{BRDF}_{\lambda}(p,\omega_{\mathrm{i}},\omega_{\mathrm{o}}) \cdot L_{\mathrm{i}}(p,\omega_{\mathrm{i}},\lambda)|\cos\theta|\mathrm{d}\omega_{\mathrm{i}}$$

$$(6\text{-}34)$$

式中，$L_{\mathrm{o}}(p,\omega_{\mathrm{o}},\lambda)$ 表示从翅膀表面交点 p 到视点的反射光能；$L_{\mathrm{e}}(p,\omega_{\mathrm{o}},\lambda)$ 表示在交点处表面自发光的能量；$L_{\mathrm{i}}(p,\omega_{\mathrm{i}},\lambda)$ 表示入射光能；$\mathrm{BRDF}_{\lambda}(p,\omega_{\mathrm{i}},\omega_{\mathrm{o}})$ 表示辐射能空间分布的反射系数；$M(\omega_{\mathrm{h}})$ 表示粗糙表面各向异性散射系数。

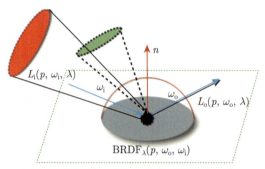

图 6-19　蝴蝶翅膀多层薄膜表面散射示意图

为了描述光波与脊突多层薄膜结构的交互作用以实现最终的干涉效果，这里给出基于薄膜干涉模型的蝴蝶彩色效果绘制 (BIRFI) 算法。BIRFI 算法将波的幅值与相位信息封装进辐射能量中，并通过完全的光线追踪获取相机胶平面上的叠合光强。BIRFI 算法具体步骤如下所述。

(1) 根据光学和电子显微镜测量结果，预先设计好蝴蝶脊突薄膜结构数据信息 (包括角质层折射度、厚度和薄膜层数等)，构建场景描述符文件。

(2) 渲染引擎加载薄膜预定义信息，并通过文件分析功能解析场景描述符文件，生成场景及渲染器类实例。

(3) 渲染器控制相机，利用采样器遍历成像平面的采样点，并将每一点转换为从胶卷平面进入场景的光线。

(4) 依次对生成的光线进行逆向递归追踪，开启主渲染循环。

(5) 计算光线与场景物体的第一个交点 (不被其他物体所遮挡)，并获取物体相应材质的双向散射分布函数，获取光在表面散射 (反射或透射) 的光谱分布。

(5.1) 调用薄膜材质的 GetBSDF( ) 方法，返回薄膜干涉 BRDF 类。

(5.2) 光线积分器利用薄膜干涉 BRDF 类，获取光线与物体交点处的反射辐射能，其中反射方向均遵从折射定律。

(6) 渲染器将采样点及相应的辐射能一并传给成像类，它将光能值存储在待生成的图像上。

(7) 直到采样器提供了尽可能多的样本生成最终图像为止，循环结束。

6.2.4 集成接口与实现

BIRFI 算法包含基于基尔霍夫的衍射绘制方法、基于粗糙表面的多层薄膜干涉绘制方法和基于薄膜干涉模型的蝴蝶脊突结构彩色绘制方法等。这些计算模型需要集成入实际的应用系统才能发挥其价值。因此需要在光线追踪器中通过创建新的材质插件而实现一整套比较完善的衍射和干涉绘制方案，为波动效果图形学绘制提供所需要的算法和框架。与此同时，将所构造的波动模型集成到如 Maya、3DMax 等建模软件中，可以提高算法的可应用性以及增强用户交互友好性，进一步促进波动光学效果绘制方法的应用。

1. 光线追踪器绘制框架

光线追踪器的目的就是尽可能地模拟光在真实世界中的行为，以绘制更接近自然的光学效果。其中，光渲染方程是追踪器计算光辐射能空间分布的物理基础。光渲染方程是一个积分方程，其物理含义为从表面某点离开的光散射辐射度，由表面自发射辐射度、空间入射辐射度和表面材质属性共同决定。Immel 等[297]、Kajiya[13] 于 1986 年将光渲染方程引入计算机图形学中，其后提出的各种真实感绘制技术均以实现该方程为基本要求。以光线追踪器 PBRT 为例，其光渲染方程如下：

$$L_{\mathrm{o}}(p,\omega_{\mathrm{o}},\lambda,t)=L_{\mathrm{e}}(p,\omega_{\mathrm{o}},\lambda,t)+\int_{\Omega}f_{\mathrm{r}}(p,\omega_{\mathrm{i}},\omega_{\mathrm{o}},\lambda,t)L_{\mathrm{i}}(p,\omega_{\mathrm{i}},\lambda,t)(\omega_{\mathrm{i}}\cdot n)\mathrm{d}\omega_{\mathrm{i}} \quad (6\text{-}35)$$

式中，λ 是光的波长；ω_{i} 和 ω_{o} 分别表示光输入和输出方向；p 为光与表面的交点，$L_{\mathrm{o}}(p,\omega_{\mathrm{o}},\lambda,t)$ 表示沿着方向 ω_{o} 散射的整个辐射能强度；$L_{\mathrm{e}}(p,\omega_{\mathrm{o}},\lambda,t)$ 为自发射辐射度；$f_{\mathrm{r}}(p,\omega_{\mathrm{i}},\omega_{\mathrm{o}},\lambda,t)$ 表示物体表面散射系数；$L_{\mathrm{i}}(p,\omega_{\mathrm{i}},\lambda,t)$ 表示沿方向 ω_{i} 的入射辐射度；Ω 是包含所有可能 ω_{i} 值的单元半球。

光线追踪器 PBRT 内部涉及采样器 (sampler)、相机 (camera)、积分器 (integrator)、胶平面 (film) 和渲染器 (renderer) 五大核心部分。采样器的主要功能是用于生成相机平面的所有采样点，并在需要计算反射或透射方向时提供方向选择随机数。相机模型根据采样器的像素位置样本信息和镜头信息生成初始光线。积分器包括表面积分器和体积分器，分别处理光与物体表面交互和光空间传播中的能量变化 (增强或衰减)。胶平面用于存储最终生成的真实感图像。渲染器是整个光谱绘制过程的引擎，它用来连接各功能部分，以实现完整的光线追踪过程。这几大部分共同组成光线追踪器，它们的相互关系如图 6-20 所示。

光线追踪机制的具体实现步骤如下所述。

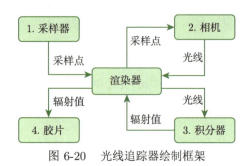

图 6-20　光线追踪器绘制框架

(1) 首先在相机平面定义大量的采样点，然后渲染器遍历所有采样点，对每一点生成一条连接相机透镜和胶平面的光线，并充分考虑相机透镜的特性。该光线可能直接连接透镜和胶平面，也可能是经多个透镜内表面折射或反射。

(2) 渲染器调用光线追踪器内置的表面积分器对生成的光线进行逆向递归追踪，获取光线的辐射光谱值，其具体计算过程如下所述。首先计算光线与场景的第一个交点 (不被其他对象所遮挡)，并获取交点处对象属性，如果没有交点，则光线递归追踪过程提前结束。否则，将交点及光输出方向等以参数形式传递给对象后，对象会调用它的材质属性，通过材质双向散射分布函数，获取光在该交点的入射方向，计算输出光与入射光的反射 (或透射) 比值，之后表面积分器从光入射方向继续递归追踪光线，直到达到光线追踪器设置的递归追踪次数为止。由于场景光源信息已知，可以计算每条光线的辐射光谱值。

(3) 除表面积分器外，体积分器会额外计算中间介质 (如烟、雾等) 对光能传播的损耗，并相应调整所计算的光强度，最终得到在相机平面的采样点处的光强度。

(4) 一旦所有采样点的光强度都计算完成，胶平面过滤器判断采样点样本如何贡献光谱值给周围的像素值，之后生成一幅图像。

将上述一系列波动光学模型以材质插件的形式集成到光线追踪器 PBRT 中，通过光线追踪调用相应材质函数以获取真实感的衍射和干涉效果，其具体的着色过程为：当光与对象表面交互时，从追踪器中获取需要的入射 RGB 值，并将它转为 XYZ 光谱值，然后应用上述波动模型计算双向散射分布函数值并传给表面积分器，最后数值求解光渲染方程，获取真实的反射或透射光谱值，再将其转为追踪器能识别的 RGB 三元组 (图 6-21)。

2. 接口实现

在计算机图形学中，大部分场景因其对象的多样性，组成结构的复杂性，往往先需要借助 Maya、3DMax 和 Blender 等建模软件，利用它们强大的建模能力进行场景构建，然后再调用相应的渲染器进行真实感绘制。

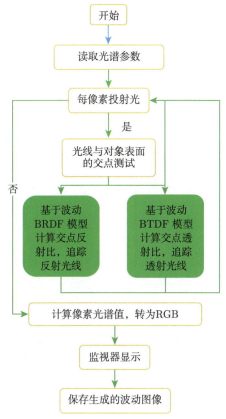

图 6-21　波动模型着色过程示意图

　　尽管 BIRFI 算法模型可以以插件的形式集成入光线追踪器进行场景的绘制，但构建场景和绘制场景是两个分离的步骤，降低了程序运行效率和用户操作友好性。以 3Dmax 和 Maya 为代表的建模软件在场景构建方面获得了广泛的应用，使用户能方便地设计和操作场景。本节借助 Maya 建模软件强大的建模能力来构造复杂的几何场景 (如蝴蝶模型)，并将集成了波动模型的光线追踪器以插件的形式集成到 Maya 软件中。这里利用了开源社区的 Maya 插件 [298]，如图 6-22 所示，图中红色框显示已被集成到 Maya 中的光线追踪器。由于上述的波动模型已集成到追踪器中，所以可以在构建完几何模型后，直接在 Maya 中绘制，获取所设计的特定对象的波动效果，这类似于向 Maya 中新添加了一个波动绘制引擎。

　　综上所述，在 Maya 建模软件中进行波动光学效果真实感绘制步骤如下：

　　(1) 首先借助 Maya 的建模功能，构建预先设计的三维场景，该场景由对象和光源组成；

　　(2) 在 Maya 软件中构造衍射或干涉材质插件，并添加到 Maya 材质库中；

(3) 获取步骤 (1) 中需要显示波动效果的场景对象，从 Maya 材质库中选取需要的波动材质，并设置为该对象的材质；

(4) 在 Maya 中直接调用已集成的光线追踪器 PBRT，进行波动光学效果的特定绘制；

(5) 可以设置不同的衍射或干涉参数值，重复操作步骤 (2)~(4) 绘制不同的衍射或干涉光学效果。

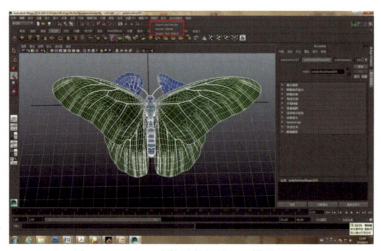

图 6-22　Maya 中构造的蝴蝶 3D 模型示意图

6.2.5　绘制实例与分析

通过在 PBRT 光线追踪器[16]中创建新的材质插件，并通过 Maya 软件构建蝴蝶几何模型，实现了 BIRFI 算法模型，能够灵活地绘制自然光下的彩色效果。所有结果均在 Dell T7600 工作站、Xeon CPU E5-2609@2.40GHz CPU、8GB 内存、NVIDIA Quadro 6000 显卡的环境下生成。绘制实例中光线追踪相关参数设置如下：每像素点随机采样数为 12，相机视场角为 60°，最大递归追踪深度值为 5，绘制所用的仿真参数如表 6-1 所示。

表 6-1　绘制仿真参数

实验观察角度范围	$0° \sim 180°$
可见光谱范围	350~730nm
波长采样频率	10nm
蝴蝶脊突结构角质层折射度	1.56
脊突结构角质层数量	10
脊突结构角质层厚度	90nm
脊突角质层间隔 (空气厚度)	90nm

在 PBRT 中，基于光线追踪的传播方程虽能高效求解复杂场景的光散射分布，但其几何光学特性不能解释相位信息以模拟波动效果，因而无法显示自然光谱下蝴蝶的蓝色波动现象。BIRFI 算法模型基于波动光学理论，将幅值和相位信息封装到反射光能中，能够有效模拟蝴蝶翅膀的彩色效果。图 6-23 显示了利用 BIRFI 算法模型绘制的蝴蝶翅膀彩色绘制效果，其中蝴蝶的三维几何结构由 Maya 软件设计，从图中显示了蝴蝶翅膀的蓝色光学现象。这里采用 Ashikhmin 各向异性概率分布描述蝴蝶翅膀脊突微表面结构的粗糙特性，其中在 Ashikhmin 的各向异性参数中，决定 x 和 y 轴脊突表面粗糙度状态的指数参数均可调。当垂直观察该物种时，它会显示强烈的蓝色，随着观察角度逐渐倾斜，会渐渐变为紫色，这一变化与 Vukusic 等 [144,296] 的观察实验结果相吻合。图 6-24 显示了不同视角的蝴蝶翅膀脊突表面彩色效果对照图。绘制结果也证明了 BIRFI 算法模型的有效性。

图 6-23 蝴蝶翅膀彩色绘制效果

根据多层薄膜干涉理论，蝴蝶的彩色效果受光源照射方向、角质层和空气层厚度及折射度等多重因素的影响。在自然界中，不同种类蝴蝶的角质层厚度存在显著的差异，它们对彩色作用的差异化效果比较明显。图 6-25 显示了基于 BIRFI 算法模型，通过改变角质层厚度绘制不同条件下的彩色波动现象。随着厚度的增加，颜色会由蓝向红渐进变化。

图 6-24　不同视角的蝴蝶翅膀脊突表面彩色效果对照图

(a) 80nm　　　　　　　　　　　　　　(b) 120nm

(c) 140nm　　　　　　　　　　　　　　(d) 150nm

图 6-25　不同角质层厚度的蝴蝶翅膀干涉效果渲染图

　　Okada 等[142] 采用有限差分时域方法计算了含有规则脊突结构的蝴蝶翅膀的光谱反射比。而自然界中的蝴蝶翅膀脊突结构是无规则排列的，基于规则结构的理论结果不能解释对所有波长和角度范围的光散射强度的连续变化[190,280]。BIRFI 算法通过引入面向金属和绝缘体薄膜的菲涅耳方程和微表面散射因子，模拟广角范围的各向异性效果。

图 6-26 显示了不同角质层厚度下大闪蝶翅膀外貌的彩色变动。与 Sun[179] 的方法相比，BIRFI 算法不仅能绘制由角质层厚度递增而引起的从蓝向红的翅膀色调变化，而且在单个角质层图像中，也能显示依赖于观察视角的色调变动，在图 6-26 第二行的蝴蝶示例中，翅膀颜色分别从蓝向紫 (左图)，从黄向绿 (中图) 和从橙向黄 (右图) 变动，这一结果与实际观察结果 [299,300] 高度一致，进一步证明了 BIRFI 算法的有效性。

图 6-26 分别采用 Sun 模型 (第一行) 和 BIRFI 算法 (第二行) 绘制的含有不同角质层厚度 (从左至右：90nm，130nm 和 145nm) 的大闪蝶翅膀干涉效果对比

图 6-27 显示了在近似光照条件下，真实蝴蝶彩色效果与基于 BIRFI 算法绘制结果对比。通过改变脊突角质层厚度以更改光相位干涉条件，所绘制的干涉效果可以高度近似真实蝴蝶的彩色外貌。图 6-27(a) 为真实蝴蝶照片，图 6-27 (b)~(d) 为不同角质层厚度的蝴蝶的各向异性绘制结果。需要说明的是 BIRFI 算法不仅可用于蝴蝶翅膀的渲染，也可模拟具有类似多层薄膜结构的其他对象。

(a) 真实照片　　(b) 100nm　　(c) 101nm　　(d) 102nm

图 6-27 近似光照条件下，真实蝴蝶彩色效果与基于 BIRFI 算法绘制结果的对比

6.3 本 章 小 结

干涉效果是光学成像效果绘制中的热点和难点之一。本章针对现有绘制方法的不足,以自然界常见的多层薄膜干涉现象为例,讨论光学干涉效果绘制问题。

(1) 针对在光线追踪器中绘制多层薄膜结构对象如肥皂泡、光学透镜及光学滤波器等的干涉效果较难的问题,介绍了一种基于多光束干涉方程的着色模型。该模型通过引入多光束干涉方程,可有效地模拟光在薄膜内部的多次反射和透射,并计算多层薄膜混合反射比和透射比,以模拟与干涉相关的光幅值与相位变动;通过采用菲涅耳系数解释薄膜材质所引起的光子吸收,结合微表面因子模拟因薄膜粗糙表面引起的各向同性和各向异性等复杂的光学效果,拓展了已有薄膜干涉模型的绘制功能。

(2) 针对当前蝴蝶翅膀彩色效果绘制的真实感问题,介绍了一种基于薄膜干涉模型的绘制方法。该方法根据蝴蝶翅膀表面脊突结构构造多层薄膜模型,并利用多层薄膜干涉原理模拟光在薄膜内部的多次反射、透射形成的混合散射特性;利用菲涅耳公式解释反射波的幅值变化;引入微表面散射因子模拟蝴蝶翅膀粗糙表面的各向异性特性;结合光线追踪渲染框架构建了可应用于光线追踪器的波动双向散射分布函数干涉模型,可以有效地模拟蝴蝶翅膀表面光的幅值和相位变动。

第 7 章　相机成像效果绘制

相机成像效果是指光线进入相机镜头后，由光线经历镜头内部的传输并抵达感光器而形成的特殊光学效果。常见的包括景深、渐晕、光学像差、散景、镜头重影和眩光等。在这些效果中，有些发挥着正面作用，例如，景深和散景效果可以引起观察者对图像特定部分的注意，增强深度暗示，因此相机镜头设计者在设计镜头时有意地增加镜头的景深，摄影爱好者常在照片中引入景深和散景效果；而另一些则会导致负面影响，例如，渐晕、光学像差和眩光效果会降低摄影图像的对比度和清晰度，影响图像质量，因此相机镜头设计者需要尽可能地减少这类效果。然而，不论是在相机拍摄的图像中，还是在人眼的观测结果中，这些正面或负面的效果都始终存在，因此在计算机生成的图像中加入这些效果可以增强图像的真实感和逼真度。本章将结合相机的镜头模型，讨论常见的相机成像效果的绘制问题。

7.1　相机光学镜头模型

计算机图形学领域中现有的相机镜头模型可大致分为两类：抽象的镜头模型和真实的镜头模型。抽象的镜头模型在真实的物理世界中并不存在，仅用于描述理想的、完美的光学成像过程。针孔模型、薄透镜模型和厚透镜模型均属于此类。这些模型因其简单和直观，广泛用于计算机图形领域中，尤其适合用于实时绘制。然而，这些模型的精度较低，除了景深效果外，难以模拟其他光学效果 [198,301]。

真实的镜头模型以物理镜头的光学数据为基础，利用光线追踪技术精确刻画真实的、非理想的光学成像过程。Kolb 等 [206] 首先提出了一个几何镜头模型，并借助序列光线追踪 (sequential ray tracing，SRT) 技术精确模拟复杂的真实镜头，在路径追踪器中集成该模型以合成具有不同光学像差的真实感图像，但绘制速度很慢。Heidrich 等 [210] 引入了一个新的基于图像的镜头模型，该模型同样以真实镜头的几何数据为基础，但绘制速度得到提高。Barsky 等 [302] 对 Kolb 的模型进行了扩展，以模拟人眼的视觉效果。Lee 等 [48] 通过对 RGB 三个颜色通道使用不同的折射率，绘制出单镜头的色差效果，然而该色差效果不是基于光谱的。此外，尽管这些镜头模型能够模拟许多复杂的光学效果，但是它们没有对外提供合适的接口，在真实感绘制中难以操作和使用。为了解决这些问题，本节介绍一种用于真实感绘制的精确相机镜头模型 (accurate camera lens model for realistic rendering, ALMRR)[303]。

7.1.1　相机镜头的光学表面建模

理论上，相机镜头中所用的光学表面可以制成任意形状，但考虑到镜头表面的工艺水平和制造成本，当前的相机镜头通常由平面、球面、椭圆面、抛物面、双曲面等二次曲面构成，尤其以球面居多 (其制造成本最低，在相机镜头中被广泛使用)。在数学上，二次曲面可表示为

$$
\begin{aligned}
F(x,y,z) = &Ax^2 + By^2 + Cz^2 \\
&+ 2Dxy + 2Eyz + 2Fzx \\
&+ 2Gx + 2Hy + 2Iz + J = 0
\end{aligned}
\tag{7-1}
$$

这里，x、y 和 z 为笛卡儿坐标；A、B、C、D、E、F、G、H、I 和 J 为二次曲面系数。当假定二次曲面的顶点在原点、旋转轴与 z 轴重合且是凸的时，方程 (7-1) 可重新写为

$$
z = F(x,y) = \frac{c(x^2 + y^2)}{1 + \sqrt{1 - (1+k)c^2(x^2 + y^2)}}
\tag{7-2}
$$

式中，c 为二次曲面在顶点 (与光轴交点) 处的曲率；k 为曲面的二次常数，$k = e^{-2}$，用于定义二次曲面的不同类型 (图 7-1)，这里 e 描述二次曲面的离心率。

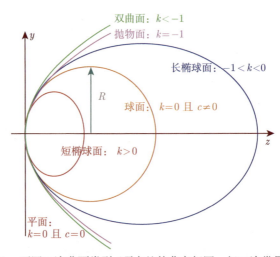

图 7-1　不同二次曲面类型 (顶点处的曲率相同，但二次常量不同)

当 $k = 0$ 以及 $c = 0$ 时，二次曲面为平面；$k = 0$ 以及 $c \neq 0$ 时为球面；$k = -1$ 时为抛物面；$k > 0$ 时为短椭球面；$-1 < k < 0$ 时为长椭球面；$k < -1$ 时为双曲面。为了推导一系列与精确光线追踪相关的公式，方程 (7-2) 可重写为一个更有用的形式：

$$F(x, y, z) = x^2 + y^2 + z^2 - 2rz - e^2 z^2 = 0 \tag{7-3}$$

式中，r 为二次曲面在顶点处的半径。当二次曲面是凹的时，方程 (7-3) 中的半径 r 为负。

7.1.2 相机镜头的色散建模

当一束白光入射到透明的物体时会发生折射，且在折射表面处会发散成多种颜色组成的光束，而不再是单纯的白光束，这就是光的色散现象 (图 7-2)。光学色散现象是物理世界中一种常见的光学现象，其出现的原因是不同波长的光在传播介质的界面处的折射率不一样。

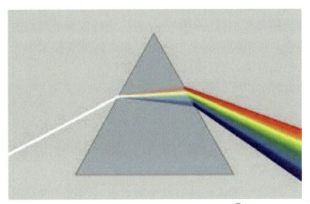

图 7-2 经典的三棱镜色散现象 [①]

相机镜头通常含有多个折射元件，这些元件常由玻璃、塑料、晶体等透明材料制成，因此色散现象也是相机镜头中的常见光学现象 (图 7-3)。镜头色散会导致其成像性能的降低，引起与理想成像结果的偏差，该偏差在光学设计领域中常称为色差 [209,281]。镜头色散常出现在相机拍摄图像的高对比度边缘或高亮的弥散圈中，表现为彩色的边缘或弥散圈。在绘制真实感的光学成像效果时，镜头色散效果是一种很重要的光学效果，因此需要建立光线通过相机镜头时的色散物理模型，以模拟镜头色散效果。

---

① http://en.wikipedia.org/wiki/Dispersion_(optics)。

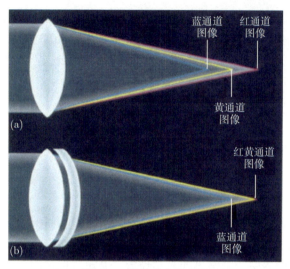

图 7-3　镜头的色散现象

在几何光学中，普通的折射定律不考虑折射率对波长的依赖特性，即假定折射材料对所有波长都具有相同的折射率。为了支持依赖于波长的光学成像效果真实感绘制，需要建立相机镜头的色散物理模型，因此需要采用光谱形式的折射定律来对光线通过相机镜头时的折射现象进行建模。

光谱形式的折射定律可以描述为

$$\sin\theta(\lambda)n(\lambda) = \sin\theta'(\lambda)n'(\lambda) \tag{7-4}$$

式中，由于折射率 $n(\lambda)$ 和 $n'(\lambda)$ 都与波长 λ 相关，使得折射角 $\theta'(\lambda)$ 也依赖于波长，这就是色散现象发生的根源。

对于常见的折射材料来说，其折射率随着波长的增加而逐渐降低，尤其是在可见光范围以一种平滑的方式缓慢降低。图 7-4 为几种不同的透明材料在可见光范围内的折射率曲线[1]。从图中可以看出，它们的折射率随波长的增加而逐渐减少，且这种变化是非线性的。

在光学领域中，折射材料的折射率对波长的非线性依赖特性可用一些经验公式来描述，这些公式称为色散公式 (dispersion equation)。最常用的色散公式是Sellmeier 公式和肖特 (Schott) 公式 [89,281,304]：

$$\text{Sellmeier 公式}\quad n^2(\lambda) = a_0 + \frac{a_1\lambda^2}{\lambda^2 - b_1} + \frac{a_2\lambda^2}{\lambda^2 - b_2} + \frac{a_3\lambda^2}{\lambda^2 - b_3} \tag{7-5}$$

$$\text{Schott 公式}\quad n^2(\lambda) = a_0 + a_1\lambda^2 + a_2\lambda^{-2} + a_3\lambda^{-4} + a_4\lambda^{-6} + a_5\lambda^{-8} \tag{7-6}$$

---

① http://en.wikipedia.org/wiki/Dispersion_(optics)。

式中，λ 为波长；其他为色散系数，可从玻璃制造商的玻璃数据库中查询到[1][2]。

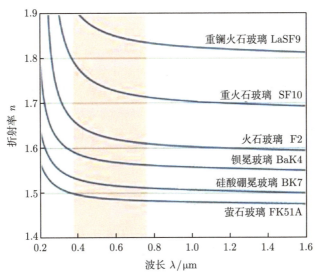

图 7-4   一些透明材料在可见光范围的折射率曲线

玻璃制造商通过提供多种格式的免费玻璃数据库下载，这些格式通常由光学设计软件提供商指定。ALMRR 模型使用 AGF 格式作为标准格式。AGF 格式是使用最广泛的光学设计软件 ZEMAX[3]所支持的玻璃数据库格式。这里使用玻璃制造商肖特公司 (Schott) 和豪雅公司 (Hoya) 提供的玻璃数据库作为镜头色散数据的数据源，其中 Schott 玻璃库是第一选择，只有在 Schott 玻璃库中找不到所需的玻璃时，才使用 Hoya 玻璃库。从 AGF 文件中可以发现，Schott 玻璃库采用 Sellmeier 色散公式，而 Hoya 采用 Schott 色散公式。

从玻璃库中获得某一玻璃的色散公式系数后，ALMRR 并不直接利用它们去计算任意波长的折射率。因为在镜头内进行光线追踪时，使用色散公式计算任意波长的折射率时会导致大量的计算，降低光线追踪效率。为了更快速地得到任意波长的折射率，这里采用预计算技术，即预先使用色散公式计算一组波长的折射率，光线追踪过程中根据需要进行线性插值以获得任意波长的折射率。预先确定的这组波长对可见光谱进行了均匀划分，划分间隔为 1nm，以保证足够的光谱精度。

---

① www.schott.com。

② www.hoya.com.cn。

③ www.zemax.com。

7.1.3　镜头内的光线追踪

ALMRR 使用两种不同用途的镜头内光线追踪方法：精确或真实光线追踪 (exact or real ray tracing) 和近轴光线追踪 (paraxial ray tracing)。精确光线追踪方法在处理镜头光学表面的镜面折射或反射时服从折射定律，该方法用于实现从三维场景到二维图像的转换，通常与三维场景中传统的光线追踪方法 (例如路径追踪和双向路径追踪) 协作完成该转换过程，以生成最终的真实感图像。近轴光线追踪方法可看成是精确光线追踪方法的简化版，它服从简化版的折射定律 (当折射定律中的角度很小时，它的正弦可用角度本身近似表示)。该方法用于计算复杂镜头的基本光学特性，而这些光学特性能够指导用户更加精确地控制镜头模型对三维场景进行真实感绘制。

1. 光学表面的精确光线追踪

光线在相机镜头内部逐个经过光学表面，在进行相机镜头内的光线追踪时，需要依次计算光线经过各个光学表面折射或反射后的方向。光学表面的精确光线追踪计算包含三个最基本的依次进行的步骤：① 计算入射光线与光学表面的交点；② 计算在光学表面上所求交点的法线方向；③ 计算光线经光学表面上所求交点折射或反射后的方向。

为了方便推导光线追踪的计算公式，在这里我们对推导过程中常用的量给出定义 (图 7-5)。入射光线 R_0 用两个矢量来表示：一个表示光线上某点的位置矢量 P_0，另一个表示光线的前进方向 D_0。此外，点 P_0 为光线与前一个折射面 (或反射面) 的交点，每一个矢量都用它们在三个坐标系上的分量来表示，对于入射光线，

$$\begin{cases} P_0 = x_0 i + y_0 j + z_0 k \\ D_0 = \alpha_0 i + \beta_0 j + \gamma_0 k \end{cases} \tag{7-7}$$

式中，i、j 和 k 分别为沿 x、y 和 z 三个坐标轴方向的单位矢量；D_0 为单位矢量。相应地，折射光线 R_1 用 P_1 和 D_1 表示

$$\begin{cases} P_1 = x_1 i + y_1 j + z_1 k \\ D_1 = \alpha_1 i + \beta_1 j + \gamma_1 k \end{cases} \tag{7-8}$$

1) 相交计算

起点为 P_0，单位方向为 D_0 的入射光线 R_0 可表示为 $P = P_0 + tD_0$。入射光线 R_0 与镜头表面 F 的交点 P_1 满足如下等式：

$$x_1^2 + y_1^2 + z_1^2 - 2rz_1 - e^2 z_1^2 = 0 \tag{7-9}$$

该等式能够重新写成一种更有用的向量形式：

$$\boldsymbol{P}_1^2 - 2r\boldsymbol{k} \cdot \boldsymbol{P}_1 - e^2(\boldsymbol{k} \cdot \boldsymbol{P}_1)^2 = 0 \tag{7-10}$$

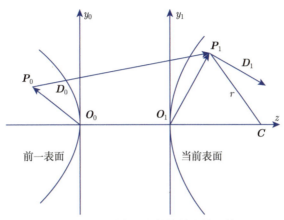

图 7-5　光学表面上的折射光线计算

将 $\boldsymbol{P}_1 = \boldsymbol{P}_0 + t\boldsymbol{D}_0$ 代入该等式，即可得

$$\boldsymbol{P}_0^2 + 2(\boldsymbol{D}_0 \cdot \boldsymbol{P})t + t^2 - 2r(x_0 + t\alpha_0) - e^2(x_0 + t\alpha_0)^2 = 0 \tag{7-11}$$

该式可重新整理成如下形式：

$$\begin{cases} At^2 + 2Bt + C = 0 \\ A = 1 - e^2\alpha_0^2 \\ B = \boldsymbol{D}_0 \cdot \boldsymbol{P}_0 - r\alpha_0 - e^2 x_0\alpha_0 \\ C = \boldsymbol{P}_0^2 - 2rx_0 - e^2 x_0 \end{cases} \tag{7-12}$$

求解该等式即可求得交点。

2) 法线计算

当入射光线 $\boldsymbol{R}_0$ 与光学表面 F 的交点 $\boldsymbol{P}_1$ 确定后，下面继续计算光学表面在该点 $\boldsymbol{P}_1$ 的法线 $\boldsymbol{N}$，该点的法线是下一步计算折射光线 $\boldsymbol{R}_1$ 的必要条件。曲面 F 上任意点单位法线矢量的方向余弦为

$$\begin{cases} \lambda = \dfrac{-F_x'}{\sqrt{F_x'^2 + F_y'^2 + F_z'^2}} \\ \mu = \dfrac{-F_y'}{\sqrt{F_x'^2 + F_y'^2 + F_z'^2}} \\ \nu = \dfrac{-F_z'}{\sqrt{F_x'^2 + F_y'^2 + F_z'^2}} \end{cases} \tag{7-13}$$

式中, F_x'、F_y' 和 F_z' 分别为曲面 F 对 x、y 和 z 所求的偏导数。将交点 P_1 的坐标代入公式 (7-13), 则该公式可重新写成如下形式:

$$
\begin{cases}
\lambda = -\dfrac{x_1 c}{\sqrt{1 + c^2 e^2 (x_1^2 + y_1^2)}} \\[4mm]
\mu = -\dfrac{y_1 c}{\sqrt{1 + c^2 e^2 (x_1^2 + y_1^2)}} \\[4mm]
\nu = \dfrac{1 - z_1 (1 - e^2) c}{\sqrt{1 + c^2 e^2 (x_1^2 + y_1^2)}}
\end{cases}
\tag{7-14}
$$

3) 折射光线计算

在得到交点 P_1 以及光学表面在该点处的法线 N 后, 入射光线 R_0 折射后的光线 R_1 可根据如下公式计算:

$$
\begin{aligned}
R_1 &= \frac{n}{n'} R_0 + \Gamma N \\[3mm]
\Gamma &= \sqrt{1 - \frac{n^2}{n'^2} \left[1 - (R_0 \cdot N)^2\right]} - \frac{n}{n'} I \cdot N
\end{aligned}
\tag{7-15}
$$

式中, n 和 n' 分别为半径为 r 的镜头表面在边界两边的折射率。详细的推导过程可参见 7.2 节 "基于光阑的散景效果绘制" 和 7.3 节 "基于单色像差的散景效果绘制"。

2. 光学表面的近轴光线追踪

当光线与光轴的倾角足够小时, 精确光线追踪公式中各种倾角的正弦和正切都可用角度本身 (以弧度表示) 替代, 因而这些公式可因此简化为近似的、一阶的高斯光学形式, 即近轴光线追踪公式。这些近轴光线追踪公式广泛用于镜头设计领域中, 提供了一个方便的方法以分析复杂镜头系统的基本光学特性, 如物方主平面位置、像方主平面位置、物方焦点位置、像方焦点位置、物方聚焦平面位置、像方聚焦平面位置, 以及入射光瞳和出射光瞳的位置和直径等。对近轴光线追踪来说, 镜头表面在近轴区域被看成是垂直于光轴的平面, 因此入射的近轴光线与镜头表面的相交计算相对简单, 只需计算入射光线和平面的交点。折射光线计算也不需要借助法线, 而可以通过一系列简洁的公式得到。为了以更简单的方式得到折射光线, 首先需要利用一组重要的公式 [281]:

$$\begin{cases} i = \dfrac{l-r}{r}u \\[2mm] i' = \dfrac{n}{n'}i \\[2mm] u' = u + i - i' \\[2mm] l' = r + r\dfrac{i'}{u'} \end{cases} \tag{7-16}$$

式中，n 和 n' 分别为半径为 r 的镜头表面两边介质的折射率；u 和 u' 分别为入射光线和折射光线相对于光轴的夹角；i 和 i' 分别为入射角和折射角；而 l 和 l' 分别为物方截距和像方截距。图 7-6 以图形化的方式对该公式进行了说明。

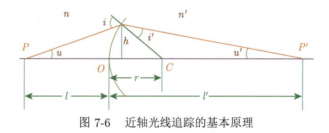

图 7-6   近轴光线追踪的基本原理

公式 (7-16) 中 u 和 u' 可用物距、像距及入射光线与透镜表面交点的高度表示

$$\begin{cases} u = h/l \\ u' = h/l' \end{cases} \tag{7-17}$$

其中，h 是入射光线与镜头表面的相交高度。将公式 (7-16) 的第一个和第四个公式代入第二个公式，同时利用公式 (7-17) 即可推导出另一个重要的公式，即拉格朗日公式

$$\begin{cases} n'u' = nu + \dfrac{n'-n}{r}h \\[2mm] u = \dfrac{\alpha}{\gamma} \quad \text{或} \quad \dfrac{\beta}{\gamma} \\[2mm] u' = \dfrac{\alpha'}{\gamma'} \quad \text{或} \quad \dfrac{\beta'}{\gamma'} \end{cases} \tag{7-18}$$

公式 (7-18) 可用来计算近轴光线的折射光线。

7.1.4　模型接口与图形化操作界面

1. 模型接口

为了让镜头模型更好地应用到真实感绘制领域中，ALMRR 选取了一组在镜头设计和摄影领域中经常使用的镜头特性，并提供了一个或多个可调控的参数以控制每个镜头特性。

镜头选取　对于镜头模型来说，用户通过镜头文件能够自由地选取他们所期望的物理镜头。这些镜头文件详细描述了物理镜头的光学数据 (图 7-7)，这可以从许多与镜头相关的教材 [305] 上免费获取。如果用户希望使用一个镜头绘制一个场景，只需根据镜头处方创建一个镜头文件。将该镜头文件传入到 ALMRR 的解析程序中，经过分析和提取后，就可以创建出相应的镜头模型。此外，由于大部分光

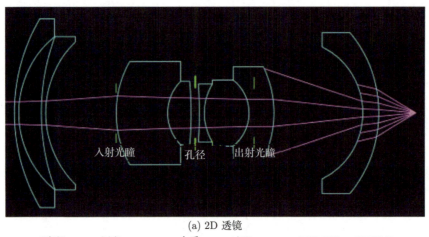

(a) 2D 透镜

#半径	厚度	介质	直径	圆锥系数	是否孔径
138.198	3.4	PK1	143	0.0	0
73.801	17.8	air	116	0.0	0
162.285	3.4	FK5	116	0.0	0
73.54	56.2	air	108	0.0	0
76.383	40.1	LAK10	78	0.0	0
33.62	18.2	BAF5	48	0.0	0
−267.237	3.2	air	48	0.0	0
0.0	3.2	air	37.6	0.0	1
−346.38	3.9	BAK4	44	0.0	0
41.93	34.3	SK15	44	0.0	0
−31.48	19.6	SF18	50	0.0	0
−76.359	69.6	air	70	0.0	0
−55.279	12.5	LAKN6	100	0.0	0
−93.624	24.04713	air	122	0.0	0

(b) 格式化的镜头文件

图 7-7　一个宽视场镜头的二维剖视图及其光学数据

学设计软件都提供了方便的编程接口，因此任何购买了某个光学设计软件的人都能开发一个类似功能的转换器，以将光学设计软件中的镜头数据导出到 ALMRR 的镜头文件中。

镜头焦距 当镜头处方被指定后，镜头的有效焦距通常是固定的。然而 Smith 指出，通过将一个常量缩放因子乘以镜头处方中所有长度单位的量的方式，能够对一个镜头的有效焦距进行缩放。基于这个性质，ALMRR 提供了一个缩放参数，$s_f = f_s/f$，这里 f_s 为缩放后的有效焦距，而 f 为镜头处方中原始的有效焦距。当给定缩放参数 s_f 时，所有长度单位的量都需要乘以该参数以获得期望的有效焦距，这些量包括镜头表面半径、镜头表面间距以及镜头孔径。

镜头视场 与物理世界的摄影类似，当 ALMRR 用于真实感绘制时，它的视场 (field of view，FOV) 决定了一个虚拟的三维场景的可见内容。镜头视场的变化意味着镜头可见范围的变化。这在真实感绘制过程中意味着三维场景内容的增加或减少。镜头视场主要受底片尺寸 (film size) 和底片距离 (film distance) 的影响 (图 7-8)。但现有的镜头模型通常提供一个直接的参数以控制它的视场，这并没有反映镜头视场变化的物理过程。为了实现符合光学和摄影原理的视场变化过程，ALMRR 提供了两个控制参数，分别是底片尺寸和底片距离。当这两个参数中的任一个发生改变时，由于使用了镜头内的精确光线追踪，ALMRR 的视场能够以一种物理的方式进行改变。

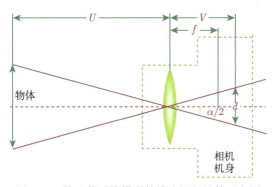

图 7-8　基于薄透镜模型的镜头视场计算示意图

镜头光圈 物理镜头的光圈实际上是作为孔径光阑，以限制进入镜头的光能量。在 ALMRR 中，镜头光圈由两个参数控制，分别是 F 数 (也称为相对孔径，或 f 档) 和叶片数。F 数决定了孔径光阑的大小，叶片数则指出孔径光阑的组成或形状。

常规聚焦 常规的聚焦过程涉及聚焦平面 (物方聚焦平面，在物方空间的聚焦平面) 沿着光轴的运动。当聚焦平面运动时，成像平面 (像方聚焦平面，在像方空间的聚焦平面) 也会跟着运动。因此，常规的聚焦过程 (图 7-9) 能够通过移动聚焦平面或成像平面来实现。ALMRR 提供了两个相关联的参数以控制聚焦过程，这两个参数分别是聚焦距离 (focal distance) 和底片距离，聚焦距离是聚焦平面到物方主平面的距离，而底片距离则为成像平面到像方主平面的距离。聚焦距离和底片距离满足如下方程：

$$\frac{1}{U} + \frac{1}{V} = \frac{1}{f} \tag{7-19}$$

这里，f 是镜头模型的有效焦距。

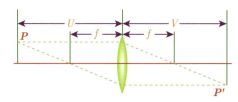

图 7-9　常规聚焦过程的基本光学原理

倾斜聚焦　倾斜聚焦是指像平面相对于镜头有一定的倾斜。而在常规聚焦中，像平面与镜头平行，与光轴垂直。倾斜聚焦通常用于引导观察者关注图像的某一部分，而忽略图像的其他部分。在 ALMRR 中，倾斜聚焦是一个可选的镜头特性，它提供了两种不同的旋转，分别是水平旋转像平面 (以倾斜角控制，tilt angle) 和垂直旋转像平面 (以摆动角控制，swing angle)。

镜头色散　镜头色散是模型的一个可选特性，当需要时可以方便地启用。当镜头色散特性被启用后，光谱分叉 (spectral splitting) 技术可用于加速光谱绘制，以快速合成与镜头色散相关的光学效果，关于该技术的详细说明参见 7.3 节 "基于单色像差的散景效果绘制"。

表 7-1 列出了所有的镜头属性以及相关的镜头参数和控制变量。

表 7-1　镜头模型的属性及相应的参数与控制变量

镜头属性	镜头参数	控制变量
镜头选择	镜头文件	lensfile
镜头焦距	焦距比	focallengthratio
镜头视场	底片尺寸	filmdiagonal
	底片距离	filmdistance
镜头光圈	F 数 (相对孔径)	fstop
	叶片数	blades
常规聚焦	聚焦距离	focaldistance
	底片距离	filmdistance
倾斜聚焦	倾斜角	filmtilt
	摆动角	filmswing
镜头色散	光谱分叉	spectralsplit

2. 模型的图形化操作界面

为了便于应用示范，将 ALMRR 集成到开源的三维建模软件 Blender①中，并使用 Python 语言开发一个图形化用户接口 (图 7-10)，该界面建立在 LuxRender 的 Blender 导出软件基础上，并已集成到该软件中。在使用 Blender 创建好三维场景后，利用这个被修改的导出软件，能够无缝地调用 LuxRender 实现镜头效果的真实感绘制。利用这个图形操作界面，能够方便地修改模型参数，使得镜头模型达到预期的光学成像特性。在 Blender 中，三维场景可以以任意度量单位进行创建，但镜头模型以毫米为单位创建。为了补偿这种不一致性，图像操作界面提供了一组缩放参数以实现从三维场景世界坐标系到镜头模型相机坐标系的转换。

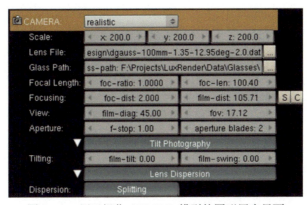

图 7-10 用于操作 ALMRR 模型的图形用户界面

7.1.5 模型的运行框架

图 7-11 显示了 ALMRR 模型的具体运行框架，该框架解释了镜头模型的实际运行过程。从图中可以看出，模型的实际运行过程依次可分为两个阶段：模型初始化阶段和光线追踪阶段。

1. 初始化阶段

ALMRR 模型的初始化阶段又依次涉及以下四个步骤：① 设定一组镜头参数；② 读取镜头文件；③ 创建镜头模型；④ 计算基本的镜头属性。

设定镜头参数 ALMRR 模型提供一组镜头参数以控制它的不同属性，这些参数共同向外界提供一个灵活的接口。通过修改这些镜头参数，可以驱动模型达到期望的成像特性。

---

① www.blender.org。

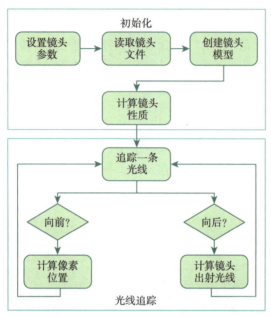

图 7-11   镜头模型的实现框架

读取镜头文件   详细的镜头文件是对复杂物理镜头的各种光学现象进行精确建模的基础。由于专利保护和版权等因素，真实镜头的详细光学数据通常是不可获得的。但幸运的是，许多镜头设计领域的教材 [304,305] 提供了大量镜头的详细光学数据。镜头文件的格式如图 7-7 所示。通过镜头文件获取镜头数据并存入一个线性的数据结构中，以用于下一步的模型创建。

模型创建   以上一步的线性数据结构为输入，可以依次从左到右创建镜头的光学表面，如图 7-7 (a) 的二维剖视图所示，这样就建立了整个镜头模型，将用于之后的光线追踪阶段。

基本镜头属性计算   在镜头模型创建后，可用近轴光线追踪 (见 7.1.3 节) 方法计算镜头的基本属性，如物方主平面位置、像方主平面位置、物方焦点位置、像方焦点位置、物方聚焦平面位置、像方聚焦平面位置，以及入射光瞳和出射光瞳的位置和直径等。

2. 光线追踪阶段

光线追踪阶段涉及镜头模型中的光线追踪算法与通用渲染器中的三维场景光线追踪算法之间的协作问题，这将在后面的章节详细解释。

7.1.6   基于 ALMRR 模型的绘制框架

为了使用 ALMRR 模型进行实际的真实感绘制，这里选取计算机图形学领域的绘制软件 LuxRender 作为基本的绘制平台, 同时将镜头模型集成到该绘制平台中。LuxRender 是一个基于物理的无偏差的绘制引擎 PBRT 的扩展。PBRT 的绘制框架参见 6.2.4 节。

ALMRR 模型作为相机模型的一部分, 可以很容易地集成到传统的绘制框架中。但在光谱绘制环境下, 会导致较低的绘制效率。针对这个问题, 这里给出一个新的绘制框架 (图 7-12)。从图中可以看出, 新的绘制管线可划分为五个顺序的基本步骤。

(1) 光线采样器模块根据指定的采样算法生成具有某种特征的样本点, 采样算法包括随机采样、分层采样、低差异采样、metropolis 采样、能量重分布采样等, 然后将样本点信息传给相机模型。

(2) 相机模型收到光线采样器发送的样本点后, 根据样本点提供的像素位置样本信息和镜头孔径样本信息生成一条初始光线, 该初始光线位于入射光瞳和聚焦平面之间, 然后将初始光线和样本点发送给光强积分器。

(3) 光强积分器模块收到初始光线后, 利用样本点的其他样本信息, 在三维场景中进行光线追踪, 生成一条到达光源的完整光路, 然后计算该光路的光强贡献值, 并将它发送给光强记录器。

(4) 相机模型在镜头模型中正向追踪初始光线, 计算光线离开镜头后, 与像平面的交点, 即为像素位置, 然后将像素位置发送给光强积分器。

(5) 光强记录器模块 (底片模型) 接收来自光强积分器的光强值和来自相机模型的像素位置, 存入指定的像素中, 当每个像素都记录有符合要求的光强值后, 进行一系列后处理操作 [31], 生成最终的图像。

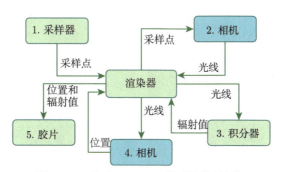

图 7-12　基于 ALMRR 模型的绘制框架

7.1.7　绘制实例与分析

为了证明 ALMRR 模型的有效性, 这里设计了四组不同的绘制实例, 分别显示由镜头视场、常规聚焦过程、倾斜聚焦过程和镜头孔径变化引起的成像效果变化，并对所有的绘制结果进行分析。绘制实例中所用的镜头均来自教材[305]。

1. 镜头视场变化

图 7-13 显示了一个因底片尺寸和有效焦距镜头变化而引起的视场变化过程，绘制实例使用了一个宽角镜头 (F/3.4)，其相对孔径 (F 数) 设为 F/8.0。从图 7-13 (a) 到 (b)，底片尺寸 (对角线方向量度) 固定为 30mm，但有效焦距从 100mm 减小到 80mm(对应的焦距比从 1.0 变化到 0.8)。从图 7-13 (c) 到 (d)，有效焦距固定为 60mm，但底片尺寸将由 50mm 变化到 80mm。通过对底片尺寸和有效焦距所做的一系列调整，我们可以看到一个连续增大的视场变化过程。

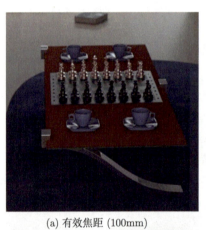

(a) 有效焦距 (100mm)　　　　　　　　　(b) 有效焦距 (80mm)

(c) 底片尺寸 (50mm)　　　　　　　　　(d) 底片尺寸 (80mm)

图 7-13　因底片尺寸和有效焦距镜头改变而引起的视场变化，进而导致绘制范围的变化

2. 常规聚焦过程

图 7-14 是因聚焦距离调整而实现的一个从近到远的渐进聚焦过程，绘制使用了一个双高斯镜头 $(F/1.35)$，其孔径设为最大值，有效焦距设为 100mm。当聚焦距离设为 2000mm 时，前景中的书能够被清晰聚焦。当聚焦距离增加到 3000mm 时，场景中的象棋能成清晰像，前景中的书则变得模糊。如果聚焦距离调整为 5000mm 时，则窗户边的书可以清晰地看到。最后，当聚焦距离修改为 10000mm 时，窗户外的风景可以清晰地成像，而室内的所有物体都成模糊像。尽管绘制实验中，没有涉及底片距离，但根据公式 (7-19)，通过调整底片距离可以实现类似的聚焦过程。

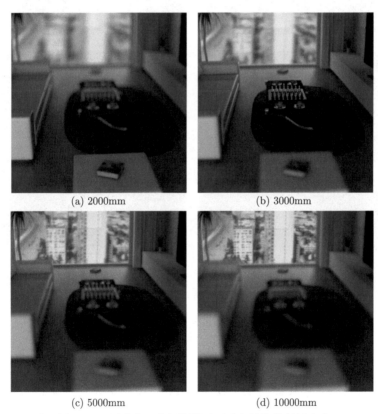

(a) 2000mm　　　　　　　　　　(b) 3000mm

(c) 5000mm　　　　　　　　　　(d) 10000mm

图 7-14　因聚焦距离逐渐增减而引起的聚焦效果变化

3. 倾斜聚焦过程

图 7-15 是不同镜头下的倾斜聚焦效果，绘制实例中使用了三种不同的镜头，双高斯镜头 $(F/1.35)$，反远焦镜头 $(F/3.0)$ 和宽角镜头 $(F/3.4)$，所有镜头的孔

径都设为最大值。对每个镜头，像平面被顺时针摆动 (将像平面绕自身的 Y 轴顺时针旋转)10° 和 20°。场景中所有的容器都位于同一深度 (在深度上与镜头的距离相同)，但图像中的容器被清晰聚焦，而两侧的容器则有不同程度的模糊，且越靠近图像边缘越模糊。此外，还可以从图中的左右两侧中看到不同颜色的离焦模糊效果，如不同颜色的弥散圈。

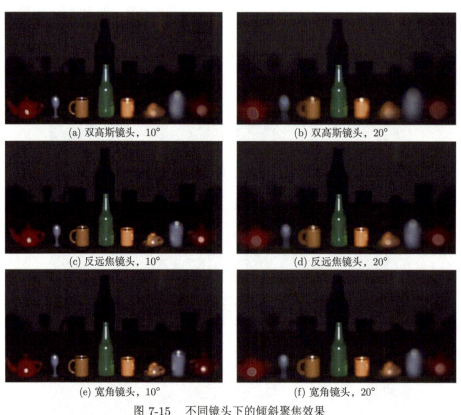

(a) 双高斯镜头，10°　　　　　　　　　　　　　(b) 双高斯镜头，20°

(c) 反远焦镜头，10°　　　　　　　　　　　　　(d) 反远焦镜头，20°

(e) 宽角镜头，10°　　　　　　　　　　　　　　(f) 宽角镜头，20°

图 7-15　　不同镜头下的倾斜聚焦效果

4. 镜头孔径变化

图 7-16 是因调整孔径尺寸和形状而引起的多种镜头光学效果，绘制实例中使用了一个宽角镜头 ($F/3.4$)，其有效焦距固定为 100mm。图 7-16(a) 中，镜头孔径设为最大 ($F/3.4$)，从图中可以看到弥散圈内的光强分布特点，边缘亮，中间暗，这种分布特性是由镜头的球面像差所引起的。当镜头孔径逐渐缩小时，球面像差逐渐消失，使得弥散圈内的光强分布趋于均匀且逐渐变小，场景也逐渐清晰，如图 7-16(b) ~ (d) 所示。前四个绘制结果中，镜头均使用了圆形孔径，因此其弥散圈是圆形的。当镜头孔径为正五边形或正六边形时，则绘制结果中的弥散圈也

将是正五边形或正六边形的，分别如图 7-16(e) 和 (f) 所示。

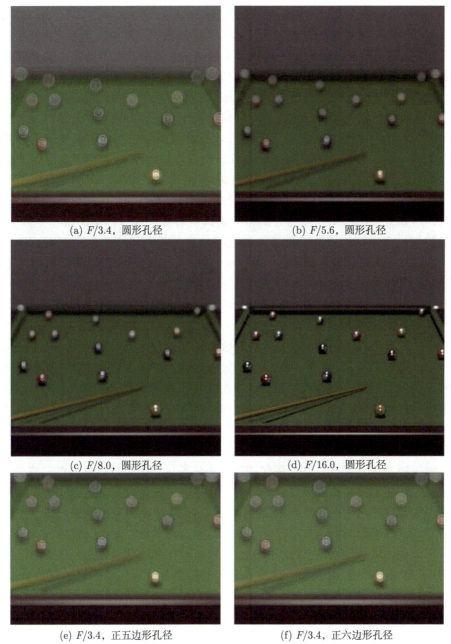

(a) $F/3.4$，圆形孔径   (b) $F/5.6$，圆形孔径

(c) $F/8.0$，圆形孔径   (d) $F/16.0$，圆形孔径

(e) $F/3.4$，正五边形孔径   (f) $F/3.4$，正六边形孔径

图 7-16   因孔径尺寸和形状改变所引起的镜头光学效果

7.2　基于光阑的散景效果绘制

广义的散景效果是指在有限孔径的镜头所拍摄的照片中离焦区域 (包括前景和背景) 的模糊效果，而狭义的散景效果是指模糊效果的艺术质量，主要涉及模糊圈形状以及模糊圈内的光强分布。散景效果与景深效果类似，都涉及离焦前景或背景的模糊效果，但散景形成的光学原理更加复杂，不仅与镜头孔径大小、焦距和物距有关，还与相机镜头内的光阑和镜头本身所固有的光学像差相关。景深效果仅与离焦点的模糊量相关，而散景效果更强调离焦模糊的表现形式，尤其是小光源、点状光源、镜面高亮、焦散等的离焦模糊形式 [193,306]。散景效果常在具有浅景深 (shallow depth of field) 的相机镜头中出现，如大孔径镜头、微距镜头或长焦镜头。不同的镜头会在照片的前景或背景中产生不同形式的散景效果，这些效果因镜头光学特性的不同而具有各种不同模糊圈形状和光强分布。这些照相镜头通过生成散景效果以增强照片离焦模糊区域的艺术效果。许多镜头厂商 (如尼康、佳能、Minolta 等) 专门设计了一些镜头，以帮助摄影师更加容易地拍摄散景效果。利用这些镜头，摄影师能够在他们的艺术作品中加入各种散景效果，以强调照片中的特殊部分，吸引观众的注意力，或者增强照片的艺术感。

在计算机合成的图像中，加入散景效果能够增强图像的真实感、改善深度视觉和用户理解。目前已有不少关于散景效果绘制的研究成果，这些成果涉及两类绘制方法 [307]。第一类是基于图像的绘制方法 [195,196,198,200,307-309]，这类方法使用图像后过滤技术，对由标准绘制算法绘制的图像 (也可以是实际相机拍摄的图像) 进行处理，以绘制出散景效果。这类方法的优点是无须建立三维场景，避免了烦琐的建模过程，节省大量的时间，绘制速度较快。通过与层组合技术 [307] 和硬件加速技术 [309] 结合，基于图像的绘制方法可以实现散景效果的实时渲染。但是这类方法使用针孔相机模型或具有有限孔径的单透镜模型，不能精确模拟相机镜头的成像过程，也不能绘制出受光阑或光学像差影响的散景效果。第二类是基于分布式光线追踪的绘制方法 [1,310,311]，这类方法是首先建立三维场景，然后利用分布式光线追踪技术对三维场景进行采样，以绘制出散景效果。这类方法可以绘制出较为精确的散景效果，但由于采用的仍然是针孔相机模型或薄透镜模型，因此同样不能精确模拟相机镜头的成像过程，也不能绘制出受光阑或光学像差影响的散景效果。针对这些问题，本节以分布式光线追踪方法和精确的相机镜头模型为基础，介绍一种基于光阑的散景效果绘制 (rendering bokeh effects due to lens stops, RBELS) 方法 [312]。该方法采用序列光线追踪方法建立精确的相机镜头模型，可以模拟不同形状的孔径光阑和渐晕光阑对散景效果的影响；同时利用几何光学理论和序列光线追踪法精确计算出射光瞳的位置和大小，以提高光线追踪效率。

7.2.1 散景效果的光学原理

在几何光学中，散景是一种景深外成像现象。图 7-17 是散景的光学原理示意图，相机镜头用单透镜表示，镜头聚焦于平面 O，即为物平面，平面 I 为相应的像平面，其中物距为 U_0，像距为 V_0。平面 N 为近景平面，平面 F 为远景平面，景深为近景平面与远景平面之间的距离。严格说来，只有物平面上的点可以在像平面上成清晰像。近景平面和远景平面之间 (不包括物平面) 的任何物点在像平面成弥散像，但其弥散圈大小不会超过人眼能分辨的弥散圈大小，因此也可以认为是成清晰像。而对于近景平面内侧或远景平面外侧的任何物点，其在像平面所形成的弥散圈能够被人眼所分辨，则认为是成模糊像，即散景效果。弥散圈的大小与孔径、焦距和物距密切相关。孔径越大，弥散圈就越大；焦距增加，像的放大率随之增加，弥散圈的直径变大；物距减小，像的放大率随之增加，弥散圈的直径变大。散景效果的表现形式，即弥散圈的形状与相机镜头的内部结构相关，主要包括镜头内的孔径光阑和渐晕光阑。在不受渐晕光阑影响的情况下，弥散圈的形状即为孔径光阑的形状。实际相机镜头中，渐晕光阑是普遍存在的，它使得靠近像平面边缘的弥散圈不再完全反映孔径的形状。

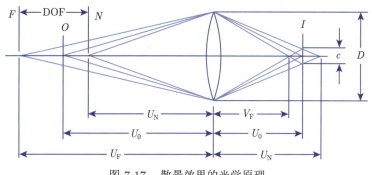

图 7-17 散景效果的光学原理

图 7-18 是用真实相机拍摄的照片，其中图 7-18(a) 和 (b) 为使用圆形孔径光阑的相机镜头拍摄的照片，从图中可以看出，焦外高亮部分的弥散圈在图片中央部分为圆形，即呈现出孔径光阑的形状，而越靠近图片边缘，弥散圈就越呈现不规则的类似椭圆形状；图 7-18(c) 为使用三角形孔径光阑的相机镜头拍摄的照片 [193]，从图中可以看出，焦外高亮部分呈现出与镜头孔径形状类似的三角形弥散斑。这些焦外高亮部分的弥散现象就是散景效果。

(a) 圆形孔径光阑①   (b) 圆形孔径光阑②   (c) 三角形孔径光阑

图 7-18   具有散景效果的照片

7.2.2   相机镜头的光阑

相机镜头通常由一系列共轴的透镜和光阑组成。光阑是用来限制成像光束的光学元件，通常是开孔的不透明屏或透镜框。在各种光阑中，孔径光阑和渐晕光阑是两个最为重要的光阑，因为它们直接影响着散景效果的形式，主要是弥散圈的形状。

1. 孔径光阑

相机镜头中能最大限制成像光束的光阑称为孔径光阑，孔径光阑通过其前面子镜头所成的像称为入射光瞳，通过其后面子镜头所成的像称为出射光瞳[209]。入射光瞳是从物方空间的轴上点观察孔径光阑时所成的像，而出射光瞳则是从像方空间中的轴上点观察镜头孔径光阑时所成的像。

图 7-19 显示了孔径光阑形状对散景效果的影响。图 7-19(a) 中，PQ 是孔径光阑，$P'Q'$ 是入射光瞳，$P''Q''$ 是出射光瞳。从物点 A 发出的光束 $AP'Q'$，经过前面透镜折射后，恰好通过孔径光阑 PQ，再被后面透镜折射后，恰好通过出

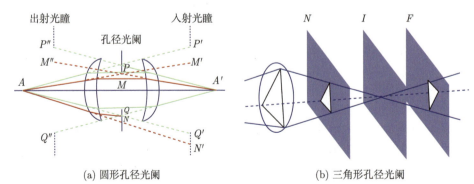

(a) 圆形孔径光阑   (b) 三角形孔径光阑

图 7-19   孔径光阑形状对散景效果的影响

---

① http://en.wikipedia.org/wiki/Bokeh。

② http://toothwalker.org/optics/boken.html。

射光瞳 $P''Q''$，最后交于像点 A'，可以看出孔径光阑对成像光束起着最大的限制作用。

　　根据光学成像原理 [193,313]，孔径光阑、入射光瞳和出射光瞳存在共轭关系。也就是说，从物点发出的光线，如果通过入射光瞳，则一定通过孔径光阑和出射光瞳；如果不通过入射光瞳，则一定不通过孔径光阑和出射光瞳。图 7-19 (a) 中，光线 AM' 通过入射光瞳，同样也通过孔径光阑和出射光瞳，光线 AN' 不能通过入射光瞳，折射后也不能通过孔径光阑和出射光瞳。我们将在 7.2.3 节讨论如何利用这种共轭关系提升光线追踪效率。

　　孔径光阑可以是圆形、多边形或其他任意不规则的形状，图 7-20 第一排镜头显示了入射光瞳 (孔径光阑) 的不同形状和尺寸，第二排显示了入射光瞳随观察角度变化而变化 (图中白色的开孔对应能够到达像平面的光束孔径)。不同形状的孔径光阑产生不同弥散圈形状的散景效果，图 7-19(b) 中紧靠透镜的孔径光阑为向上的三角形，因此通过孔径光阑的成像光束截面也为三角形，成像光束在平面 I 聚焦。当像平面放在靠近透镜的位置 N 时，成像光束在像平面上成向上的三角形弥散像。同样，当像平面放在远离透镜的位置 F 时，成像光束在像平面上成向下的三角形弥散像。图 7-18 (c) 为使用三角形孔径光阑的相机拍摄的照片。从图中可以看到，前景中弥散的三角形是朝下的，而背景中弥散的三角形是朝上的。

图 7-20　入射光瞳 (孔径光阑) 的形状随着孔径尺寸和观察角度变化 [①]

---

① http://toothwalker.org/optics/chromatic.html。

2. 渐晕光阑

轴外点的成像光束被拦截的现象称为渐晕,产生渐晕的光阑称为渐晕光阑,渐晕光阑通常是透镜框。渐晕光阑通过其前面镜头所成的像称为入射窗,通过其后面镜头所成的像称为出射窗。图 7-21 显示了渐晕对散景效果的影响。图中 P_1P_2 为出射光瞳,Q_1Q_2 为出射窗。该图不考虑相机镜头内的具体光学元件,仅画出出射光瞳、出射窗和像平面来分析像空间成像光束的渐晕。可以看出,在像平面上的点 A 和 B_1 之间,任意像点的成像光束 (成像光束的孔径大小由孔径光阑 P_1P_2 决定) 都可以通过出射窗 Q_1Q_2;在 B_1 和 B_3 之间,任意物点 (如 B_2) 的成像光束都会部分地被入射窗遮挡,导致成像光束的截面变成类似于椭圆的形状,如 M 处的阴影 (图 7-20 中第二排镜头);显然,在点 B_3 之外,任意点的成像光束都全部被入射窗遮挡,因此无法通过镜头成像。当前景 (或背景) 中的高亮部分通过相机镜头成像时,图 7-21 中的像平面后移 (或前移),导致高亮部分在像平面上成弥散像。弥散像的形状既与孔径光阑的形状有关,又与渐晕光阑产生的渐晕有关。高亮部分在像平面中间部分的弥散像只与孔径光阑的形状有关,而在像平面外围部分的弥散像则是孔径光阑形状和渐晕共同作用的结果。图 7-18 (a) 和 (b) 中照片边缘部分呈现的椭圆状弥散斑就是由孔径光阑形状和渐晕共同作用而产生的散景效果。

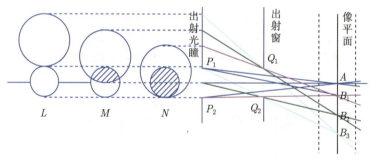

图 7-21　渐晕对散景效果的影响

7.2.3　相机镜头内的光线追踪方法

为了精确模拟孔径光阑形状和渐晕对散景效果的影响,这里采用一种新的相机镜头内序列光线追踪方法。应用光学理论[209] 指出,对于摄影相机的镜头,光线追踪方法能够很好地模拟其光学成像特性。

1. 折射定律

折射定律又称为斯涅耳定律,用以描述光线穿过透明介质时发生的光学现象。相机镜头内的透镜都是用透明材料制作而成的,因此可以用折射定律来描述透镜的光学行为。为了方便后面的光线追踪计算，这里使用矢量形式的折射定律来描述透镜的光学行为 (图 7-22)。

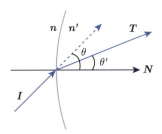

图 7-22 矢量形式的折射定律

图中 $\boldsymbol{I}$ 和 $\boldsymbol{T}$ 分别为入射光线和折射光线的单位矢量，$\boldsymbol{N}$ 为法线光线的单位矢量，θ 和 θ' 分别为入射角和折射角，n 和 n' 分别是折射面两边的介质的折射率。因此，折射定律可以表示为

$$n(\boldsymbol{I} \times \boldsymbol{N}) = n'(\boldsymbol{T} \times \boldsymbol{N}) \tag{7-20}$$

整理该公式可得

$$\left(\boldsymbol{T} - \frac{n}{n'}\boldsymbol{I}\right) \times \boldsymbol{N} = 0 \tag{7-21}$$

式中，向量的叉乘为零，说明矢量 $\boldsymbol{T} - (n/n')\boldsymbol{I}$ 和矢量 $\boldsymbol{N}$ 的方向是一致的，可得

$$\boldsymbol{T} - \frac{n}{n'}\boldsymbol{I} = \Gamma\boldsymbol{N} \tag{7-22}$$

其中，Γ 称为偏向导数。用 $\boldsymbol{N}$ 对上式两边做点积，可得

$$\begin{aligned}
\Gamma &= \boldsymbol{T} \cdot \boldsymbol{N} - \frac{n}{n'}\boldsymbol{I} \cdot \boldsymbol{N} \\
&= \cos\theta' - \frac{n}{n'}\cos\theta \\
&= \sqrt{1 - \frac{n^2}{n'^2}\left[1 - (\boldsymbol{I} \cdot \boldsymbol{N})^2\right]} - \frac{n}{n'}\boldsymbol{I} \cdot \boldsymbol{N}
\end{aligned} \tag{7-23}$$

因此，可求得折射光线的单位方向矢量为

$$\boldsymbol{T} = \frac{n}{n'}\boldsymbol{I} + \Gamma\boldsymbol{N} \tag{7-24}$$

在相机镜头内的序列光线追踪方法中，利用式 (7-24) 可以方便地求出折射光线方向。

2. 出射光瞳的计算

在进行相机镜头内的光线追踪时，最直接的光线采样方法是在像平面和后透镜 (最靠近像平面的透镜) 之间进行。然而采用这种光线采样方法的光线追踪效率很低，这是因为通过后透镜的许多光线都被相机镜头内部的光阑阻挡掉，而不能穿过整个镜头。

7.2.2 节指出，孔径光阑、出射光瞳和入射光瞳存在共轭关系，也就是说，从一物点发出的光线，如果通过入射光瞳，就必然通过孔径光阑和出射光瞳，同时通过整个相机镜头；如果光线不能通过入射光瞳，则其同样不能通过孔径光阑和出射光瞳。因此，在像平面和出射光瞳之间采样光线有助于提升光线追踪的效率，在孔径光阑直径相对较小时尤其如此，这一点将在后面的绘制实例中得到验证。

出射光瞳是孔径光阑的像，实际中是不存在的，因此在利用出射光瞳进行光线采样之前，首先需要计算出射光瞳的位置 (在光轴上) 和孔径 (半径或直径)。这里用于计算出射光瞳的算法是首先利用光线追踪方法精确地计算出射光瞳的位置，然后利用高斯光学理论和光线追踪方法确定出射光瞳的直径。计算出射光瞳的位置和大小的算法过程如下所述。

(1) 点 P_0 初始化为像平面中心，点 $P_{\min}$ 初始化为后透镜中心，点 $P_{\max}$ 初始化为后透镜边缘上一点。

(2) 光线 $R_{\min}$ 初始化为从点 P_0 到点 $P_{\min}$，光线 $R_{\max}$ 初始化为从点 P_0 到点 $P_{\max}$，光线 R 初始化为光线 $R_{\max}$。

(3) 如果光线 $R_{\min}$ 和 $R_{\max}$ 的方向余弦相差大于某最小值 H 且迭代次数不超过预先设定的最大值 T 时，则执行下一步；否则转第 (6) 步。

(4) 在镜头内逆向追踪光线 R，光学元件 E 为光线 R 能通过的最后一个光学元件。

(5) 如果光线 R 能通过镜头，则 $R_{\min} = R$；否则 $R_{\max} = R$，然后 $R = (R_{\min} + R_{\max})/2$，返回第 (3) 步。

(6) 光线 R 即为出射光瞳的边缘光线，光学元件 E 即为孔径光阑。

(7) 点 P_0 初始化为孔径光阑中心，点 P_3 初始化为位于孔径光阑后面的光学元件上的近轴点。

(8) 光线 R_3 初始化为从点 P_0 到点 P_3，正向追踪光线 R_3。

(9) 出射光瞳的位置 P 即为由光线 R_3 通过镜头后与光轴的交点，出射光瞳的孔径 D 由出射光瞳的位置 P 和边缘光线 R 确定，即由光线 R_3 通过镜头后与光轴的交点确定出射光瞳的位置 P，以及由出射光瞳的位置 P 和边缘光线 R 确定出射光瞳的孔径 D，算法结束。

需要注意的是，如果孔径光阑不是圆形的，则首先求出包含该非圆形孔径光阑的最小圆，以该最小圆替代孔径光阑计算出射光瞳。求出的出射光瞳只用于光线采样，而在进行相机镜头内的序列光线追踪时，将使用实际的孔径光阑形状。

3. 镜头内的逆向序列光线追踪

传统的光线追踪算法是针对三维场景的，而三维场景中的物体在尺寸、形状、数量和相对位置上是千变万化的，为了在这个变化的三维场景中进行有效的光线追踪，首先需要使用一个有效的空间数据结构来存储三维场景的物体。尤其是物体之间复杂的相对位置关系，使得需要一个复杂的空间数据结构来组织这些物体，以支持高效的光线追踪。

然而，与三维场景中的物体不同，相机镜头内的光学元件能够按照光路的顺序存储到线性数据结构中，因此相机镜头内的光线追踪能够以一种有序的方式进行。与三维场景中的传统光线追踪方法不同，在镜头内进行光线追踪时，与光线相交的元件可以顺序取出，不需要寻找光线的最近交点，这避免了大量的排序和相交测试计算，进而能够获得较高的光线追踪效率。因此，RBELS 采用一种镜头内的逆向序列光线追踪算法，该算法是在镜头内的简化的路径追踪算法 (path tracing，PT)，充分利用了镜头内光学元件的结构特性。该算法与三维场景中传统的光线追踪集成时，既可以建立精确的相机镜头模型，又不会明显降低渲染程序的性能。在渲染一个复杂的三维场景时，三维场景中的光线追踪计算占用绝大部分的计算时间，而镜头内的序列光线追踪所占时间几乎可以忽略。逆向序列光线追踪方法的基本思路是，首先将相机镜头的所有光学元件存储到一个数据结构中，顺序并逐个取出该镜头的光学元件，接着利用该光学元件的相关信息，计算光线与该元件的交点以及被该元件折射的光线方向，最后能够通过相机镜头的光线被通用的光线追踪绘制程序使用，以进行三维场景中的光线追踪。该算法的详细过程如下所述。

(1) 在成像平面上随机采样一个点 P_1，在出射光瞳随机采样一个 P_2，生成采样光线 $R = \text{Ray}(P_1, P_1 \to P_2)$。

(2) 遍历镜头中每一个光学元件，如果还有光学元件，则执行下一步，否则转第 (6) 步。

(3) 计算光线 R 与该光学元件的交点 P_0。

(4) 如果交点 P_0 在光学元件的孔径范围外，光线 R 不能通过该光学元件，光线被阻挡，则转第 (6) 步；否则光线 R 能通过该光学元件，转第 (5) 步。

(5) 计算该光学元件在交点处的法线 N，计算光线 R 被光学元件折射或反射后的光线 T，更新 $R(R = T)$，返回第 (2) 步。

(6) 输出相机镜头的出射光线 R，算法结束。

通过镜头的每条光线相互独立，互不影响，在镜头内的光线追踪方法可以并行执行，以充分利用主流 CPU 的多核优势，提高追踪效率。

7.2.4 绘制实例与分析

本节所有绘制实例硬件环境为 Intel Xeon CPU 3.0GHz(8 个)，16GB 内存 (单个 2GB，共 8 个)，NVIDIA Quadro FX 4600 显卡。实例中所用的高斯镜头 (Gauss lens) 来自教材 [305]，其光学参数如表 7-2 所示。

表 7-2   D-GAUSS 镜头光学参数

序号	半径/mm	厚度/mm	折射率	孔径 (半径)/mm
0	29.475	3.76	1.67	25.2
1	84.83	0.12	1.0	25.2
2	19.275	4.025	1.67	23.0
3	40.77	3.275	1.699	23.0
4	12.75	5.705	1.0	18.0
5	0.0	4.5	0.0	17.1
6	−14.495	1.18	1.603	17.0
7	40.77	6.065	1.658	20.0
8	−20.385	0.19	1.0	20.0
9	437.065	3.22	1.717	20.0
10	−39.73	0.0	1.0	20.0

1. 光线追踪效率比较

7.2.3 节从理论上分析了基于出射光瞳的光线采样方法在效率上要优于基于后透镜的光线采样方法。这里分别用这两种采样方法进行镜头内的序列光线追踪绘制，比较它们的光线追踪效率。绘制实例中像平面尺寸为 35mm，分辨率为 512×512，每个像素采样 16 条光线。对这两种采样方法进行光线追踪的结果如表 7-3 所示。每次绘制总的采样光线数目为 $4.261×10^6$ 条。F 值 (相机光圈系数) 为 2.0，使用基于后透镜的采样方法进行光线追踪时，有效光线为 $2.556×10^6$ 条 (耗时 21.4 s)，使用基于出射光瞳的采样方法进行光线追踪时，有效光线为 $3.076×10^6$ 条 (耗时 23.5s)，追踪效率提升约 20%；类似地，F 值为 2.8 时，追踪效率提升约 235%；F 值为 4.0 时，追踪效率提升约 374%。由此可见，基于出射光瞳的光线采样方法明显优于基于后透镜的光线采样方法，并且随着 F 值的增加，基于出射光瞳的光线采样方法的效率更高，优势更明显。

表 7-3 光线追踪效率比较

采样方法	F 值 =2.0	F 值 =2.8	F 值 =4.0
总光线数 ($512\times512\times16$)	4.261×10^6	4.261×10^6	4.261×10^6
后透镜	2.556×10^6 (21.4s)	1.814×10^6 (19.1s)	8.967×10^5 (16.9s)
出射光瞳	3.076×10^6 (23.5s)	4.160×10^6 (26.6s)	4.249×10^6 (26.8s)

在计算时间方面, 随着 F 值的增加, 基于后透镜的采样方法所耗时间减少, 这是因为光线采样效率逐渐降低; 而基于出射光瞳的采样方法所耗时间增加, 这是因为光线采样效率逐渐提高。由于基于出射光瞳的采样方法的光线采样效率相对较高, 需要对更多的光线进行追踪计算, 因此需要耗费更多的时间。从表 7-3 可以看出, 尽管使用基于出射光瞳的采样方法进行光线追踪的效率很高, 但是仍然有部分光线不能通过镜头, 这是因为渐晕现象的存在。随着 F 值的变小, 孔径光阑的变大 (与 F 值成反比), 渐晕现象越来越明显, 导致光线追踪效率逐渐降低。

2. 绘制结果

采用 ALMRR 镜头模型和 RBELS 方法, 绘制出由孔径形状和渐晕共同作用的散景效果, 结果如图 7-23 所示。每幅图像的原始尺寸为 512 像素 ×512 像素, 每个像素采样 1000 条光线。

(a) 无孔径光阑　　　　　　　　　　　(b) 圆形孔径光阑
物距 500mm, 耗时2147s　　　　　　物距 500mm, 耗时2238s

(c)正三角形孔径光阑
物距500mm, 耗时2392s

(d) 正五边形孔径光阑
物距500mm, 耗时2448s

(e) 正五角星形孔径光阑
物距500m, 耗时2526s

(f) 正三角形孔径光阑
物距700mm, 耗时2385s

图 7-23　基于光阑的散景效果绘制结果

　　图 7-23(a) 为针孔相机模型绘制的散景效果,物距为 500mm,可以看出背景中的高亮部分呈模糊效果,但未能反映出孔径形状和渐晕的影响。图 7-23(b) ~ (e) 为采用 RBELS 方法绘制的散景效果,物距为 500mm。图 7-23(b) 中,相机镜头聚焦在前景,导致前景在焦内清晰成像,而背景在焦外模糊成像,背景中接近图像中央的球上呈现与孔径光阑形状相似的圆形光斑,而靠近图像边缘的球上呈现出类似椭圆的光斑,这就是渐晕作用的结果。同样地,在图 7-23(c)~(e) 中,孔径光阑的形状分别为正三角形、正五边形和正五角星形,背景中靠近图像中间

的球上可以看到与孔径光阑形状类似的弥散光斑，而在接近边缘的球上则可以看到由于镜头渐晕影响而有所变化的弥散斑。为了反映三角形孔径光阑在前景和背景中对散景效果的不同影响，图 7-23(f) 中的物距设为 700mm，此时前景和背景均在焦外模糊成像，可以看出，散景效果在前景中表现为一系列倒三角的弥散斑，如地面上三个球的三角斑，机器人眼中的三角斑；而散景效果在背景中表现为一系列正三角的弥散斑。图中还列出了每幅图像的绘制时间，可以看出，RBELS 方法在绘制时间上有所增加，这是因为采用了更为复杂和精确的相机镜头模型，与所获得的精确散景效果相比，绘制时间的少量增加是可以接受的。

7.3 基于单色像差的散景效果绘制

7.2 节讨论了基于光阑的散景效果绘制问题，反映的是镜头光阑对成像效果的影响。本节进一步讨论像差对成像效果的影响，介绍一种基于单色像差的散景效果绘制 (rendering bokeh effects due to monochromatic aberrations, RBEMA) 方法 [314]。该方法采用以镜头光学数据和折射定律为基础的镜头模型，能够精确模拟真实镜头的光学特性，包括离焦物点的弥散圈形状以及弥散圈内的光强分布，这些弥散圈的外表是真实物理镜头中固有光学像差的表现。

7.3.1 弥散圈的形成

图 7-24 显示了弥散圈的形成过程。薄透镜的焦距为 f，孔径为 D。根据薄透镜成像原理，聚焦平面 (focal plane) 上的任一点都会在像平面 (image plane) 成一清晰的像点。而一个位于聚焦平面之外的点 (离焦点) 将会在像平面形成一个有一定大小的模糊的圆盘，通常称为弥散圈 (confusion of circle，COC)。

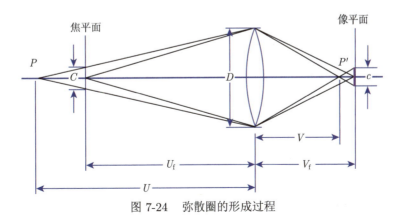

图 7-24 弥散圈的形成过程

为了计算模糊圈的大小 (直径)，我们首先利用透镜方程得到两个重要的公

式 [313]：

$$V_{\mathrm{f}} = \frac{U_{\mathrm{f}}f}{U_{\mathrm{f}} - f}$$
$$m = \frac{V_{\mathrm{f}}}{U_{\mathrm{f}}}$$

(7-25)

式中，U_{f} 为聚焦平面到薄透镜的距离，常简称为聚焦距离；V_{f} 为像平面到透镜的距离，简称底片距离；m 为薄透镜在像平面上所成像的放大率 (magnification)。利用相似三角形原理，物点 P 在聚焦平面上形成的弥散圈直径 C 可表示为

$$C = D\frac{|U - U_{\mathrm{f}}|}{U}$$

(7-26)

式中，U 为物点 P 到薄透镜的距离，也称为物距 (object distance)。最后，像平面上弥散圈直径 c 即为 C 乘以放大率 m：

$$c = mC = \frac{|U - U_{\mathrm{f}}|\,V_{\mathrm{f}}}{U_{\mathrm{f}}U}D = \frac{|U - U_{\mathrm{f}}|\,f}{U(U_{\mathrm{f}} - f)}D$$

(7-27)

　　从公式 (7-27) 可以看出，弥散圈的直径依赖于透镜孔径大小、焦距、聚焦距离和物距，这些量共同决定着模糊量的大小，进而影响离焦区域中散景效果的出现。在薄透镜模型中，弥散圈总是圆形的，其光强分布总是均匀的，已有的景深效果绘制方法几乎都是基于这种弥散圈形式。然而，在真实物理镜头中，由于其内在的光学像差，弥散圈形状常常不是圆形的，其光强分布也是多种多样的。

7.3.2　单色像差

　　光学像差是指实际光学镜头与理想镜头 [209,292] 所成像的差异 (图 7-25)，它普遍存在于各种实际相机镜头中。光学像差可分为单色像差和色差两大类：单色像差描述了相机镜头对单色光成像时的像差，由镜头的几何结构因素引起；色差描述了相机镜头对白光中各种单色光所成像的差异，由镜头的色散现象引起，根源在于镜头折射材料对波长的依赖性。当相机镜头没有像差时，聚焦平面上的物点会在像平面上成清晰像点 (图 7-25(a))。当相机镜头含有光学像差时，原本清晰的像点将会变得模糊 (图 7-25(b))。光学像差会影响散景效果的外表，包括弥散圈的形状及其内部的光强分布。RBEMA 方法主要考虑单色像差对散景效果的影响，而色差对散景效果的影响分析及其相应的绘制方法将在 7.4 节讨论。

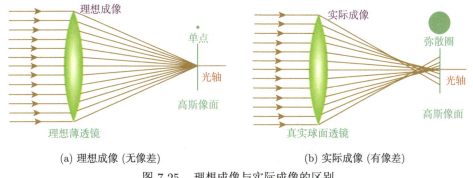

(a) 理想成像 (无像差)　　　　　　　　　　(b) 实际成像 (有像差)

图 7-25　理想成像与实际成像的区别

1. 球差

轴上的点发出的同心光束，经相机镜头折射后，不同角度的光线与光轴相交于不同点，且相对理想像点的位置有不同的偏离，这就是球面像差，简称球差，如图 7-26 所示 (轴上点在无穷远处)，它是轴上点的唯一单色像差。相机镜头存在球差主要是因为含有球面镜片。由于球面镜片的制造成本较低，基于成本的考虑，镜头设计者通常在设计物理镜头时大量使用球面镜片。然而，球面镜片对物点成像时，其成像过程是一个非理想的过程，会导致球面像差。

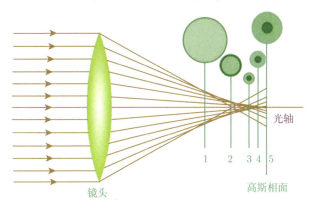

图 7-26　具有负球差的透镜入射的边缘光线折射后与光轴的交点距透镜更近

由图 7-26 可以看出，入射高度越高，其折射光线与光轴的交点距透镜越近，球差值越大。与高斯焦点相比，如果边缘光线折射后与光轴的交点更远离镜头，则该镜头具有正球差；相反，则镜头具有负球差。当成像面位置变化时，会得到不同大小和光强分布的弥散圈。当成像面位于 1 和 2 时，所成的弥散圈边缘部分较亮，中间部分较暗；当成像面位于 3 时，弥散斑最小，光能量最集中；当成像面位于 4 和 5 时，弥散圈的中间部分较亮，边缘部分较暗。但是无论成像面在任何位

置，都不会成为一个几何点。实际相机镜头的组成较为复杂，其球差远比图 7-26
中所示更为复杂，因而会导致更加复杂的弥散圈形式。这种非规则的弥散圈常出
现在摄影作品中，因为摄影爱好者通常有意引入球差以增强摄影作品的艺术感。
图 7-27 为不同球差的相机镜头对不同物距的点光源所成的像，从上到下分别为
具有负球差、零球差、正球差的镜头所成的像，从左至右则为相机镜头对不同物
距的点光源所成的像。

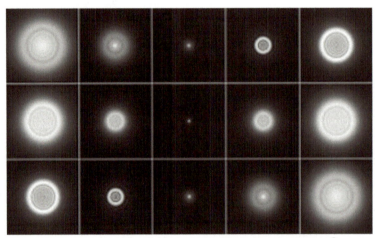

图 7-27　不同球差的镜头对不同物距的点光源所成的像 [①]

2. 彗差

从轴外点发出的一束光倾斜入射到镜头上时，不同角度的光线折射后与高斯
面相交的高度各不相同，这就是彗形像差，简称彗差。彗差是由球差引起的轴外
点宽光束的像差[209]。如图 7-28 所示，相对于辅轴 (穿过 P 和透镜中心的轴) 来说，

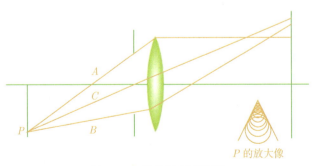

图 7-28　彗差形成示意图

---

① http://en.wikipedia.org/wiki/Spherical_aberration。

轴外点 P 发出的子午光束相当于轴上点发出的光束，上光线、主光线和下光线与辅轴的夹角不同，故有不同的球差值，所以三条光线不能交于一点。即在折射前，主光线是子午光束的轴线，而折射后不再是光束的轴线，光束失去了对称性。彗差会影响弥散圈的形状，图 7-28 中 P 的放大像为彗差所引起的弥散圈，形状类似彗星，故得名彗差。

3. 像散与场曲

一个理想的相机镜头能够在像平面 (数字传感器或底片位于该平面上) 上对一个三维场景成清晰像。然而实际的成像过程中由于像散和场曲的影响，物体并不一定能够全部在像平面上成清晰像。当相机镜头存在像散时，一个轴外点通过相机镜头成像时，将会在不同的位置形成两个不同的清晰像，即子午像 (tangential image) 和弧矢像 (sagittal image)，而轴上点则无此现象。由子午像点形成的像面称为子午像面，由弧矢像点形成的像面称为弧矢像面，二者均为对称于光轴的旋转曲面 (图 7-29 中像面 T 和 S)。一个平面通过有像散的相机镜头必然形成两个像面，因轴上点无像散，所以两个像面必同时相切于理想像面与光轴的交点上 (图 7-29)。子午像点、弧矢像点相对于高斯像面的距离分别称为子午像面弯曲和弧矢像面弯曲，简称子午场曲和弧矢场曲。当相机镜头不存在像散时，子午像面和弧矢像面将会重合，形成单一的像面，被称为佩茨瓦尔 (Petzval) 像面 (图 7-29 中像面 P)。

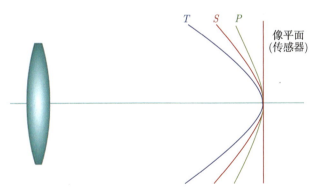

图 7-29 像散和场曲示意图 ($T=$ 子午像面，$S=$ 弧矢像面，$P=$ 佩茨瓦尔像面)

像散和场曲对散景效果的外表有着重要的影响，主要改变弥散圈的形状。对一个轴外点来说，当它的子午像远离它的高斯焦点时，它的实际像将会在弧矢方向 (切向) 被拉伸；当它的弧矢像远离它的高斯焦点时，它的实际像将会在子午方向 (径向) 被拉伸。在像散和场曲两种像差的共同影响下，点光源在不同视场的像如图 7-30 所示，该图是带有像散和场曲的镜头 (图 7-29 中的镜头) 所形成的散景效果。可以看出，弥散圈在径向和切向同时被拉伸，视场越大，弥散圈被拉伸得越大。由于图 7-29 的镜头中的子午像面比弧矢像面更远离高斯像面，因此在径向上被拉伸的程度大于切向被拉伸的程度。图 7-30 中的模糊形状主要是由镜头的像散导致的，这与彗差所形成的模糊形状是不同的。

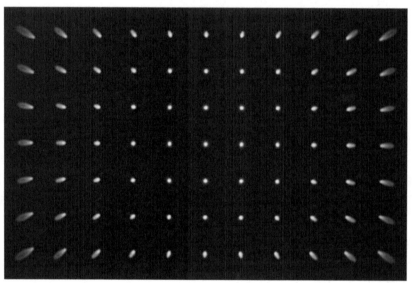

图 7-30   受像散和场曲共同影响的成像效果 [①]

7.3.3   单色镜头模型

1. 入射光瞳和出射光瞳的计算

在进行相机镜头内的光线追踪时，最直接的光线采样方法是在聚焦平面 (或像平面) 和前透镜 (后透镜) 上分别采样一个点，然后将这两点连接起来，形成一条初始相机光线。然而当采用这种光线采样方法时，光线追踪效率会很低，这是因为通过前透镜 (后透镜) 的许多光线都被相机镜头内部的光阑阻挡掉，而不能穿过整个镜头，如图 7-31(a) 的镜头二维剖视图所示。

为了改进光线采样的效率，RBEMA 充分利用孔径光阑、入射光瞳和出射光瞳之间的光学特性。从光学成像理论可以得出，孔径光阑、出射光瞳和入射光瞳存在光学共轭关系 [313]。也就是说，从一物点发出的光线，如果通过入射光瞳，就必然通过孔径光阑和出射光瞳，同时通过整个相机镜头；如果光线不能通过入射光瞳，则其同样不能通过孔径光阑和出射光瞳。因此在聚焦平面 (或像平面) 和入

---

① http://toothwalker.org/optics/astigmatism.html。

射光瞳 (出射光瞳) 之间采样光线可以极大地提高光线追踪的效率,在孔径光阑直径相对较小时尤其如此,如图 7-31(b) 和 (c) 的镜头二维剖视图所示。

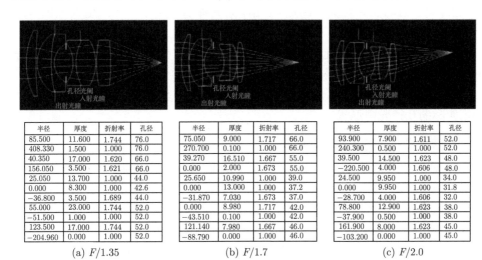

半径	厚度	折射率	孔径
85.500	11.600	1.744	76.0
408.330	1.500	1.000	76.0
40.350	17.000	1.620	66.0
156.050	3.500	1.621	66.0
25.050	13.700	1.000	44.0
0.000	8.300	1.000	42.6
−36.800	3.500	1.689	44.0
55.000	23.000	1.744	52.0
−51.500	1.000	1.000	52.0
123.500	17.000	1.744	52.0
−204.960	0.000	1.000	52.0

(a) F/1.35

半径	厚度	折射率	孔径
75.050	9.000	1.717	66.0
270.700	0.100	1.000	66.0
39.270	16.510	1.667	55.0
0.000	2.000	1.673	55.0
25.650	10.990	1.000	39.0
0.000	13.000	1.000	37.2
−31.870	7.030	1.673	37.0
0.000	8.980	1.717	42.0
−43.510	1.000	1.000	42.0
121.140	7.980	1.667	46.0
−88.790	0.000	1.000	46.0

(b) F/1.7

半径	厚度	折射率	孔径
93.900	7.900	1.611	52.0
240.300	0.500	1.000	52.0
39.500	14.500	1.623	48.0
−220.500	4.000	1.606	48.0
24.500	9.950	1.000	34.0
0.000	9.950	1.000	31.8
−28.700	4.000	1.606	32.0
78.800	12.900	1.623	38.0
−37.900	0.500	1.000	38.0
161.900	8.000	1.623	45.0
−103.200	0.000	1.000	45.0

(c) F/2.0

图 7-31 绘制实验中所使用的相机镜头数据及其二维剖视图

入射光瞳和出射光瞳分别是孔径光阑在物方空间和像方空间的像,并不是镜头中的真实元件,因此在利用入射光瞳和出射光瞳进行光线采样之前,首先需要计算入射光瞳和出射光瞳的位置 (在光轴上) 和孔径尺寸 (半径或直径)。RBEMA 采用一种新的算法计算入射光瞳和出射光瞳:首先利用光线追踪方法精确地计算入射光瞳和出射光瞳的位置,然后利用高斯光学理论 [313] 和光线追踪方法确定入射光瞳和出射光瞳的直径,其算法过程如下所述。

(1) 点 P_0 初始化为物 (像) 平面中心,点 $P_{\min}$ 初始化为前 (后) 透镜中心,点 $P_{\max}$ 初始化为前 (后) 透镜边缘上一点。

(2) 光线 $R_{\min}$ 初始化为从点 P_0 到点 $P_{\min}$,光线 $R_{\max}$ 初始化为从点 P_0 到点 $P_{\max}$,光线 R_1 初始化为光线 $R_{\max}$。

(3) 如果光线 $R_{\min}$ 和 $R_{\max}$ 的方向余弦相差大于某最小值 H 且迭代次数不超过预先设定的最大值 T,则执行下一步;否则转第 (5) 步。

(4) 在镜头内正 (逆) 向追踪光线 R_1,如果光线 R_1 能够通过相机镜头,则 $R_{\min} = R_1$,否则 $R_{\max} = R_1$,然后 $R = (R_{\min} + R_{\max})/2$,返回第 (3) 步。

(5) 光线 R 即为入 (出) 射光瞳的边缘光线,光学元件 E 即为孔径光阑。

(6) 点 P_0 初始化为孔径光阑中心,点 P_3 初始化为位于孔径光阑前 (后) 面的光学元件上的近轴点。

(7) 光线 R_2 初始化为从点 P_0 到点 P_3,逆 (正) 向追踪光线 R_2,直到该光线离开相机镜头。

(8) 入 (出) 射光瞳的位置 P 即为由光线 R_2 通过镜头后与光轴的交点，入 (出) 射光瞳的孔径 D 由入 (出) 射光瞳的位置 P 和边缘光线 R 确定，即由光线 R_2 通过镜头后与光轴的交点确定入 (出) 射光瞳的位置 P，以及由入 (出) 射光瞳的位置 P 和边缘光线 R 确定出入 (出) 射光瞳的孔径 D，算法结束。

需要注意的是，如果孔径光阑不是圆形的，则首先求出包含该非圆形孔径光阑的最小圆，以该最小圆替代孔径光阑，以求得入射光瞳和出射光瞳。求出的入射光瞳和出射光瞳只用于光线采样，而在进行相机镜头内的序列光线追踪时，将使用实际的孔径光阑形状。

2. 镜头内的双向序列光线追踪

7.2.3 节介绍了一种镜头内的逆向序列光线追踪算法，它是一种容易实现的高效率的逆向追踪算法，可集成到路径追踪算法之中。为了充分利用双向路径追踪算法的优点，加速散景效果的绘制，RBEMA 采用一种镜头内双向序列追踪算法 (bidirectional sequential ray tracing，BSRT)。BSRT 算法实现了镜头内的正向和逆向追踪，能够与三维场景中的双向路径追踪算法协同完成散景效果的真实感绘制。BSRT 算法的详细过程如下所述。

(1) 在成像 (聚焦) 平面上随机采样一个点 P_1，在出射 (入射) 光瞳随机采样一个 P_2，生成采样光线 $R =\mathrm{Ray}(P_1，P_1 \to P_2)$。

(2) 遍历镜头中每一个光学元件，如果还有光学元件，计算光线 R 与该元件的交点 P_0，继续执行下一步；否则转第 (5) 步。

(3) 如果交点 P_0 光学元件的孔径范围外，光线 R 不能通过该光学元件，光线被阻挡，则转第 (5) 步；否则光线 R 能通过该光学元件，继续执行下一步。

(4) 计算该光学元件在交点处的法线 N，计算光线 R 被光学元件折射或反射后的光线 T，更新 $R(R = T)$，返回第 (2) 步。

(5)R 即为相机镜头的出射光线，算法结束。

7.3.4　三维场景中的光线追踪

计算机图形学中的光线追踪算法主要用于求解三维场景中的光能传输问题，以绘制出照片级真实感的图像。常见的光线追踪算法有正向路径追踪 (forward path tracing，或 light tracing)、逆向路径追踪 (backward path tracing，或 path tracing) 和双向路径追踪 (bidirectional path tracing，BDPT)。双向路径追踪算法可看成是正向路径追踪算法和逆向路径追踪算法的联合，在充分利用这两种算法各自优点的同时，也避免了它们的缺点 [315]。

双向路径追踪算法最早由 Lafortune[316,317] 和 Veach[318,319] 各自独立提出，由于相比单向路径追踪算法具有更快的收敛速率，所以该算法已广泛用于真实感绘制的各种场景中。双向路径追踪算法的基本思想 (图 7-32) 是：首先独立生成两条子路径, 即光源子路径 (light subpath) 和相机子路径 (camera subpath), 光源子路径以光源为起点, 而相机子路径以相机为起点; 然后计算这两条子路径末顶点 (也叫尾顶点, 路径上的最后一个顶点) 的可见性, 如果它们相互可见, 则将这两条子路径连接一条完整的光路, 并计算该光路对相应像素的光强贡献。

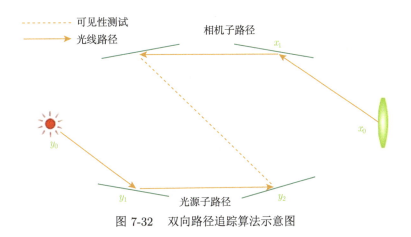

图 7-32　双向路径追踪算法示意图

下面将对双向路径追踪方法加以改进以支持本节介绍的镜头模型, 并最终绘制出基于单色像差的真实感散景效果。如图 7-33 所示, 为了让正向追踪算法和逆向追踪算法支持本节所实现的镜头模型, 对它们所做的扩展相当于对光源子路径和相机子路径所做的扩展。

相机子路径　在生成相机子路径时, 需要考虑如何选取相机子路径中的首顶点 (即子路径上的第一个顶点)。当使用针孔模型或薄透镜模型时, 首顶点为针孔模型的投影中心, 或位于薄透镜模型的透镜表面上。然而, 本节所实现的物理镜头模型由多个光学元件 (表面) 组成, 因此存在多种选取方式, 如前透镜表面、后透镜表面、入射光瞳或出射光瞳等。最简单直接的方式是在后透镜或前透镜表面上选取, 然而 Kolb 等[206] 指出, 在后透镜表面上选取顶点会导致光线追踪的效率低, 在前透镜表面上也会存在同样的问题。Kolb 等[206] 提出了一种更好的选取方式, 即在出射光瞳上选取相机子路径的首顶点, 这种方式仅适合于相机子路径的生成和逆向路径追踪算法。在双向路径追踪算法中, 相机子路径首顶点的选取对两子路径的连接具有重要的影响。如果在出射光瞳上选取相机子路径的首顶点, 则光源子路径不能与相机子路径的首顶点进行连接, 这是因为相机子路径的首顶点与光源子路径的末顶点并不直接可见, 而必须通过相机镜头中的所有光学元件后才相互可见。因此, 相机子路径的首顶点应在相机的前面, 即入射光瞳上。根据入射光瞳和出射光瞳的光学共轭关系[209], 利用近轴光线追踪算法 (参见 7.1.3 节) 可得到出射光瞳上与首顶点共轭的顶点, 该共轭点可用于连接像平面上一点,以生成相机子路径的初始光线，在镜头内逆向追踪该光线，最终可得到离开相机镜头进入场景的光线，该光线与相机子路径的首顶点可用于计算相机子路径的下一个顶点 (即第二个顶点)。

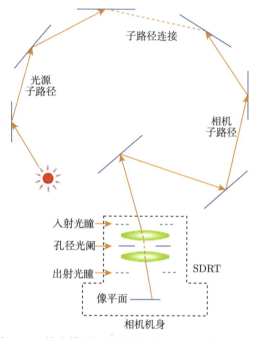

图 7-33   镜头模型与双向路径追踪方法的集成示意图

光源子路径   当光源子路径与相机子路径的首顶点相互可见，即连接生成一条新光路时，相机子路径的首顶点与光源子路径的末顶点形成了一条新光线，起始于相机镜头的入射光瞳并且进入场景。这时需要利用该光线在镜头内进行正向追踪以获得该光路对像平面贡献光强的实际像素位置。如果计算出的像素位置超出底片或传感器的分辨率范围，则该光路没有贡献，不记录该光路的光强。

7.3.5 绘制实例与分析

本节绘制实例所用的硬件配置为 Intel Xeon 5450 3.0G，内存为 4G。实例中所用的相机镜头来自教材 [305]，其光学数据及二维剖视图如图 7-31 所示。实例一共三个双高斯镜头 (double Gauss lens)，其有效焦距均为 100mm。所有镜头均用它们的光圈系数 (即 F 数) 表示，图 7-31(a)~(c) 分别为 $F/1.35$、$F/1.7$ 和 $F/2.0$。表中的每一行表示一个光学表面，镜头的光学表面按照从前到后的顺序在表中列出，表中数据的单位为毫米。表中第一列为球形光学表面的半径；如果半径为 0.0，则表面为平面；如果半径为正，则表面是凸的 (从镜头前面看)，反之表面则是凹的。第二列是光学表面的厚度，实际上是当前表面到下一表面的距离 (光轴上)。第三列是表面材料在主波长 (sodium D line，587.6nm) 的折射率，指的是当前面与下一表面之间的介质，如果为 1.0，则为空气。最后一列是表面的孔径大小 (直径)。如果表面半径为 0.0，且两边都是空气，则该表面实际上是可调节的光阑，即孔径光阑。

图 7-34 显示了采用 RBEMA 方法绘制的单个小光源的成像效果，以此说明球面像差如何影响散景效果的外表 (光强分布)。在绘制实例中使用了三种不同的镜头，并对每种镜头设置了五种不同的聚焦距离。从图中可以看出，散景效果外表因镜头的不同而变化，也随聚焦距离的改变而改变。在图 7-34(a) 中，当聚焦距离为 1000mm 时，场景中的光源被聚焦而成清晰像，没有产生散景效果。随着聚焦距离的增加或减少，光源的像开始变大和模糊，此时散景效果开始出现。当聚焦距离小于 1000mm 时，它的像是一个暗圆盘，外包围一个亮环，如聚焦距离为 800mm 和 900mm 时的像。当聚焦距离大于 1000mm 时，它的像是一个亮圆盘，外包围一个暗环，但亮圆盘中心是一个暗核，如聚焦距离为 1100mm 和 1200mm 时的像。图 7-34(b) 中弥散圈内光强的变化与图 7-34(a) 基本类似，除了在聚焦距

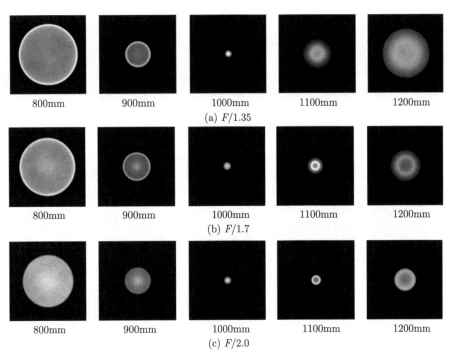

图 7-34 单个小光源的散景效果真实感绘制

离 900mm 处，它的像是一个暗圆盘内含一个亮核。图 7-34(c) 中光强的变化不同于图 7-34(a) 和 (b)，它的像在 800mm 处是一个均匀的圆盘，在 900mm 处是一个亮圆盘外包围一个暗的厚环，在 1100mm 和 1200mm 处是一个暗圆盘外包围一个亮环。从图中可以看出，弥散圈内的光强分布随聚焦距离的改变而变化，这是因为球面像差随聚焦距离的改变而改变。此外还可以看到，在相同的聚焦距离下，不同的镜头具有不同的球差，则也会导致不同的光强分布。

　　图 7-35 显示了采用 RBEMA 方法绘制的一排平行高亮球的成像效果，以此说明球差、彗差、像散和场曲对散景效果外表 (弥散圈形状和光强分布) 的影响。从左至右，所使用的镜头分别为 $F/1.35$、$F/1.7$ 和 $F/2.0$。从上到下，聚焦距离分别为 800mm、900mm、1000mm、1100mm 和 1200mm。从图中可以看出，从视场中心到视场边缘，散景效果外表因镜头的不同而变化，也随聚焦距离的改变而改变。对于中心视场的球，它们的高亮在离焦时产生圆形的弥散圈，且弥散圈内的光强分布随镜头的不同而变化。而对于靠近视场边缘的球来说，其高亮离焦时的弥散圈不再是圆形，而是呈现出类似椭圆或彗星状，其内部的光强分布因形状改变而变得更加复杂。正如 7.3.2 节给出的光学分析，这些复杂的弥散圈形状和光强分布是由球差、彗差、像散和场曲引起的。图 7-36 是一个稍微复杂的象棋场景，从前景和背景中可以看到许多不同的散景效果。

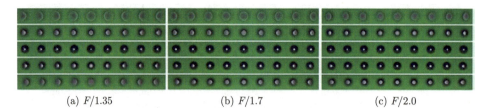

　　(a) $F/1.35$　　　　　　　　　(b) $F/1.7$　　　　　　　　　(c) $F/2.0$

图 7-35　一排镜面高亮的散景效果真实感绘制

(a) 针孔模型　　　　　　　　　　　　　　(b) $F/1.35$

(c) $F/1.7$ (d) $F/2.0$

图 7-36 象棋场景中的散景效果真实感绘制

7.4 基于色差的散景效果绘制

7.2 节介绍的 RBELS 方法主要用于模拟基于光阑的散景效果，7.3 节介绍的 RBEMA 方法主要用于模拟基于单色像差的散景效果。本节将介绍一种基于色差的散景效果绘制 (rendering bokeh effects due to chromatic aberration，RBECA) 方法[320]。该方法采用一种有效的光谱绘制 (spectral rendering) 技术，与分布式光线追踪技术相结合以实现彩色散景效果的真实感绘制 (图 7-37)。

图 7-37 彩色散景效果摄影图 [1]

① http://movingimagearts.com/bokeh-vignette。

7.4.1　色差

相机镜头的色差是指相机镜头不能将各种波长的光聚焦到一点上，这可以看成是一种发生在相机镜头内的特殊色散 (light dispersion) 现象。色差出现的根源在于相机镜头中折射材料对波长的依赖性 [209,292]。相机通常需要对由各种色光组成的白光成像，而光学材料的折射率随波长的变化而改变，一般来说，波长越短，折射率越高 (参见图 7-4)，导致相机镜头对不同色光有不同的焦距。

色差可分为轴向色差和垂轴色差两种类型。当薄透镜对一定物距的物体成像时，由于各色光的焦距不同，用高斯公式可求得不同的像距。按色光的波长从短到长，它们的像点离透镜由近到远地排列在光轴上，这种现象就是轴向色差，也称为位置色差，如图 7-38(a) 所示。图中从左边发出的一束平行的白光，经透镜后，不同色光在像方光轴上形成位置不同的像点。红光因折射率低，其折射光线与光轴的交点距透镜较远。同理，蓝光因折射率高，其折射光线与光轴的交点距透镜较近。绿光折射后与光轴的交点居中。如果将成像面分别放置 1、2、3 处，则得到不同的弥散像。在位置 1 是看到的弥散斑，红色在外，蓝色在内，绿色居中；在位置 2 时，红色在外，绿色在内，蓝色居中；在位置 3 时，蓝色在外，红色在内，绿色居中。除了轴上点发出的色光会形成轴向色差外，轴外点发出的白光也会在像平面上形成不同放大率的像，这种放大率的差异就是垂轴色差，也可更直观地称为倍率色差，如图 7-38(b) 所示。镜头色差现象使得物点不能成像为一白色光点，而成为彩色弥散圈，从而导致图像中高对比度的边缘成为彩色边缘，高亮成为彩色弥散圈。图 7-37 为具有色差的镜头拍摄的图片，从放大图中可以看到，弥散圈是彩色的，尤其是弥散圈边缘部分的颜色效果最为明显。

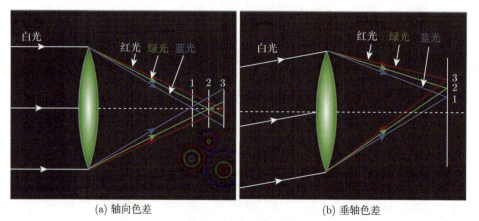

(a) 轴向色差　　　　　　　　　　　　　　　　(b) 垂轴色差

图 7-38　单透镜的色差示意图

7.4.2 光谱镜头模型

1. 光谱形式的折射定律

7.1.2 节介绍了如何利用色散方程对相机镜头表面的光谱特性进行建模。当一束白光进入相机镜头系统中时，由于折射材料对波长的依赖性，将会发生光谱折射，即不同波长的光以同一角度入射，但以不同角度折射。折射定律可用于描述单色光的入射角和折射角的关系。为了方便地推导单色折射光线的计算公式，折射定律可以写成向量形式：

$$n(\lambda)\left[\boldsymbol{I}(\lambda) \times \boldsymbol{N}(\lambda)\right] = n'(\lambda)\left[\boldsymbol{T}(\lambda) \times \boldsymbol{N}(\lambda)\right] \tag{7-28}$$

式中，$\boldsymbol{I}(\lambda)$ 和 $\boldsymbol{T}(\lambda)$ 分别是波长为 λ 的单色入射光线和折射光线；$\boldsymbol{N}(\lambda)$ 是入射光线与镜头表面的交点处的单位法线；$n(\lambda)$ 和 $n'(\lambda)$ 分别是镜头表面两侧的介质在波长 λ 时的折射率。由于镜头色散，该公式中所有的量都依赖于波长 λ。重新整理该公式，可得到另一种形式：

$$\left[\boldsymbol{T}(\lambda) - \frac{n(\lambda)}{n'(\lambda)}\boldsymbol{I}(\lambda)\right] \times \boldsymbol{N}(\lambda) = 0 \tag{7-29}$$

式中，向量叉乘等于零，意味着向量 $\boldsymbol{T}(\lambda) - n(\lambda)/n'(\lambda)\boldsymbol{I}(\lambda)$ 和 $\boldsymbol{N}(\lambda)$ 是一致的，即方向相同或相反，因此这两个向量的关系可表示如下：

$$\boldsymbol{T}(\lambda) - \frac{n(\lambda)}{n'(\lambda)}\boldsymbol{I}(\lambda) = \Gamma(\lambda)\boldsymbol{N}(\lambda) \tag{7-30}$$

式中，$\Gamma(\lambda)$ 为偏向导数。将上式两边与 $\boldsymbol{N}$ 做向量点积运算，即可得

$$\begin{aligned}
\Gamma(\lambda) &= \boldsymbol{T}(\lambda) \cdot \boldsymbol{N}(\lambda) - \frac{n(\lambda)}{n'(\lambda)}\boldsymbol{I}(\lambda) \cdot \boldsymbol{N}(\lambda) \\
&= \cos\theta'(\lambda) - \frac{n(\lambda)}{n'(\lambda)}\cos\theta(\lambda) \\
&= \sqrt{1 - \frac{n(\lambda)^2}{n'(\lambda)^2}\left\{1 - \left[\boldsymbol{I}(\lambda) \cdot \boldsymbol{N}(\lambda)\right]^2\right\}} - \frac{n(\lambda)}{n'(\lambda)}\boldsymbol{I}(\lambda) \cdot \boldsymbol{N}(\lambda)
\end{aligned} \tag{7-31}$$

式中，$\theta(\lambda)$ 和 $\theta'(\lambda)$ 分别是入射角和折射角。因此单位向量形式的单色折射光线可表示为

$$\boldsymbol{T}(\lambda) = \frac{n(\lambda)}{n'(\lambda)}\boldsymbol{I}(\lambda) + \Gamma(\lambda)\boldsymbol{N}(\lambda) \tag{7-32}$$

当镜头表面为反射镜面时，入射光将被反射，同时不再有色散发生。反射可看成是折射的特殊形式，反射后的光线可表示为

$$T = -I + 2(I \cdot N)N \qquad (7\text{-}33)$$

在镜头内的光谱双向序列光线追踪算法中，公式 (7-32) 和公式 (7-33) 可用于计算折射或反射光线。

2. 入射光瞳和出射光瞳的计算

在进行镜头内的光线追踪时，入射光瞳和出射光瞳在改进追踪效率方面发挥着重要作用 (参见 7.4.3 节中的 "镜头模型采样")。因此需要计算入射光瞳和出射光瞳，包括它们的轴上位置和尺寸 (参见 7.3.3 节中的 "入射光瞳和出射光瞳的计算")。

Kolb 等 [206] 提出一个计算出射光瞳的算法，该算法先从镜头的光学元件中确定孔径光阑，进而利用孔径光阑计算出射光瞳。该算法的基本步骤是，计算镜头中的每个光阑 (光学元件的框或光圈) 通过其后面的子镜头 (位于该光阑和像平面之间的光学元件所组成的镜头，即为子镜头) 所成的像 (位于像平面上)；然后从这些光阑所成的像中，找出其相对像平面上的轴上点所成角度最小的像，即为出射光瞳，相应的光阑即为孔径光阑。该算法利用出射光瞳和孔径光阑的光学成像关系，假定孔径光阑是未知的，需要首先找到孔径光阑。如图 7-39 所示，对于底片平面上的点 x' 来说，实线黑体形式的光学元件就是孔径光阑。从 x' 发出的光束中，能够无障碍地通过镜头的光线范围，可用一对位于光轴两边的实线表示，出射光瞳则用轮廓线表示。显然，出射光瞳定义了从 x' 发出的通过镜头的光束，由虚线表示 [206]。

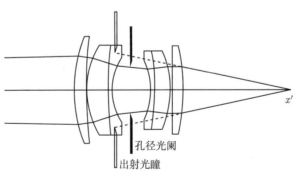

图 7-39　出射光瞳的计算示意图

事实上，在镜头文件中，孔径光阑是已知的，或是可以推知的。如图 7-40 中表格形式的镜头文件所示，半径为零，前后的介质都为空气的光学元件即为孔径光阑。基于这个观察，以及孔径光阑、入射光瞳和出射光瞳的光学共轭关系，RBECA

半径	厚度	材质	孔径
85.500	11.600	LAF2	76.0
408.330	1.500	air	76.0
40.350	17.000	SK55	66.0
156.050	3.500	FN11	66.0
25.050	13.700	air	44.0
0.000	8.300	air	42.6
−36.800	3.500	SF8	44.0
55.000	23.000	LAF2	52.0
−51.500	1.000	air	52.0
123.500	17.000	LAF2	52.0
−204.960	0.000	air	52.0

半径	厚度	材质	孔径
75.050	9.000	LAF3	66.0
270.700	0.100	air	66.0
39.270	16.510	BAF11	55.0
0.000	2.000	SF5	55.0
25.650	10.990	air	39.0
0.000	13.000	air	37.2
−31.870	7.030	SF5	37.0
0.000	8.980	LAF3	42.0
−43.510	0.100	air	42.0
221.140	7.980	BAF11	46.0
−88.790	0.000	air	46.0

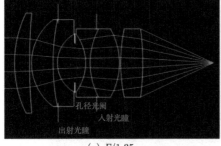

(a) $F/1.35$

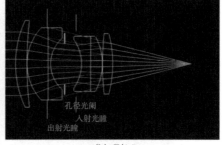

(b) $F/1.7$

半径	厚度	材质	孔径
93.900	7.900	SK8	52.0
240.300	0.500	air	52.0
39.500	14.500	SK10	48.0
−220.500	4.000	F15	48.0
24.500	9.950	air	34.0
0.000	9.950	air	31.8
−28.700	4.000	F15	32.0
78.800	12.900	SK10	38.0
−37.900	0.500	air	38.0
161.900	8.000	SK10	45.0
−103.200	0.000	air	45.0

半径	厚度	材质	孔径
212.834	4.463	UBK7	33.3
−390.476	9.174	air	33.3
−125.482	2.480	UBK7	32.5
−231.298	3.967	air	32.5
−91.834	2.480	UBK7	32.5
−133.883	20.400	air	32.9
0.0	32.047	air	33.1
−111.690	31.661	mirror	33.2
−111.690	39.925	mirror	15.0

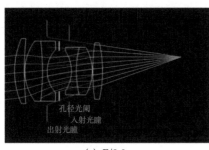

(c) $F/2.0$

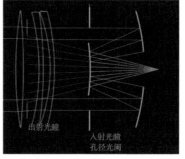

(d) $F/1.5$

图 7-40 绘制实验中所使用的相机镜头数据及其二维剖视图

采用一种更加容易实现的算法以定位镜头中的入射光瞳和出射光瞳，并计算它们的大小。该算法分为两个基本步骤：首先对两条从孔径光阑中心出发的相反的光线 (与光轴的夹角尽可能小，以避免被镜头中的某些光阑阻挡) 进行追踪，它们从镜头前面或后面离开镜头后与光轴的交点，即为入射光瞳或出射光瞳的位置，如图 7-41 中的光路 A 所示；然后采用迭代的方式寻找接近孔径光阑的边缘光线，以计算入射光瞳和出射光瞳的大小，如图 7-40 中的光路 B 所示。详细的算法过程参见 7.3.3 节中的 "入射光瞳和出射光瞳的计算"。

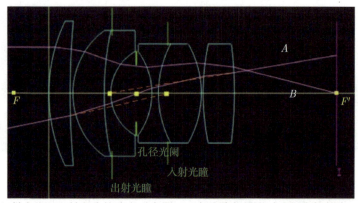

图 7-41　入射光瞳和出射光瞳的确定示意图：一条光线如果通过孔径光阑的中心 (位于光轴上)，必然也通过入射光瞳和出射光瞳的中心 (位于光轴上)

3. 镜头内的光谱双向序列光线追踪

7.3.3 节介绍了一种镜头内的双向序列光线追踪算法，它是一种易于实现的高效率的双向路径追踪算法，可与三维场景中传统双向路径追踪算法相结合以实现对散景效果的真实感绘制。然而该算法不能用于模拟相机镜头内的色散现象。为了模拟色散现象，一个简单直接的方法是利用色散公式对双向序列光线追踪算法进行扩展，即在进行镜头内的光线追踪时，每次仅跟踪单个波长的光路，且根据光路的波长实时更新镜头中所有折射材料的折射率。然而，这种简单的实现方法效率很低，这将在后面的绘制实例分析中得到证明 (参见 7.4.4 节中的 "绘制效率分析" 部分)。受 Yuan 等 [321] 扩散光线追踪 (spread ray tracing) 算法启发，我们采用一种基于色散的镜头内部光谱双向序列光线追踪算法 (spectral bidirectional sequential ray tracing, SBSRT)。该算法的基本思想是，在镜头内追踪光线时，同时追踪多个波长的分支光路。该算法能够大大加速色散效果的绘制过程 (参见 7.4.4 节中的 "绘制效率分析" 部分)。该算法的详细过程如下所述。

(1) 对于一个光线包，$R_1, \cdots, R_k$，对应 K 个不同的波长，光线包来自三维场景或像平面。光线包中的每一条光线都有状态，即活光线或死光线，以表示该光线是否已被相机镜头的某一部件阻挡，初始化阶段所有光线均为活状态。

(2) 根据光线包的方向从相机镜头中取出一个光学表面 S_i。如果 S_i 存在，继续执行下一步；否则执行第 (6) 步。

(3) 遍历光线包中的每一条光线。如果有活光线 R_j，则继续执行下一步；否则执行第 (6) 步。当遍历结束后，返回第 (2) 步。

(4) 计算光线 R_j 和光学表面 S_i 的交点 P_j。如果交点 P_j 在光学元件的孔径范围外，则光线 R_j 不能通过该光学元件，标记为死光线；否则光线 R_j 能通过该光学元件，继续执行下一步。

(5) 计算该光学元件在交点 P_j 处的法线 N_j，计算光线 R_j 被光学元件折射或反射后的光线 T_j，返回第 (2) 步。

(6) $R_1, \cdots, R_k$ 即为相机镜头的出射光线包，算法结束。

7.4.3 光谱绘制方法

1. 光谱表示

光谱绘制是镜头建模和镜头色散效果仿真的必要条件[322]，光谱绘制的关键是如何表示光线追踪过程中的光谱信息，即光谱表示 (spectrum representation)。常见的光谱表示方法分为两类[322]：直接采样 (direct sampling) 和基函数采样 (basis sampling)。直接采样又称为点采样 (point sampling)，该技术思路简单，容易实现。然而为了得到满意的绘制结果，需要大量的光谱样本。而大量的光谱样本会消耗大量的内存，并且导致大计算量的卷积操作。此外，直接采样技术不能很好地处理光谱中的异常波长。相反，基函数采样技术 (又称为线性采样技术，linear samping) 使用基函数组来表示光谱，只需少量的基函数即能表示光谱，因此只需少量的内存，但该技术不能表示所有的光谱分布，且难以实现。

RBECA 采用一种改进的直接采样技术[214]：分层波长束 (stratified wavelength cluster，SWC)。该技术的基本思路是先将需采样的可见光谱划分成 K 个不重叠的子光谱区间：

$$[\lambda_{\min} + i \cdot \Delta\lambda, \lambda_{\min} + (i+1) \cdot \Delta\lambda) \tag{7-34}$$

式中，$i = \{0, 1, \cdots, K-1\}$；$\Delta\lambda = (\lambda_{\max} - \lambda_{\min})/K$，这里 $\lambda_{\max}$ 和 $\lambda_{\min}$ 分别为可见光光谱范围的上下限。然后使用一个随机数从各个子区间中选取一个波长，组成含有 K 个波长的波长束。该技术具有普通直接采样技术的优点，同时能够很好地处理光谱中的异常波长。

2. 光谱转换

从光谱能量分布到相应 CIEXYZ 颜色坐标的转换过程是一个简单直接的过程, 许多图形学教程都给出了转换公式 [150]。实际上, 该转换过程是光谱能量分别与相应的颜色匹配函数的积分过程。给定光谱辐射能量分布 $\Phi(\lambda)$, 它的 CIEXYZ 颜色坐标能够使用如下三个积分方程得到 [214]:

$$
\begin{cases}
X = k_{10} \displaystyle\int \Phi(\lambda)\bar{x}_{10}(\lambda)\mathrm{d}\lambda \\[2mm]
Y = k_{10} \displaystyle\int \Phi(\lambda)\bar{y}_{10}(\lambda)\mathrm{d}\lambda \\[2mm]
Z = k_{10} \displaystyle\int \Phi(\lambda)\bar{z}_{10}(\lambda)\mathrm{d}\lambda
\end{cases}
\tag{7-35}
$$

式中, $\bar{x}_{10}$, $\bar{y}_{10}$ 和 $\bar{z}_{10}$ 为 CIE 1964 匹配函数; $k_{10} = 683\mathrm{lm/W}$。CIE$XYZ$ 是一个中间颜色坐标系, 需要转换到其他线性的三原色颜色坐标系 (如 RGB 颜色坐标)[150], 该转换过程可用一个 3×3 矩阵完成。

3. 镜头模型采样

为了将光谱镜头模型集成到一个通用的光线追踪器中, 首先需要考虑怎样对镜头模型进行采样, 这主要涉及图像样本 (image sample) 和镜头样本 (lens sample) 的处理策略。以路径追踪为例, 镜头模型采样的主要问题是如何生成一条新的初始的相机光线, 该光线先进入镜头模型, 再进入三维场景。一个直接的解决办法是利用图像样本点在像平面上选取一点, 利用镜头样本点在镜头模型的后透镜上选取一点, 再连接这两点生成一条新的初始的相机光线, 以用于进一步镜头内和三维场景中的光线追踪。然而, 这种解决方法的效率是非常低的, 因为大部分相机光线在镜头内的光线追踪过程中被其中的镜头光阑 (镜头元件边缘或光圈) 遮挡, 最后不能通过整个相机镜头, 图 7-40(a) 的镜头二维剖视图可以很直观地说明这一点。

为了改进光线追踪的效率, 利用孔径光阑、入射光瞳和出射光瞳的光学特性 (参见 7.3.3 节中的 "入射光瞳和出射光瞳的计算" 部分), RBECA 把镜头样本点放在入射光瞳或出射光瞳上。因此, 在像平面 (或物平面) 和出射光瞳 (或入射光瞳) 之间生成相机光线能够改进光线追踪的效率, 尤其是相对于镜头的其他孔径, 孔径光阑的直径较小时, 这种效率的改进更加明显, 参见图 7-40 (a) 和 (b) 的镜头二维剖视图。

4. 色散处理策略

以分层波长束的光谱表示方法为基础，RBECA 采用两种不同策略处理光线追踪过程发生的镜面色散现象 [322]：退化策略 (degradation) 和分拆策略 (splitting)。在基于分层波长束的光线追踪过程中，如果遇到镜面色散，退化策略将从波长束中随机选择一个波长，抛弃其他所有波长，然后继续单波长的光线追踪；而分拆策略则是同时追踪所有波长的分支光线，尽管这些波长折射后的光路不再重合。

为了更高效地绘制镜头色散现象，这里对镜头内和三维场景中的光线追踪分别使用不同的处理策略。由于 RBECA 主要关注于相机镜头内的色散现象，三维场景中的色散不是本章的研究重点，因此假定三维场景不会发生或只有少量的色散现象。此时，在三维场景中如果发生色散现象，即三维场景中存在透明物体，将采用退化策略处理该透明物体所发生的色散。事实上，在使用分层波长束技术表示光线追踪过程中的光谱信息时，退化策略将是一种非常有效的策略 [322]。当三维场景中很少发生色散时，大部分光线追踪是基于波长束的，只有一小部分光路退化为单波长的光路，因此仍然具有较高的绘制效率。在镜头内的光线追踪过程中，如果采用与三维场景中相同的退化策略，会使得整个光谱绘制效率等同于基于单波长的光线追踪。这是因为相机镜头中通常总是含有多个折射元件，因此每条追踪的光路进入相机镜头后都会发生色散，如果采用退化策略，将退化为单一波长，使得整体光谱绘制效率降低，且低于单波长的光谱绘制方法。因此，在相机镜头中发生色散时，应该采用不同的策略以保留光路携带的分层波长束，使整体光谱绘制效率最大化。分拆策略的基本思想是同时对多个波长进行独立的光线追踪，该策略非常适合用于镜头内的光线追踪。与三维场景相比，相机镜头结构相对简单，在里面同时进行多波长的光线追踪不会明显增加整体的光谱绘制时间，却保留了三维场景中的分层波长束，因此不会降低三维场景的绘制效率。

5. 三维场景中的光线追踪

7.3 节 "基于单色像差的散景效果绘制" 讨论了如何对双向路径追踪算法进行适当改进以绘制基于单色像差的散景效果。本节将进一步从三个方面讨论如何改进该追踪算法，以绘制基于色差的散景效果 (图 7-42)。

相机子路径　在生成相机子路径时，第一个顶点的选取参见 7.3 节 "基于单色像差的散景效果绘制"。

光源子路径　光源子路径的生成与传统的双向路径追踪算法类似，需要特别注意的是，该子路径所使用的分层波长束应与相机子路径保持一致。

子路径连接　子路径连接与传统的双向路径追踪算法类似，完成连接后，再进行镜头内的光谱光线追踪，以得到该光路光强贡献的多个像素位置，同时需要检查这些像素位置是否位于像素分辨率的范围之内。当相机子路径只有一个顶点

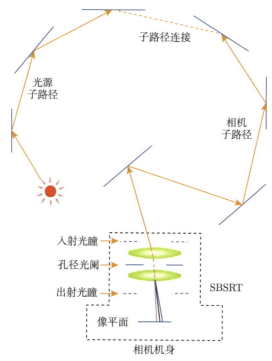

图 7-42　光谱镜头模型与光谱双向光线追踪方法的集成示意图

时，处理方式与 7.3 节 "基于单色像差的散景效果绘制" 类似。

7.4.4　绘制实例与分析

　　本节绘制实例所用的机器配置为 Intel Xeon 5450 3.0G，内存为 4G。实例中所用的相机镜头来自教材 [305]，绘制实例中所用的相机镜头光学数据及其二维剖视图如图 7-40 所示。

　　图 7-40 显示的绘制实例共三个双高斯镜头和一个折反射式远焦镜头，镜头有效焦距均为 100mm。镜头的光圈系数分别为 $F/1.35$、$F/1.7$、$F/2.0$ 和 $F/1.5$，其中 $F/1.5$ 为折反射式远焦镜头的光圈系数。镜头参数表中的每一行表示一个光学表面，光学表面按照从前面到后面的顺序在表中列出，单位为毫米。表中第一列为球形光学表面的半径；如果半径为 0.0，则表面为平面；如果半径为正，则表面是凸的 (从镜头前面看)，反之表面则是凹的。第二列是光学表面的厚度，实际上是当前表面到下一表面的距离 (光轴上)。第三列是表面材料，指的是当前与下一表面之间的介质，可能是折射材料 (玻璃名称)、反射材料 (mirror) 或空气 (air)。最后一列是表面的孔径大小 (直径)。如果表面半径为 0.0，且两边都是空气，则该表面实际上是可调节的光阑，即孔径光阑。

1. 绘制结果

图 7-43 显示了采用 RBECA 方法绘制的小光源成像效果，该绘制实例使用了三种不同的镜头，并对每种镜头设置了五种不同的聚焦距离。小光源被放置在距离镜头 1000mm 处，且位于视场中心。从图中可以看出，弥散圈内的光强分布在颜色方面随聚焦距离的改变而变化，这是因为色差随聚焦距离的改变而改变。此外，也可以看出，在相同的聚焦距离下，不同的镜头也会导致不同颜色的光强分布，这是因为它们具有不同的色差。

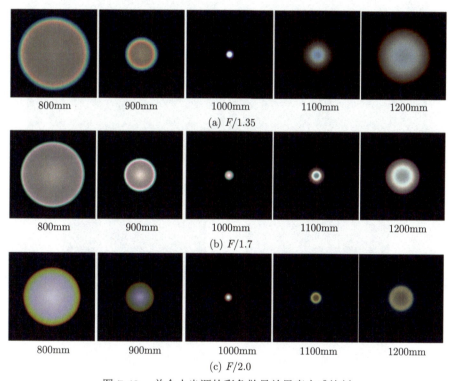

图 7-43　单个小光源的彩色散景效果真实感绘制

图 7-44 显示了利用 RBECA 方法绘制的一排高亮光泽球的成像效果。该实例使用四种不同的镜头对该场景进行绘制，所有镜头孔径都设为圆形。选定镜头后，通过逐渐增加聚焦距离，得到光泽球的镜面高光的多种散景效果。每一子图中，从上到下，相机镜头的聚焦距离分别设定为 800mm、900mm、1000mm、1100mm 和 1200mm。图 7-44(a)~(c) 中的弥散圈均是彩色的，而图 7-44(d) 中的弥散圈是非彩色的，圈内的光强是均匀分布的，且其形状为环状。这种异常现象的出现是因为图 7-44(d) 使用了折反射式镜头，镜头中的反射元件导致了非彩色的光强均匀分布的环状弥散圈。在光学设计领域中，相机镜头中的反射元件能用于消除和减少

球面像差和色差，且会阻挡进入镜头中的光束的中间部分 [305]，这是图 7-44(d) 出现异常现象的原因。此外，从图中可以看到绘制的散景效果受到单色像差的影响。

图 7-45 显示了利用 RBECA 方法绘制一个稍微复杂的象棋场景的成像效果。

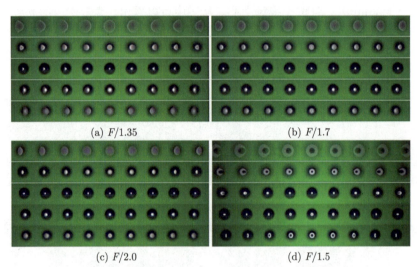

(a) $F/1.35$ (b) $F/1.7$

(c) $F/2.0$ (d) $F/1.5$

图 7-44   一排镜面高亮的彩色散景效果真实感绘制

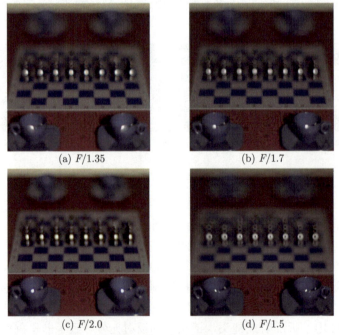

(a) $F/1.35$ (b) $F/1.7$

(c) $F/2.0$ (d) $F/1.5$

图 7-45   基于镜头色差的散景效果绘制

从图 7-45(a)~(c) 中可以看到多种基于色差的散景效果。而在图 7-45(d) 中，散景效果是非彩色的，这是因为折反射式镜头中的反射元件能够消除或减少色差。

图 7-46 和图 7-47 显示了在不同场景下，利用 RBECA 方法绘制的孔径光阑的形状条件下，受光阑、单色像差和色差共同影响的散景效果。

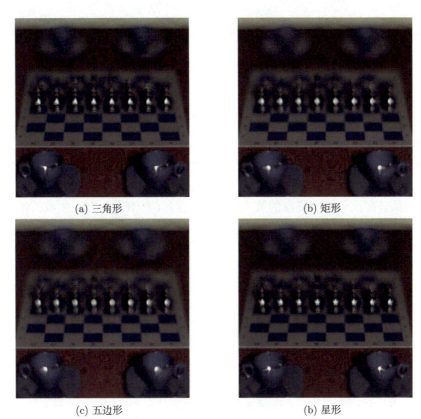

(a) 三角形   (b) 矩形

(c) 五边形   (b) 星形

图 7-46 基于镜头光阑和色差的散景效果绘制

(a) 圆形   (b) 三角形

(c) 矩形　　　　　　　　　　　　　　(d) 星形

图 7-47　基于镜头光阑和色差的散景效果真实感绘制

2. 绘制效率分析

图 7-48 显示了利用本节介绍的 RBECA 方法和基于单波长的光谱绘制方法绘制的结果对比，绘制性能的分析如表 7-4 所示。图 7-48(a) 为单波长绘制方法绘制的结果，图 7-48(b) 为 RBECA 方法绘制的结果，绘制时间相同，均为 1h26min，图 7-48(c) 为参考图片，绘制时间为 91h18min，以获得满意的绘制结果。图 7-48(d) 为从前面三子图中提取的放大图，可以看到，RBECA 方法生成的结果中噪声更少，散景效果更清晰。

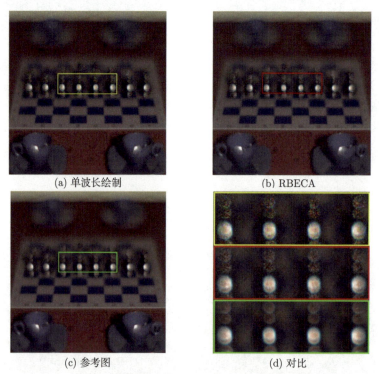

(a) 单波长绘制　　　　　　　　　　　　　(b) RBECA

(c) 参考图　　　　　　　　　　　　　(d) 对比

图 7-48　RBECA 方法与基于单波长的光谱绘制方法绘制性能对比

为了对 RBECA 方法和单波长绘制进行定量的分析，这里采用了两种不同图像质量客观评价方法对绘制图像进行了分析：峰值信噪比法 (peak signal-to-noise ratio，PSNR) 和结构相似性法 (structural similarity，SSIM)[323]。这两种评价方法的评估值越高，图像质量越高。表 7-4 列出了比较结果，从表中可以看出，在相同的绘制时间下，RBECA 方法能够产生更高的 PSNR 值和 SSIM 值，具有更高的绘制效率和更好的绘制效果。

表 7-4　基于 PSNR 和 SSIM 的绘制性能比较

时间	PSNR(dB)		SSIM	
	单波长	RBECA	单波长	RBECA
1:26	39.47	40.82	0.9634	0.9742
2:23	40.98	42.38	0.9769	0.9843
5:13	43.29	45.21	0.9882	0.9927
25:51	46.90	50.78	0.9950	0.9981

7.5　镜头重影效果绘制

镜头重影效果是光学相机镜头在逆光拍摄时出现的一种特殊光效，由入射光线沿镜头内的反射光路传输而形成，通常表现为一串具有特殊几何形状的彩色光斑。镜头重影效果的形成光路与常规的成像光路不同，对常规成像没有贡献，因此属于相机镜头成像的一种附加光学效果。

早期的重影效果绘制方法是通过纹理贴图来构造一连串的重影光斑，根据镜头偏离光源的角度 [221] 以及像素可见的光源面积 [222] 来决定光斑的大小和亮度。Chaumond[223] 提出在透镜阵列模型下通过光线追踪来绘制重影效果，由于未考虑光谱效果，绘制结果是灰度图像，缺乏真实感。Hullin 等 [215] 利用了分布式光线追踪和光栅化技术，绘制了彩色的镜头重影效果。Hullin 等 [324] 提出采用泰勒多项式系统来表示相机镜头，并绘制了镜头重影效果。随后，Lee 和 Eisemann[325] 应用一阶泰勒多项式系统实现了绘制镜头重影效果。上述方法绘制镜头重影效果均采用正向光线追踪，利用镜头的前透镜来构造入射光线，存在光线通过率低、绘制速度慢的问题。

光子映射在绘制场景的全局光照方面取得了良好效果，但目前基于光子映射绘制镜头重影效果的研究较少，Keshmirian[224] 尝试采用传统光子映射方法 [2] 绘制重影效果的灰度图像，传统光子映射方法允许使用的光子总数受到物理内存空间的限制，绘制结果的噪声严重、真实感较差。在发射光子时，该方法基于镜头前透镜来决定光子的初始方向，存在光子通过率低的问题。

针对光子映射方法绘制镜头重影效果的缺陷，本节介绍一种基于渐进式光子映射的镜头重影效果绘制 (rendering of lens ghost effects using progressive photon mapping, RGPPM) 方法 [326]。该方法采用一种稀疏光子追踪的策略，减少追踪的光子数量来提高绘制效率；基于一种适于光子映射的全光谱绘制方法，确定光谱能量的分割方案，处理光子穿越镜头时发生的色散，能够综合模拟孔径光阑、镜片镀膜等因素对重影光斑的影响。

7.5.1　反映重影效果的镜头光学模型

镜头重影效果的形成来源于镜片表面的反射光，镜片防反射镀膜具有抑制反射光线的作用，对重影效果有重要影响。因此需要在已有的镜头模型之上，增加对镜片防反射镀膜的建模。本节使用的相机镜头数据来自光学镜头设计教材 [305]。

1. 镜片防反射镀膜的建模

当光线经过镜片表面时，4%～10%的光将被镜片反射，引起透射光线的能量衰减，进而导致成像亮度下降。镜片防反射镀膜是涂镀于镜片表面的一层极薄的透明膜，主要用于降低镜片对光的反射作用。单一材料的单层镀膜一般只能消除可见光范围内的某一波段的反射光，而对其他波段的反射光无效。镀膜滤除部分波段的反射光后，其他波段的反射光将形成彩色的重影光斑。为了增加镜头的透光率、减少反射光和杂散光，镜头厂商广泛采用防反射镀膜技术。防反射镀膜现已成为高端相机镜头的重要卖点，一般不予公布镀膜的具体参数。目前的高端相机镜头大多已使用具有宽光谱覆盖的多层防反射镀膜，如超级光谱镀膜、亚波长结构镀膜等，这些镀膜技术将镜片的反光率降至 1%以下，这对于提高镜头的通光性、增强镜头成像亮度是有利的，然而这对重影效果的生成是不利的。本节的目的是产生由反射光导致的艺术化重影效果，因此仅模拟了单层镀膜的较为温和的防反射作用。

图 7-49 给出了单层镀膜消除相位差为 π/2 的反射光波的原理，入射光 L 在界面 A 处同时发生折射和反射，其中的折射光在镀膜与镜片的界面 B 处再次发生折射和反射。采用合适的镀膜材料，以及适宜的镀膜厚度，可使反射光 R_1和 R_2 的相位差为 π/2，相消干涉效应将二者抵消。镀膜材料的折射率为 $n_1 = \max(1.38, \sqrt{n_0 n_2})$，其中 n_0 为介质 1 的折射率，n_2 为镜片的折射率。镀膜层的厚度 d 取为 $n_1 \cdot \lambda_0/4$，其中 λ_0 表示拟消除光线的波长。

单层镀膜具有抑制反射光的作用，因此需要重新计算镜片对波长为 λ_i 的入射光线的反射率。设镜片的入射光 L 的 s 偏振分量和 p 偏振分量 [327] 相等，s 偏振分量入射光的反射率为 R_s，p 偏振分量入射光的反射率为 R_p，则总的反射率为 $R = (R_s + R_p)/2$，对应的透射率 $T = 1 - R$。反射率 $R_\chi(\chi$ 为 s 或 p) 可以表达为

$$R_\chi = (R_\chi^A)^2 + (R_\chi^B)^2 + R_\chi^A R_\chi^B \cos\left(\frac{4\pi}{\lambda_i \omega}\right) \tag{7-36}$$

其中，R_χ^A 表示界面 A 的反射率；R_χ^B 表示界面 B 的反射率，二者可以通过菲涅耳公式计算，反射光 R_1 和 R_2 的相位差为 $\phi = d \cdot n_1 \cdot (1/\cos\theta_1 - \sin\theta_0)$。

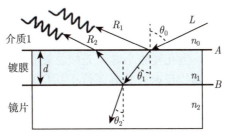

图 7-49　防反射镀膜抑制反射光的原理

2. 重影光路序列

在从场景进入镜头的所有光线中，穿过所有镜片仅一次且抵达感光器的光线将对成像有贡献，这类光线的光路称为成像光路。另一部分入射光线在镜头内发生反射，将穿越部分镜片多次，最终形成镜头重影效果。这里用正整数标记镜头分界面的序号 (前透镜对应序号 1)，并将形成重影的光线穿越分界面的顺序定义为重影光路序列。由于镜头内的镜片数量是有限的，因此可以预先构造可行的重影光路序列。如图 7-50 所示，感光器上的每个重影光斑唯一对应一条重影光路序列。

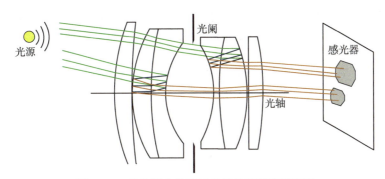

图 7-50　从光源出发到感光器的重影光路序列

对于从场景一侧进入相机镜头的光线，仅当经历的反射次数为偶数时，光线才有可能抵达感光器形成重影。从场景入射的光线经历奇数次反射后，将向场景一侧返回，或者从前透镜离开，或者被相机内壁吸收。在相机镜头内，经过 4 次及以上反射的光线的能量将发生大幅衰减，对重影图像的贡献很小，故可以忽略这类贡献小的光线。这里考虑在镜头内发生 2 次反射的重影光路。

设相机镜头内的实际光学分界面数量为 K，从中可以选取两个分界面 A、B 作为发生反射的界面。两次反射事件有时间先后顺序，首次反射将发生于分界面 A 的朝向场景一侧，而第二次反射将发生于分界面 B 的朝向感光器一侧。针对仅发生两次反射的情形，可构造的重影光路总数为 $(K-1)+(K-2)+\cdots+1 = (K^2-K)/2$。

当两次反射的分界面位于孔径光阑不同侧时，光线需要穿越孔径光阑通光孔 3 次才有可能抵达感光器，当孔径较小时，光线易被孔径光阑阻挡，因此可以不考虑这样的光路，仅处理两次反射的分界面位于孔径光阑同侧的情况。设孔径光阑两侧的分界面数量分别为 p 和 q，且 $p+q = K$，则可构造的重影光路数量为 $(p^2 - p)/2 + (q^2 - q)/2$。

7.5.2　基于光子映射的镜头重影效果绘制框架

镜头重影常出现于相机正对强光源进行逆光拍摄时，例如，相机在室外朝向太阳拍摄，或是在室内朝强光源拍摄。普通低亮度光源发出的光进入镜头后，经过能量衰减后剩余的能量较低，在感光器上产生的镜头重影效果的亮度较弱，常常难以辨识。RGPPM 方法仅考虑从强光源向镜头发射光线而形成的可辨识的重影。

RGPPM 方法分为两阶段：光子发射阶段和绘制阶段，两阶段交替地执行，如图 7-51 所示。在光子发射阶段，光源均匀地向所有方向发射光子光线，初始时每条光子光线携带相同能量。在构造初始光子光线时，分别采用基于入射光瞳的采样方法和基于有效前瞳的采样方法 (参见 7.5.3 节)。光子光线沿重影光路序列依次经过各个镜片。在绘制阶段，光子收集点放置于感光器平面，每一轮迭代后更新每个像素区域的光子收集点位置。光子从镜头后透镜离开后，采用抛射法向感光器放置光子能量，先确定光子影响的光子收集点，再更新这些受影响的光子收集点的统计数据，如半径、光子总数、累积的光子能量等。光子的贡献被记录后可立即清除，无须存储光子，因此可降低算法的存储开销。

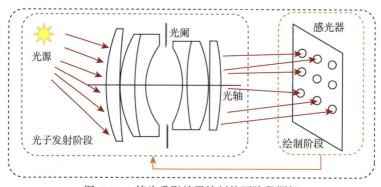

图 7-51　镜头重影效果绘制的两阶段框架

1. 光子发射阶段

设光源的总能量为 Φ, 初始时发射光子的能量都记为 Φ。在渐进光子发射模式下, 每一轮光子发射后都将增大光子总数 N。为了满足能量守恒, 避免图像亮度的无限增长, 在绘制阶段采用已发射的光子总数对光子的能量 Φ' 作归一化, 即 $\Phi' = \Phi/N$。

2. 绘制阶段

绘制阶段的光子收集工作在感光器平面上进行, 每个像素被视为一个具有微小面积的区域, 像素的能量为这一区域接收辐射度的平均值, 计算平均值有利于减少走样, 同时也有利于平滑局部噪声。像素区域 Ψ 的辐射度的计算方式为

$$L(\Psi, \omega) = \frac{\tau_i(\Psi, \omega)}{N_{\mathrm{p}}(i)\pi R_i(\Psi)^2} \tag{7-37}$$

其中, i 表示光子迭代的轮数; $\tau_i(\Psi, \omega)$ 表示在像素区域 Ψ 上的累计光通量; $N_{\mathrm{p}}(i)$ 表示第 i 轮光子追踪结束后累计发射的光子总数; $R_i(\Psi)$ 表示区域 Ψ 的光子收集半径。

像素区域 Ψ 的所有光子收集点共享该区域的统计数据, 包括累计接收的光子数量 $N_i(\Psi)$, 区域有效半径 $R_i(\Psi)$, 新增的光通量 $\Phi_i(x_i, \omega)$, 累积的光通量 $\tau_{i+1}(\Psi, \omega)$。共享统计数据的更新方式如下:

$$\begin{cases} N_{i+1}(\Psi) = N_i(\Psi) + \alpha M_i(x_i) \\[2mm] R_{i+1}(\Psi) = R_i(\Psi)\sqrt{\dfrac{N_i(\Psi) + \alpha M_i(x_i)}{N_i(\Psi) + M_i(x_i)}} \\[2mm] \Phi_i(x_i, \omega_i) = \displaystyle\sum_{p=1}^{M_i(x_i)} f_{\mathrm{r}}(x_i, \omega_i, \omega_p)\phi_{\mathrm{p}}(x_p, \omega_p) \\[2mm] \tau_{i+1}(\Psi) = [\tau_i(\Psi) + \Phi_i(x_i, \omega_i)]\,\dfrac{R_{i+1}^2(\Psi)}{R_i^2(\Psi)} \end{cases} \tag{7-38}$$

其中, $M_i(x_i)$ 表示新接收的光子总数; f_{r} 表示 BRDF; ϕ_{p} 表示光子的能量; α 是位于 $(0,1)$ 之间的一个缩减因子。

7.5.3 渐进式光子发射

镜头重影效果是由具有高会聚特征的强光源 (如太阳、探照灯) 发出的光经过重影光路后在感光器上形成的特殊光学效果。如果采用逆向绘制方法, 将难以采样到经镜头前透镜折射并恰好连接至光源的光路, RGPPM 方法采用从光源出发的正向光子追踪。这里将强光源简化为一个点光源, 所有光线从点光源发出。

从光源发射光子时，首先应确定光子光线的初始方向，传统方法先在镜头前透镜上生成采样点，再连接光源和采样点形成光子的初始方向，光子在镜头内的传输过程易受到障碍物 (孔径光阑、镜筒壁等) 阻挡，单位时间抵达感光器的光子数量偏少，导致绘制效率低。这里给出基于入射光瞳和基于有效前瞳两种方法来确定光子的初始方向。

1. 基于入射光瞳的光子发射

入射光瞳是相机镜头中的虚拟光阑，它是孔径光阑经过其前部所有镜片所成的像。在理想光学系统下，能穿过入射光瞳的光线也能穿过孔径光阑和出射光瞳。如图 7-52 所示，标记为 1 的光线能穿过入射光瞳面，则该光线能穿越孔径光阑。标记为 2 的光线将被孔径光阑阻挡，该光线将不能通过出射光瞳。根据这一性质，在镜头系统中可利用入射光瞳采样光子的初始方向。

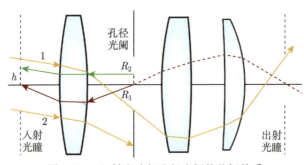

图 7-52　入射光瞳与孔径光阑的共轭关系

根据理想光学系统的基本光学原理，通过近轴光线追踪可计算入射光瞳的孔径及其在光轴上的位置。从孔径光阑平面，分别构造从中心出发的近轴光线 R_1 以及平行于光轴的光线 R_2，逆向追踪两条光线，根据 R_1 的出射光线确定入射光瞳平面在光轴上的位置；再计算 R_2 的出射光线与入射光瞳平面交点的离轴距离，根据相似关系，可以计算入射光瞳的半径。入射光瞳具有旋转对称结构，其通光孔的形状与孔径光阑的形状一致。

2. 基于有效前瞳的光子发射

这里针对光源预先计算位于镜头前透镜切平面上的有效前瞳范围，然后利用有效前瞳来决定初始光子的方向，从而提高光子的通过率。有效前瞳区域采用轴对称的包围盒来表示，初始时设置为空区域。在发射光子时根据前透镜切平面的采样点来确定光子的方向，采样点在以光轴为中心的正方形平面区域中选取。由于镜头前透镜一般多为曲面，与光轴夹角较大的入射光线仍能与前透镜相交，因此将正方形区域边长设置为前透镜孔径的 1.2 倍 (对于广角镜头或 "鱼眼" 镜头,应采用更大的倍率)。

如图 7-53 所示,在正方形候选区域中,使用哈尔顿采样法[328] 生成采样点,连接光源至其中一个采样点可构造一个光子的初始方向;然后正向追踪光子,若该光子能抵达感光器,则将该采样点加入有效前瞳的包围盒 (图 7-53 实线矩形)。如果一个采样点已在当前有效前瞳范围内,则可省去对该采样点的判断。

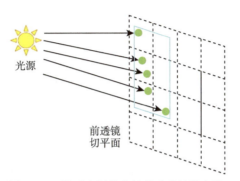

光源

前透镜
切平面

图 7-53　针对光源的有效前瞳的计算方法

有效前瞳范围确定后,在绘制阶段可根据有效前瞳的采样点决定光子发射的方向。由于点光源均匀地向所有方向发射能量,因此对基于有效前瞳采样的光子能量需要作归一化。设从光源出发的光子携带的初始能量为 W,基于有效前瞳采样该光子的概率密度函数为 $p(\omega)$,则光子能量应更新为 $W/p(\omega)$。

3. 光子的光谱建模

针对连续的可见光谱,全光谱绘制方法一般使用离散的光谱样本值。光谱采样越密集,绘制的全光谱效果越准确,但绘制所需的计算开销也越大。从绘制质量和计算开销两方面的考虑,一般使用 4~10 个光谱样本用于全光谱绘制。

在光子发射阶段,为每条光子光线分配一个光谱样本值,光子光线沿重影光路抵达镜头感光器,放置单波长的光子,单波长光子仅在单一波长分量上携带能量。在光子收集阶段,对于一个单波长光子,首先检测该光子是否在当前光子收集点的有效范围内,如果是,则利用光子收集点的 BRDF 对光子能量进行加权 $f_r(x_i, \omega_i, \omega_p)\phi_p(x_p, \omega_p)$。

7.5.4　光子追踪及光栅化

1. 稀疏光子追踪

沿着同一重影光路序列传播的光子光线具有局部连贯性,这里利用该性质执行镜头内的稀疏光子追踪。首先将有效前瞳离散化为三角网格,然后从光源向三角网格的顶点发射光子并执行光子追踪，降低追踪的光子数量。在光子收集阶段，抵达感光器的光子光线放置光子，可形成由光子组成的三角网格，该网格对应了有效前瞳的网格。随后，利用离散分布的光子来更新所有的光子收集点。

计算相机镜头针对光源的有效前瞳后，将其离散化为如图 7-54 所示的三角网格。在靠近有效前瞳边缘的区域，采用了更精细的三角网格，以更好地捕捉这些区域的细节。初始光子光线通过连接光源与网格顶点而形成，在光子光线穿越镜头的过程中，记录光线穿越通光孔的位置坐标。

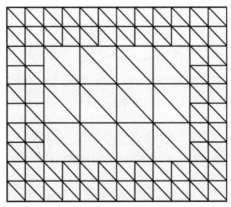

图 7-54　有效前瞳包围盒的离散网格

稀疏光子追踪方法要求局部光子光线具有连贯性，对应到感光器一侧，则要求局部像素变化具有连贯性。镜头重影效果图像满足这一典型特征，因此可采用稀疏光线追踪，减少追踪的光子数量，提高绘制效率。

镜片对光的折射率与光的波长有关，进入镜头的复色光不能会聚到感光器上的同一点，因此产生色差效果。在镜头重影效果绘制中，色差主要表现为光斑的彩虹色轮廓，色差是重影效果的重要特征，对其艺术表现力具有重要作用。为了绘制重影光斑的彩色边缘，这里采用 7.1.2 节的镜头色散建模方法计算可见光范围 (380~720nm) 内任意波长光线的折射率。

这里对可见光谱范围作等间距采样，每个初始光子被赋予一个波长值，然后在镜头内针对每个光子执行确定序列光谱光线追踪，算法步骤如下所述。

(1) 依次处理每条重影光路，如果还有未处理的重影光路，则执行下一步；否则转第 (7) 步。

(2) 从光源向网格顶点发射初始光子光线，赋予光谱样本值，如果还有网格顶点未访问，则执行下一步；否则转第 (1) 步。

(3) 沿重影光路序列的镜片顺序追踪光子光线 R，记录 R 与孔径光阑的交点，如还有镜片未访问，则执行下一步；否则转第 (6) 步。

(4) 若光线 R 与当前镜片相交,记录交点位置的参数化坐标,执行下一步;否则光线 R 终止,转第 (2) 步。

(5) 计算镜片对光线 R 的折射率,根据折射率计算折射或反射后的光线方向,更新 R,转第 (3) 步。

(6) 若光线 R 与感光器相交,则向交点投放光子,光子收集点更新数据,再转第 (2) 步;否则直接转第 (2) 步。

(7) 返回感光器上的离散光子网格,算法终止。

该算法与场景的分布式光线追踪方法相比具有显著优势,每条重影光路访问镜片的顺序是确定的,光子光线按此顺序与镜片进行求交计算,避免了光线盲目地与场景所有物体执行相交测试。

2. 重影的光栅化

有效前瞳上的三角网格与感光器上的光子收集点的三角网格之间存在顶点对应关系。光子光线抵达感光器后,首先查询最近邻的光子收集点,然后更新光子收集点记录的统计数据。空间中相邻的光子光线存在局部连贯性,它们对感光器贡献的能量具有相似性。在对感光器上三角网格顶点的统计数据作更新后,进一步可通过三角插值法更新网格元内部光子收集点的统计数据。因此,位于网格元内部的光子收集点无须接收到光子,也可获得统计数据的更新。执行插值操作后,可根据内部光子光线穿越孔径光阑的位置查询孔径纹理,判断光子光线是否被孔径光阑阻挡,如果光线被阻挡,则将其丢弃;未被阻挡的光线将贡献到重影图像中。

网格元内部的光子能量来自于对光子能量的插值,为了保持能量守恒,这部分通过插值得到的光子能量应被考虑在光源发出的总能量中。网格元内部光子收集点记录的接收光子总数,应被统计在光源累计发出的光子总数中,确保算法使用正确的光子总数对光子能量作归一化。

对于感光器上相互叠加的网格元,使用 α 混合方式进行融合。待所有光线网格填充完毕后,可形成重影光斑的光谱能量分布。最后,根据 CIE 光谱–颜色转换公式将光谱能量分布转换为 RGB 颜色表示,即 RGB 像素数据。针对离散光谱样本,这里将原转换公式的连续函数积分扩展为如下的离散形式:

$$
\begin{cases}
R_\lambda = \sum_{i=1}^{M} S(\lambda_i) r(\lambda_i) \\
G_\lambda = \sum_{i=1}^{M} S(\lambda_i) g(\lambda_i) \\
B_\lambda = \sum_{i=1}^{M} S(\lambda_i) b(\lambda_i)
\end{cases}
\tag{7-39}
$$

其中，M 表示离散光谱样本总数；$S(\lambda_i)$ 表示光谱能量分布的离散样本；$r(\lambda_i)$、$g(\lambda_i)$、$b(\lambda_i)$ 分别表示 CIE 颜色系统与波长相关的颜色匹配函数 [31]；R_λ、G_λ 和 B_λ 分别表示 RGB 颜色空间的分量。

7.5.5　绘制实例与分析

本节的绘制实例在 Intel® Core™Xeon E5-2609 2.4 GHz CPU 环境下执行。通过将镜头重影效果绘制融合到三维场景的绘制框架中，能够同时绘制真实感的三维场景图像以及镜头重影效果图像。实例选用的光源为点光源，可见光谱范围设为 380~720nm，绘制图像的分辨率为 512×512。

1. 入射光线的通过率对比

表 7-5 对比了基于前透镜的方法 [324]、基于入射光瞳的方法以及 RGPPM 方法的发射初始光线通过率。绘制实例选用的光学镜头为双高斯 $F/2.0$[305]，孔径光阑的通光孔形状选用了圆形、正六边形和正八边形，这三种情况下使用的光圈 F 数分别为 3.5、2.8 和 2.2。实例构造的初始光线的总数为 8.19×10^5，表中每个数据单元格的首行记录了光线的通过率，即有效光线数量占初始光线总数的比例，数据单元格的第二行是执行时间。

表 7-5　入射光线的通过率及追踪光线的时间

采样方法	圆形	正六边形	正八边形
前透镜	0.242	0.255	0.257
	25.1s	27.9s	28.1s
入射光瞳	0.528	0.446	0.314
	42.5s	35.6s	31.8s
有效前瞳	0.762	0.573	0.496
	71.7s	62.5s	55.3s

从表 7-5 可以看出，基于前透镜的方法的光线通过率最低，基于有效前瞳的方法取得了最高的光线通过率。当镜头的通光孔径越小时，基于有效前瞳的方法带来的光线通过率的增幅越大。光线通过率的提高使感光器在单位时间内接收的有效光线数量增加，有助于提升绘制效率。光线通过率提高后，需要追踪的有效光线数量相应地增加，因此花费更长的计算时间。

2. 镜头重影效果的综合对比

1) 重影光斑形状的艺术化编辑

本实例采用双高斯 ($F/1.35$) 光学镜头 [305]，像平面对角线尺寸为 80mm。光源位于 (900, 1100, 5000) 处 (单位：mm，下同)，实例选用等间距采样的 7 个光谱样本。图 7-55 反映了孔径光阑的通光孔形状对重影光斑的影响，绘制性能数据列于图片下方。孔径光阑的通光孔采用圆形、正方形、正七边形和正九边形，绘制的重影光斑呈现与通光孔对应的形状。实例利用有效前瞳来决定初始光子的方向，提高光子在镜头中的通过率。光斑的彩色是由镜片镀膜滤除部分反射光之后的效果，光斑外周的彩色边缘体现了色差现象。

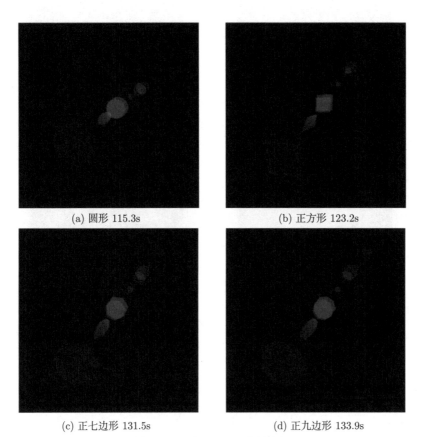

(a) 圆形 115.3s   (b) 正方形 123.2s

(c) 正七边形 131.5s   (d) 正九边形 133.9s

图 7-55   重影光斑形状的编辑

2) 绘制效率和质量对比

图 7-56 对比了光线追踪方法、传统光子映射[224] 的单色绘制、传统光子映射的光谱绘制以及 RGPPM 方法绘制镜头重影效果的效率和图像质量，绘制时间列于图像下方。实例选用双高斯 ($F/1.4$) 光学镜头[305]，光源位于 $(-900, 1200, 5000)$ 处。光线追踪方法投放的光线总数为 2×10^7 条，光子映射方法采用 2×10^7 个光子。RGPPM 方法将有效前瞳分割为离散网格，含 4097 个网格顶点，每一轮仅发射 4097 个光子。实例中累计发射 2 轮光子。传统光子映射方法仅能绘制单色

的重影效果。光线追踪法的光线穿越率较低,导致重影光斑有显著的噪声。光子映射方法的稠密光子追踪使用了大量光子,绘制结果中仍存在颜色噪声。RGPPM方法显著降低了追踪的光子数,具有更高的绘制效率,仅使用少量的光子即可绘制高质量的重影效果。

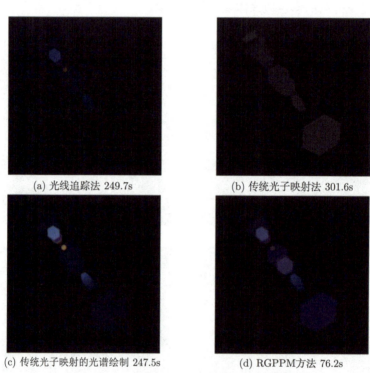

(a) 光线追踪法 249.7s

(b) 传统光子映射法 301.6s

(c) 传统光子映射的光谱绘制 247.5s

(d) RGPPM方法 76.2s

图 7-56　重影效果的绘制效率及绘制质量的对比

3) 镜头遮挡效应对比

图 7-57 比较了 RGPPM 方法和 Hullin 等 [215] 的方法在相同 CPU 环境下,针对双高斯 (F/1.4) 镜头绘制的重影效果。光源位于 (900, 900, 5000) 处,孔径光阑的通光孔采用正八边形,像平面的对角线尺寸为 70mm。当光源偏离镜头光轴时,通光孔将被部分遮挡,不再为正八边形。RGPPM 方法可根据光源的位置和方向预先计算受遮挡影响的光孔纹理 (图 7-57(b) 右下角),绘制的重影光斑呈现与实际光孔一致的形状。根据重影光斑的形状可以判断其对应的两次反射发生的位置,图中的部分光斑与光孔的形状呈倒置关系,因为这类光斑对应光路的两次反射发生于孔径光阑靠光源一侧;类似地,与光孔形状一致的光斑对应光路的两次反射则发生于孔径光阑靠近感光器一侧。

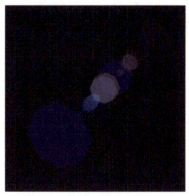 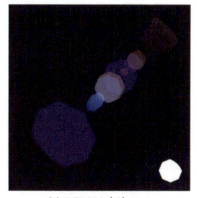

(a) Hullin 方法 34.1s　　　　　　　(b) RGPPM 方法 34.6s

图 7-57　镜头遮挡效应对重影效果的影响

4) 场景中的镜头重影效果

图 7-58 显示了场景中的镜头重影绘制效果。其中图 7-58 (a) 所示为室内场景的重影效果，场景图像的绘制采用逆向路径追踪算法，每个像素采样 16 条光线，该场景的方向性高强度光源位于 (500, 600, 1500)，使用的镜头为双高斯 $F/2.0$，通光孔为正八边形。如图 7-58 (b) 所示为室外场景的重影效果，光源位于 (900, 1400, 5000) 处，场景绘制采用随机渐进式光子映射 (SPPM) 方法 [60]，使用的相机镜头为双高斯 $F/2.2$，通光孔为正八边形。在绘制场景图像和重影图像后，根据颜色融合公式 $P_v = \alpha P_g + \beta P_s$ 将两者融合，其中 P_v 为最终图像的像素值，P_s 表示原三维场景图像的像素值，P_g 为重影图像的像素值，α、β 为融合因子，实验取 α 为 0.2，β 为 0.8。

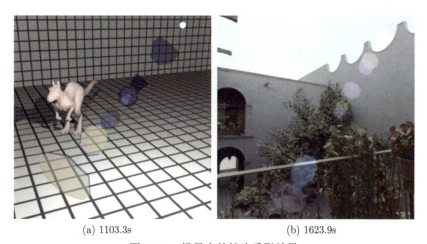

(a) 1103.3s　　　　　　　　　　(b) 1623.9s

图 7-58　场景中的镜头重影效果

7.6 眩光效果实时绘制

眩光是光线通过相机镜头时遇到微小几何体发生衍射和散射而导致的一种光学现象。虽然对于不同的镜头和光源,眩光存在着一定的差别,但其主要特征是相似的。一般来说,眩光效果可分为星芒 (starburst) 效果和辉光 (bloom) 效果。星芒效果由一些围绕在光源周围的放射状条纹组成,主要是由光线通过光圈孔径时发生衍射导致的。辉光效果是一种围绕在光源周围的模糊光晕,它是由光线进入相机镜头内部后,遇到透镜表面的微小瑕疵 (如指纹、灰尘、划痕以及镜头本身的设计缺陷等) 发生散射现象而引起的。

眩光效果是自然场景中一种重要的物理现象,其真实感和实时模拟是计算机图形学领域的重要研究方向。多年来已有很多关于真实感眩光效果绘制的研究,但仍面临着许多挑战。首先,眩光形成的物理原理非常复杂,其受到衍射、散射以及相机镜头等综合因素的影响,现有方法通常忽略某些因素的影响,导致真实感的降低;其次,传统方法通常绘制时间较长,难以达到实时性能;最后,有效地将实时眩光绘制结果和具有高亮光源的实时三维场景合成,也具有较大的复杂性。

针对上述问题,本节介绍一种基于 GPU 的眩光效果实时绘制 (real-time glare effects rendering, RGER) 方法 [329]。

7.6.1 相机镜头内的光学衍射

根据惠更斯–菲涅耳原理,当光线经过小孔时发生衍射现象,介质中任一波前上的各点都是发射子波的新波源,其后任意时刻,这些子波的包络面就是新的波前,而这些次级子波会彼此发生干涉,空间某一点的光振动是所有这些次波在该点的相干叠加 [217]。

如图 7-59 所示,设衍射孔径 Σ 处于 (ξ, η) 平面内,在正 z 方向被照明。平行于 (ξ, η) 平面的成像平面 (x, y) 上光振动的复振幅分布 $U(x, y)$ 可表述为 [111]

$$U(x, y) = \frac{z}{\mathrm{j}\lambda} \iint\limits_{\Sigma} P(\xi, \eta) \frac{\exp(\mathrm{j}k r_{01})}{r_{01}^2} \mathrm{d}\xi \mathrm{d}\eta \qquad (7\text{-}40)$$

其中, z 为衍射孔径到成像平面的距离,成像平面一般位于透镜的焦平面上,因此 z 即为焦距; λ 为光波的波长; $k = 2\pi/\lambda$ 为光波波数;

$$r_{01} = \sqrt{z^2 + (x - \xi)^2 + (y - \eta)^2}$$

为成像平面上 P_0 点与衍射平面上 P_1 点之间的距离;二维函数 $P(\xi, \eta)$ 为衍射平面的振幅透射率。

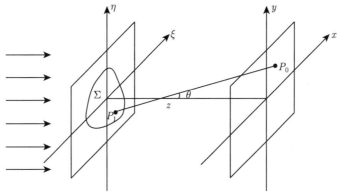

图 7-59 衍射几何关系示意图

根据光源和障碍物之间远近的不同，衍射现象可分别用菲涅耳近似和夫琅禾费近似来模拟。菲涅耳近似理论上适用于光源距障碍物为有限远的情况，而夫琅禾费近似理论则适用于光源距障碍物为无限远，即平行光的情况。

对于菲涅耳近似，引入 P_1 和 P_0 之间的距离 r_{01} 和 r_{01}^2 的近似[111]，即当 $z^2 \gg (x-\xi)^2 + (y-\eta)^2$ 时，可得

$$\begin{cases} r_{01} \approx z \left[1 + \frac{1}{2}\left(\frac{x-\xi}{z}\right)^2 + \frac{1}{2}\left(\frac{y-\eta}{z}\right)^2 \right] \\ r_{01}^2 \approx z^2 \end{cases} \tag{7-41}$$

由于光波波数 k 非常大，因此 r_{01} 的微小改变将在一定程度上影响相位 kr_{01}。但从公式 (7-41) 可看出 r_{01} 和 z 非常接近，因此该影响可以忽略不计。将公式 (7-41) 代入公式 (7-40) 可得衍射的菲涅耳近似公式为

$$\begin{aligned} & U(x,y) \\ &= \frac{A}{\mathrm{j}\lambda z} \iint_{-\infty}^{+\infty} \left\{ P(\xi,\eta) \exp\left[\mathrm{j}\frac{\pi}{\lambda z}(\xi^2 + \eta^2) \right] \right\} \exp\left[-\mathrm{j}\frac{2\pi}{\lambda z}(x\xi^2 + y\eta^2) \right] \mathrm{d}\xi\mathrm{d}\eta \end{aligned} \tag{7-42}$$

其中，$A = \exp\left\{ \mathrm{j}k\left[z + (x^2 + y^2)/(2z) \right] \right\}$ 为常数因子，只影响衍射光场的强度，并不影响分布特征。

如果 $z \gg k(\xi^2 + \eta^2)_{\max}/2$，则积分符号下的二次相位因子在整个孔径上近似等于 1，而成像平面上的复振幅就可以从孔径中的场分布本身的傅里叶变换直接求出。因此，在夫琅禾费衍射区内，成像平面上光振动的复振幅分布为

$$U(x,y) = \frac{A}{\mathrm{j}\lambda z} \iint_{-\infty}^{+\infty} P(\xi,\eta) \exp\left[-\mathrm{j}\frac{2\pi}{\lambda z}(x\xi + y\eta)\right] \mathrm{d}\xi\mathrm{d}\eta$$
$$= \frac{A}{\mathrm{j}\lambda z} \iint_{-\infty}^{+\infty} P(\xi,\eta) \exp\left[-\mathrm{j}2\pi(\mu\xi + \nu\eta)\right] \mathrm{d}\xi\mathrm{d}\eta \tag{7-43}$$

其中，$\mu = x/\lambda z$，$\nu = y/\lambda z$。

对于一个标准的傅里叶变换，其连续形式为

$$F(x,y) = \int_{-\infty}^{+\infty}\int_{-\infty}^{+\infty} P(\xi,\eta) \exp\left[-\mathrm{j}2\pi(x\xi + y\eta)\right] \mathrm{d}\xi\mathrm{d}\eta \tag{7-44}$$

比较公式 (7-43) 和公式 (7-44) 可以发现，除了积分号前相乘的相位因子外，夫琅禾费衍射是孔径上场分布的标准傅里叶变换式在频率 $\mu = \lambda/xz$ 和 $\nu = \lambda/yz$ 上求值。

同样，比较公式 (7-42) 和公式 (7-44) 可以发现，菲涅耳衍射的衍射场 $U(x,y)$ 是一个变形后的孔径透射函数 $M(\xi,\eta)$ 的傅里叶变换，其中孔径透射函数 $M(\xi,\eta)$ 为

$$M(\xi,\eta) = P(\xi,\eta) \exp\left[\mathrm{j}\frac{\pi}{\lambda z}(\xi^2 + \eta^2)\right] \tag{7-45}$$

在实际情况中，衍射满足夫琅禾费近似条件的 z 值不容易满足，但是当加上透镜后可将无穷远处的衍射结果图样成像在焦平面上，实现近距离上的夫琅禾费衍射。因此，可以仅根据光源和障碍物之间远近的不同而采用不同的近似方法。

相机成像效果绘制仅仅对成像平面上的光强分布感兴趣，成像平面上的光强分布正比于衍射光场的复振幅分布，亦即正比于衍射屏透射光场复振幅的傅里叶变换。最终的光强分布为

$$I(x,y) = |U(x,y)|^2 \tag{7-46}$$

对于不同衍射条件下的光强分布，可代入不同的复振幅公式计算得到。

7.6.2 眩光效果的光学建模

1. RGER 算法流程

针对已有方法的不足，基于 7.6.1 节的衍射效果光学原理，RGER 采用一种适合 GPU 并行实现的绘制方法，具体算法步骤如下所述。

(1) 利用光圈孔径和镜头模型生成二维衍射孔径图像，并加入随机噪声，从而构建衍射平面。

(2) 根据光源与镜头之间的距离，采用相应的菲涅耳衍射积分或夫琅禾费衍射积分求得单波长的光强分布。

(3) 通过波长、光谱强度和颜色之间的关系进行光谱建模，计算全波段下的彩色化光谱强度分布。

(4) 利用高斯卷积核对图像高亮部分进行模糊操作，实现强光源的光晕效果。

(5) 对上述眩光结果进行后期的真实感增强。

(6) 对后期处理的图像进行色调映射，以便在低动态范围的显示器上显示。

算法中每一步都在 GPU 上并行实现，并且尽量减少主机内存和设备内存之间的拷贝，以获得时间和性能上的提升。

2. 衍射孔径的构建

相机使用光圈来控制透过镜头的光线，光圈通常由几片极薄的金属叶片组成 (图 7-60)。在极短的时间内，它通过自身快速的打开和闭合动作来控制镜头的曝光量。成像的瞬间光圈的形状一般是一个由叶片数目决定的正多边形，如图 7-60 所示，图 7-60(a) 为正六边形，图 7-60(b) 为正七边形。

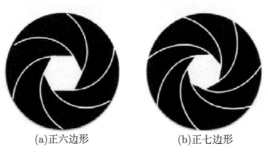

(a)正六边形　　　　　　　(b)正七边形

图 7-60　光圈孔径

根据光的波粒二象性，光除了具有粒子的特质之外，还具有波的特质。当光线经过叶片交界处的夹角时会使光线弯曲，发生衍射现象，由各叶片夹角处发生的衍射波将叠合成最终的衍射图样。虽然衍射在所有的情况下都存在，但是它在强光源 (如太阳和路灯) 下尤为显著。当光圈开口较大时，到达成像平面的光波将不会经过光圈叶片的夹角，从而不会发生衍射现象；而当光圈开口较小时，大多数到达成像平面的光波将会在叶片的夹角处发生衍射现象。如图 7-61 所示，光源发出的光线进入相机镜头，在通过光圈时发生衍射，从而在成像平面上形成衍射效果图样。

星芒的形状是由光圈的形状决定的。例如，对于一个具有 6 个叶片的光圈来说，曝光时刻其光圈形状为一正六边形，则其衍射图样为一个具有 6 个径向条纹的星芒。对于叶片个数为偶数的光圈来说，其衍射图样的径向条纹为偶数个，而对于叶片个数为奇数的光圈来说，其衍射图样的径向条纹个数为其叶片数的 2 倍，这是由于衍射子波发生互相干涉的结果。如图 7-62 所示，图 7-62(a) 为正五边形光圈的衍射结果，其具有 10 个径向条纹；图 7-62(b) 为正六边形光圈的衍射结果，其仅具有 6 个径向条纹。

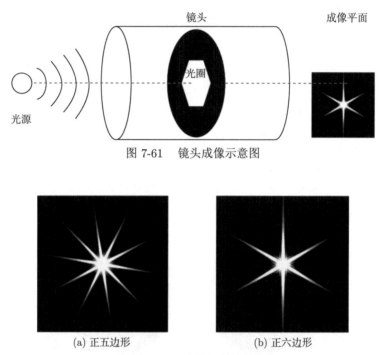

图 7-61   镜头成像示意图

(a) 正五边形   (b) 正六边形

图 7-62   光圈衍射结果

由于相机镜头的存在，对于场景中不同位置的光源其衍射孔径存在一定的区别。当光源不在镜头的正前方时，曝光时刻镜头前部边缘会部分遮挡光圈孔径，从而改变衍射孔径的形状。由于衍射星芒图案的形状取决于衍射孔径的形状，因此考虑镜头遮挡因素是必要的。通过给定的镜头长度以及光圈在镜头中的位置数据，可判断光圈孔径上对应的坐标点和光源坐标之间的连线是否被镜头遮挡，从而确定最终的衍射孔径。图 7-63(c) 为光圈孔径在左上角被镜头遮挡的示意图。

镜头本身的设计缺陷、透镜上的微小灰尘以及划痕等都会对光线的传播方向产生影响。当光线经过这些杂质时会发生衍射，对衍射图样产生影响，其会增加衍射图样中心的亮度以及周围的放射状线条，因此在衍射孔径上增添随机噪声可以提高模拟结果的真实感。这里将镜头噪声简单分为点噪声、短直线噪声和短曲线噪声 3 种。通常相机镜头由一个透镜组构成，是一个三维空间的立体结构，因而镜头噪声也是在三维空间上分布的。为了加快绘制进程，可以采用单个噪声平面来模拟镜头上的多维噪声，即将三维镜头噪声近似模拟为二维平面的。如图 7-63(a) 所示，RGER 使用一幅随机生成的噪声图像来模拟镜头的各种杂质，其中包括点、短直线和短曲线噪声。最后，还需将噪声平面合成到衍射孔径中，生成最终的衍射平面：

$$P(\xi,\eta) = \begin{cases} N(\xi,\eta), & (\xi,\eta) \text{ 在 } \Sigma \text{ 内} \\ 0, & (\xi,\eta) \text{ 在 } \Sigma \text{ 外} \end{cases} \tag{7-47}$$

其中，$N(\xi,\eta)$ 为噪声函数，如图 7-63(b) 所示。

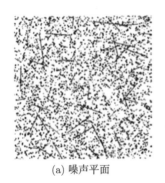

(a) 噪声平面   (b) 镜头噪声   (c) 部分遮挡的镜头噪声

图 7-63 镜头噪声模拟

3. 衍射模型的傅里叶实现

根据光源到衍射孔径之间的距离，衍射效果可分为夫琅禾费衍射与菲涅耳衍射。对于这两种不同的衍射效果，需要进行不同的傅里叶变换。

对于夫琅禾费衍射，根据公式 (7-43) 和公式 (7-47) 可得光强分布为

$$
\begin{aligned}
I(x,y) &= \frac{A^2}{\lambda^2 z^2} \left| \int_{-\infty}^{+\infty} \int_{-\infty}^{+\infty} P(\xi,\eta) \exp\left[-\mathrm{j}2\pi(\mu\xi + \nu\eta)\right] \mathrm{d}\xi \mathrm{d}\eta \right|^2 \\
&= \frac{A^2}{\lambda^2 z^2} \left| F\left[P(\xi,\eta)\right] \right|^2
\end{aligned}
\tag{7-48}
$$

其中，F 为傅里叶变换。若以单色波垂直照射衍射屏，则成像平面上衍射图样的相对光强分布实际上就是衍射平面的傅里叶变换谱。

对于菲涅耳衍射，根据公式 (7-42)、公式 (7-47) 可得光强分布为

$I(x, y)$

$$= \frac{A^2}{\lambda^2 z^2} \left| \int_{-\infty}^{+\infty} \int_{-\infty}^{+\infty} P(\xi, \eta) \exp\left[\mathrm{j}\frac{\pi}{\lambda z}(\xi^2 + \eta^2) \right] \exp\left[-\mathrm{j}2\pi(\mu\xi + \nu\eta) \right] \mathrm{d}\xi \mathrm{d}\eta \right|^2$$

$$= \frac{A^2}{\lambda^2 z^2} \left| F\left\{ P(\xi, \eta) \exp\left[\mathrm{j}\frac{\pi}{\lambda z}(\xi^2 + \eta^2) \right] \right\} \right|^2$$

$$(7\text{-}49)$$

从公式 (7-50) 可以看出，成像平面上衍射图样的相对光强分布正比于衍射屏透射光场复振幅与二次相位因子 $\exp\left[\mathrm{j}\pi(\xi^2 + \eta^2)/(\lambda z) \right]$ 乘积的傅里叶变换谱。因此，可将衍射孔径与二次相位因子进行乘积运算，再对其进行傅里叶变换。此外，在菲涅耳衍射条件决定的区域内，衍射光场的强度分布依赖于成像平面到衍射孔径的距离 z，位于不同位置的成像平面将接收到不同的衍射图样。

因此，衍射效果可通过对衍射平面进行傅里叶变换后取其幅度谱的平方，并用波长和焦距进行归一化得到。在处理数字信号时，连续傅里叶变换是通过将其转换为离散形式实现的。由于离散傅里叶变换的计算量太大，一般采用快速傅里叶变换 (FFT) 进行计算，但其在 CPU 上速度仍达不到实时的要求，因此需要考虑在 GPU 上实现 FFT 以达到加速的目的。由于一个二维傅里叶变换可由两个一维傅里叶变换来实现，这里以分析一维的傅里叶变换为基础。

FFT 的基本思想可用蝶形运算单元表示。计算 N 点 FFT 需要 $\log_2 N$ 级蝶形，而每级有 $N/2$ 个蝶形运算单元，共 $(N/2)\log_2 N$ 次运算。蝶形级之间的运算是串行的，必须求出上级节点才能进行当前级的蝶形运算，但同一级内的每个蝶形运算单元是独立的，可并行计算。蝶形运算单元的运算公式可表述为

$$X_{i+1}(k) = X_i(k_1) + W \cdot X_i(k_2) \tag{7-50}$$

其中，$X_i(k_1)$ 和 $X_i(k_2)$ 为第 i 级蝶形的运算结果，最初输入为原始数据；W 是一个与旋转因子有关的复数，为 W_N^i 或 $-W_N^i$，它可以预先计算并存储在 GPU 内存中，且在整个蝶形运算过程中不会变化。根据蝶形运算流图，其输出序列 $X_{i+1}(k)$ 是按照 k 从小到大的顺序排列的，但输入序列 $X_i(k)$ 不是从小到大的顺序，而是按照所谓的码位倒序而排列的。输入序列的索引因子亦可预先计算并存储在 GPU 中。

当利用 CUDA 实现 FFT 时，首先将系数 W 和数据 $X_i(k)$ 的索引因子 k 预先存放在纹理内存中，这些参数对于一定长度数据的傅里叶变换是不变的，可重复使用。对于每个蝶形运算，根据索引因子读取输入数据以及系数 W，然后作一次复数乘法和一次复数加法，将结果写入输出纹理中。蝶形级内的计算采用并行结构，而蝶形级与级之间的计算采用串行结构实现。

4. 衍射效果的光谱建模

由光源发出的光的波谱一般是连续的 (人眼可视范围为 380~780nm)，不同波长的光在成像平面上形成的光强分布在强度上是不一样的，最终的衍射图样是所有波长的光经过衍射平面后在成像平面上累加的结果。RGER 算法第 2 步得到的傅里叶频谱分布仅为单个波长的灰度分布图。为了得到最终的全波长的衍射图样，需要对其进行光谱建模。首先计算各个波长的光强分布，然后根据波长–颜色匹配函数将其转化为 RGB 颜色空间，并按 RGB 三通道颜色进行叠加。

由式 (7-49) 可知，波长为 λ_2 的光强分布图和波长为 λ_1 的光强分布图之间存在 λ_1/λ_2 倍的关系，因此得到波长的光强分布图后，可以对其根据波长比例关系进行缩放操作而得到其他波长的光强分布图。相对于 GPU 上的 FFT，GPU 上的图像缩放算法要快得多，因此可以利用缩放算法替代其他波长的傅里叶变换操作

$$I_{\lambda_2}(x,y) = I_{\lambda 1}\left(\frac{\lambda_1}{\lambda_2}x, \frac{\lambda_1}{\lambda_2}y\right) \tag{7-51}$$

式 (7-51) 在夫琅禾费衍射条件下严格成立。在菲涅耳衍射条件下，根据式 (7-50)，由于二次相位因子 $\exp\left[\mathrm{j}\pi(\xi^2 + \eta^2)/(\lambda z)\right]$ 的存在，且波长是其中的参数，因此严格的菲涅耳衍射需要计算每个波长对应的相位因子，然后进行 FFT。为了避免对每个波长都计算一次 FFT，这里采用主波长 575nm 来计算二次相位因子，在计算其他波长下的光强分布时都采用该二次相位因子，然后使用式 (7-51) 的缩放算法替代 FFT 算法。

得到各个波长下的光强分布后，根据 CIE 颜色系统确定的 RGB 三色值，将光谱强度分布转化成 RGB 颜色坐标系，即

$$\begin{cases} I_r = \displaystyle\int_{380\mathrm{nm}}^{780\mathrm{nm}} r(\lambda)I(\lambda)\mathrm{d}\lambda \approx \sum_{i=1}^{n} r(\lambda_i)I(\lambda_i) \\[2mm] I_g = \displaystyle\int_{380\mathrm{nm}}^{780\mathrm{nm}} g(\lambda)I(\lambda)\mathrm{d}\lambda \approx \sum_{i=1}^{n} g(\lambda_i)I(\lambda_i) \\[2mm] I_b = \displaystyle\int_{380\mathrm{nm}}^{780\mathrm{nm}} b(\lambda)I(\lambda)\mathrm{d}\lambda \approx \sum_{i=1}^{n} b(\lambda_i)I(\lambda_i) \end{cases} \tag{7-52}$$

其中，n 为采样波长的数目；$r(\lambda)$、$g(\lambda)$ 和 $b(\lambda)$ 分别为 CIE 颜色系统中关于波长的 RGB 值函数。

这里使用波长为 575nm 的光波形成的光谱强度 I_{575} 为标准缩放图像。根据 CUDA 存储器模型[①]，线程访问纹理存储器的速度要快于全局存储器，并且光强

---

① http://developer.nvidia.com/cuda-toolkit。

I_{575} 需要多次访问，因此将其绑定至二维纹理存储器。计算最终的光强分布时，只需根据波长关系查找纹理存储器中相应坐标位置的像素值，然后根据式 (7-53) 将其转化为 RGB 三色值即可。为了使得缩放后的图像尽量平滑，减少马赛克现象，且不过多影响性能，缩放算法是使用相对折中的双线性插值算法。

5. 光晕效果绘制

除了衍射外，散射也是眩光效果的一个重要来源。强光源发出的光线进入相机镜头后不仅会发生衍射现象，同时会发生散射现象。光线的散射会引起光晕效果，它会增加光源周围的整体亮度。光晕效果可以用高斯卷积实现 [330]，这里使用一个二维高斯卷积核与图像的高亮部分进行卷积，实现光晕效果，同时高斯卷积亦有平滑图像的作用。

二维高斯卷积核的定义为

$$F(x,y) = \frac{1}{k} \exp\left(-\frac{x^2 + y^2}{2\sigma^2}\right) \tag{7-53}$$

其中，x、y 是像素的索引值 (从 $-s$ 到 s，s 为卷积核的半径，一般取 8)；σ 为方差；k 为归一化因子，其值一般取卷积核中元素的总和。经过高斯模糊后的图像和源图像按一定的权重混合起来，得到最终的发散效果图。

二维高斯卷积可以分解为独立的行卷积和列卷积，分解后可使二维卷积的计算复杂度从 $O(n^2)$ 降低为 $O(n)$。

高斯模糊卷积的 CUDA 算法步骤如下所述。

(1) 在 CPU 上预先计算好一维高斯卷积核，并将其拷贝至 GPU 中的常量内存中。

(2) 设置 CUDA 内核的线程块大小为 width × height(width = height = 2s)，同时根据图像的宽度和高度设置线程格的大小。

(3) 对已在全局内存中的图像进行卷积操作。

① 由于卷积操作需要多次读取同一像素坐标的图像数据，且线程访问共享存储器的速度可以达到全局存储器的数百倍 [331]，所以使用共享内存保存局部的图像数据以达到加速的目的。分配线程块中共享内存的大小为 height × (width + 2s)。

② 将原始图像数据分别拷贝到对应线程块的共享内存中。每个线程对应从全局内存中拷贝 2 个数据至共享内存。如图 7-64 所示，卷积图像数据区为当前线程块卷积操作的图像数据，卷积核边缘区为卷积时引用的边缘图像数据，如果在整个图像的边缘，则其值设为 0。

③ 分别从全局内存中读取卷积系数和从共享内存中读取图像数据行卷积计算。

(4) 按照①～③对图像数据进行列卷积操作。

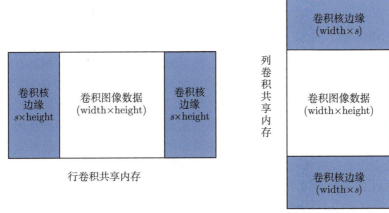

图 7-64 一个线程块中行、列卷积的共享内存分布

上述方法简单地对整个场景进行一次高斯卷积来实现发散效果的绘制,对于简单的二维场景来说,上述方法已经足够;但如果运用在三维场景中,则上述方法得到的视觉效果缺乏一定的层次感,导致整个场景亮度的提升都一致。为了得到更加富有层次感的发散效果,可以首先对上述得到的眩光结果图像进行多次下采样 (down sample);然后对每次得到的下采样图像分别做二维高斯卷积;最后把上述所有卷积后的图像结果按照一定的权重累积起来,得到更加富有层次感的光晕效果。

6. 真实感增强

根据前面描述的方法生成的彩色光强分布图像比实际相机拍摄得到的眩光图像显得锐利而暗淡,需要在后期处理中增强眩光效果的真实感。这里通过对光谱强度分布图像进行随机的微小旋转操作 (一般旋转角度控制在 10° 以内),然后按照一定权重将其与原图像融合,重复多次以增强眩光结果的真实感,即

$$I_h(x,y) = I_o(x,y) + \alpha \cdot \boldsymbol{R} \cdot I_o(x,y) \tag{7-54}$$

其中,α 为随机的透明系数;$\boldsymbol{R}$ 为旋转矩阵;$I_o(x,y)$ 为通过前述步骤得到的光强分布;$I_h(x,y)$ 为图像增强后的光强分布。

旋转操作在 CUDA 上的实现类似于缩放操作,将旋转前的图像数据绑定为纹理内存以提高线程的访问速度。旋转公式为

$$\begin{cases} t_x = x\cos\theta - y\sin\theta \\ t_y = y\cos\theta + x\sin\theta \end{cases} \tag{7-55}$$

其中，t_x 和 t_y 为旋转后图像的像素坐标值；x 和 y 为旋转前图像的像素坐标；θ 为旋转的角度，单位为 rad。旋转后的图像和原始图像通过随机透明系数进行像素累加。

7. 色调映射

由于真实世界的亮度范围 (例如，日光场景下为 0∼50000) 和显示设备的亮度范围 (0∼255) 之间的关系不是线性的，如果将高动态范围的图像简单地线性压缩到低动态范围的图像，则会在明暗两端同时丢失很多细节，而使用色调映射可以弥补这一不足。色调映射将高动态范围的图像在保持原有色调的基础上压缩成低动态范围的图像 [332]。眩光效果图像是用浮点数表示的高动态范围图像，而显示器所能表现的亮度范围不足以表现其亮度域 [333,334]。

衍射孔径的原始傅里叶变换谱中心亮斑的数值要远大于其周围的频谱数值，对其进行全局动态范围调整效果不理想，可以采用局部的动态范围调整方法。首先将像素的 RGB 值转化为其亮度值 $L_w(x,y) = 0.299R + 0.578G + 0.114B$，然后通过如下映射函数对亮度值进行非线性调整：

$$L_d(x,y) = \begin{cases} 1, & L_w(x,y) > 1 \\ f[L_w(x,y)], & \text{其他} \\ L_w(x,y), & L_w(x,y) < b \end{cases} \tag{7-56}$$

如果像素亮度值大于 1，则进行上界截取；如果亮度值小于 b(取 0.1 可得到较满意的结果)，将不对其进行缩放，仅仅对处于中间部分的亮度值进行亮度增强。f 为 gamma 校正函数，$f(x) = (\alpha x)^{\gamma}$，$\gamma$ 这里取 0.45。α 为一关键值，用来决定整个场景的亮度倾向 (倾向偏亮或是偏暗)，大于 1 时提高整体亮度，小于 1 时则降低整体亮度。

最后进行原始图像 RGB 3 个通道颜色信息的恢复。

$$I_{l\_k}(x,y) = [I_{h\_k}(x,y)/L_w]^{\beta} L_d \tag{7-57}$$

其中，β 控制变换强度；$I_{h\_k}(x,y)$、$I_{l\_k}(x,y)$ 分别为 RGB 3 个通道映射前后的分量值，这里 $k = R, G, B$。

7.6.3　实时光线追踪渲染框架

通过 RGER 算法得到的仅仅是眩光纹理，还需要将其集成到实时渲染框架中去。采用 Aila 和 Laine[335] 实现的基于计算统一设备体系结构 (CUDA) 的实时光线追踪渲染器，可以方便地将该算法融入其中。与已有的大部分方法不同，这里给出的方法不需要预先生成眩光纹理，而是在 GPU 中根据三维场景和相机参数实时生成，可极大地提高眩光效果的真实感。

在程序初始化阶段，首先进行运行环境和变量的初始化工作，包括 CUDA 运行环境的初始化、GPU 内存分配、预先生成光圈孔径纹理并拷贝至显存中等，以减免绘制阶段不必要的时间消耗。

在每一帧的绘制阶段，首先需要获取场景中光源参数 (位置、强度、光源波谱范围)，相机参数 (位置、焦距) 和镜面反射对象的位置；然后利用这些参数调用 RGER 算法生成眩光纹理；最终依据颜色调和公式 $C_d = \alpha C_1 + \beta C_2$。(其中 C_d 为最终的像素颜色值，C_1 和 C_2 分别为原场景和眩光纹理的像素值，α 与 β 为调和参数，通常取 1) 将眩光纹理贴图至场景中对应的高亮位置。在此过程中还需要交互地调整眩光纹理的大小，使眩光纹理能够与光源有效地重叠在一起，增强眩光效果的真实性。

根据公式 (7-42) 和公式 (7-43) 可知，眩光效果的形状和强度与光源的强度和位置、相机的焦距、视场方向以及光圈孔径的形状有关，随着这些参数的变化以及随机产生的噪声，眩光效果也动态变化。

7.6.4 绘制实例与分析

本节 RGER 算法基于开源渲染平台 PBRT-v2[31] 和 NVIDIA CUDA4.1 实现，绘制实例的硬件环境为 Intel® Core™ i5-2400 3.10GHz CPU，4GB 内存，NVIDIA GeForce GTX480 显卡 (1GB 显存)。

RGER 算法的绘制性能分析结果如表 7-6 所示，实例中光源的可见光范围为 380~780nm。从表中可以看出，光谱绘制阶段占据整个绘制时间的一半以上，这主要是由于需要遍历光源的可见光谱范围。当渲染分辨率为 1024×1024 时，绘制一帧的时间大约为 18ms，帧速可达 57fps，满足实时要求；而采用相同的方法在 CPU 上绘制一帧的时间大约为 2min。

表 7-6　不同图像分辨率下的执行时间　　　　(单位：ms)

图像分辨率	衍射孔径	FFT	光谱绘制	高斯卷积	后期处理	总时间
256×256	0.031	0.056	1.036	0.131	1.005	2.258
512×512	0.045	0.140	3.451	0.352	2.179	6.167
1024×1024	0.153	0.466	12.940	1.114	2.705	17.378

图 7-65 显示了不同衍射孔径和衍射条件下的眩光绘制结果，其中渲染图像分辨率为 1024×1024。图 7-65 (a) 采用的是六边形孔径，在其周围出现具有 6 条芒线的星芒，在中心圆圈周围的其他放射性线条是由镜头随机噪声引起的；图 7-65 (b) 采用的是圆形孔径，没有出现星芒效果，只有中心的一个光晕；图 7-65 (c) 和 (d) 为菲涅耳衍射结果，其白斑周围的彩色光环是由公式 (7-50) 中的二次相位因子导致的。

(a) 正六边形孔径夫琅禾费衍射

(b) 圆形孔径夫琅禾费衍射

(c) 正六边形孔径菲涅耳衍射

(d) 圆形孔径菲涅耳衍射

图 7-65   不同孔径和衍射条件下的眩光绘制结果

图 7-66 所示为实时光线追踪渲染框架绘制的三维场景中的眩光效果,其中场景分辨率为 1024×768,渲染帧速可达 36fps,满足实时绘制的要求。图 7-66(a) 实现了在太阳光直射下夫琅禾费形式的眩光绘制结果,图 7-66(b) 为阳光透过树叶发生菲涅耳衍射形式的眩光绘制结果, 同时调整镜头参数使光圈孔径的

(a) 增加散射效果的夫琅禾费衍射场景

(b) 菲涅耳衍射场景

 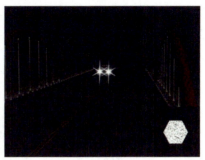

(c) 反射光源场景   (d) 多光源场景

图 7-66 眩光场景渲染结果

上部分被镜头遮挡，图 7-66(c) 为汽车玻璃反射太阳光发生菲涅耳形式的眩光绘制结果，图 7-66(d) 为多光源场景的夫琅禾费形式的眩光绘制结果。

7.7 本章小结

本章讨论在计算机生成的图像中增加相机镜头的光学效果问题，主要包括以下工作。

(1) 针对现有相机镜头模型精度不高的问题，介绍了一种精确的光学镜头模型。该模型通过建立镜头表面和色散模型，精确模拟各种复杂的物理镜头特性，结合镜头内的光线追踪，实现了对物理镜头的各种光学成像效果的绘制；为了便于在真实感绘制领域中的应用，该模型提供了多个可控制的参数，以根据相关的镜头设计或摄影原理调整镜头特性。

(2) 介绍了一种基于光阑的散景效果绘制方法。该方法以折射定律为基础，利用序列光线追踪方法模拟光线在相机镜头内部的传播过程；通过对相机镜头孔径光阑和渐晕光阑的精确建模，可以绘制由孔径形状和渐晕共同作用的散景效果；利用几何光学理论和序列光线追踪方法精确计算出射光瞳的位置和大小，以辅助光线采样，可以有效提高光线追踪效率。

(3) 介绍了一种基于单色像差的散景效果绘制方法。该方法通过建立球差、彗差、像散和场曲等光学像差模型，可以精确模拟由相机镜头像差引起的散景效果；利用镜头内的光线追踪算法计算入射光瞳和出射光瞳的位置和直径，有效提高了光线采样效率；采用镜头内双向序列光线追踪算法，实现了与三维场景中的双向路径追踪算法的集成。

(4) 介绍了一种基于色差的散景效果真实感绘制方法。该方法通过建立精确的光谱镜头模型以模拟镜头色差；引入一种镜头内的光谱双向序列光线追踪算法，可以支持镜头内的正向和逆向光线追踪，实现了与三维场景中双向路径追踪算法的集成；利用入射光瞳和出射光瞳，更有效地指导光线采样，加速了散景效果的绘制过程。

(5) 提出了一种基于渐进式光子发射的镜头重影效果绘制方法。该方法在透镜阵列模型的基础上，结合精确的孔径光阑、防反射镀膜以及镜片色散等模型，利用相机镜头的有效前瞳来构造初始光路，提高了光子光线的通过率；在收集光子阶段利用感光器的光子网格执行内插，计算网格元内的相机光线交点接收的光子能量；利用渐进式光子发射模式，通过多轮光子追踪来改善重影效果的质量；将镜头重影效果绘制与场景绘制进行融合，支持各种场景下的镜头重影效果绘制。

(6) 提出一种真实感眩光效果绘制方法。该方法根据相机镜头光圈生成带有随机噪声的二维衍射光栅图像；结合夫琅禾费衍射和菲涅耳衍射原理，利用 FFT 模拟光学衍射过程，并通过衍射效果的光谱模型实现眩光效果的绘制；通过两个独立的一维高斯卷积核加速实现光晕效果，并结合随机小角度旋转和混合操作进行眩光效果的真实感增强；采用 GPU 并行光线追踪渲染框架，实现了三维场景中真实感眩光效果的实时绘制。

第 8 章　基于 SeeOD 软件的图像成像过程模拟

由于受光学设计、加工、装校、传感器、环境等因素的影响，成像质量会出现不同程度的下降。为了尽可能多地得到原物体的细节信息，图像复原技术自 20 世纪 50 年代开始发展后，各种方法陆续被提出来。这些算法都基于一个假设，即整幅图像各点的退化函数是一样的。然而成像系统随波长和视场的变化，退化程度在空间上表现出不一致性。这就需要精确求解点扩散函数随空间变化的退化函数。光学系统设计理论表明，点光源通过光学系统形成的弥散光斑，其几何尺寸的大小和光强分布很难用数学方法解析描述，而且各点的光强分布随空间位置的不同而发生变化。本章介绍通过光学系统优化设计软件，对光学系统完成建模，基于光线追迹 (光线追踪) 分区计算空间不同位置的弥散斑分布情况，利用各个分区计算的点扩散函数再与原图像进行卷积获取模拟图像，并对光学设计软件 SeeOD 的成像模拟功能进行展示说明。

8.1　SeeOD 光学系统建模

光学成像系统设计与仿真软件以光的直线传播、光线追迹等为基础，通过建立光学系统中的光源、透镜、反射镜、分束器、棱镜、机械结构等光机部件的仿真模型，可对复杂光学系统进行高精度光学设计，通过对光学系统的几何像差、波动像差和公差分析进行多角度分析，对光学成像质量进行检验验证。

光学系统优化设计软件 SeeOD 主要是为满足各种类型和用途的光学系统 (如激光系统、光学成像系统、光学发射系统等) 在设计、研制、生产制造等环节中的应用需求，而设计开发的光学领域专业软件。SeeOD 是对光学系统的几何像差和波动像差进行多角度分析，重点突破光学系统的多变量、多目标的自动优化和公差分析，为各个行业几何光学系统的设计提供仿真技术支撑。SeeOD 采用 BS(Browser-Server，浏览器–服务器) 架构，支持跨平台操作，该架构可以进行信息分布式处理，有效降低资源成本。SeeOD 还支持对多种高阶面型和折反射结构的光学系统进行光线追迹、像差分析、鬼像计算、参数优化、公差分析，以及自动生成系统零件加工图纸，软件界面如图 8-1 所示。

光学成像系统在 SeeOD 软件中设计完成之后，软件利用光线追迹原理对光学系统进行像差分析等操作。在图像模拟方面，SeeOD 软件同样是利用光线追迹

图 8-1　SeeOD 软件界面

原理对原始图像分区域计算点扩散函数 (point spread function，PSF)，然后将计算后的各个区域的 PSF 与原始图像进行卷积并拼接起来，以此获得最后的模拟图像。

8.1.1　光学成像系统建模

镜头模型设计多数使用的是透射光传输，SeeOD 可以针对透射过程进行建模仿真，图像模拟过程如图 8-2 所示。

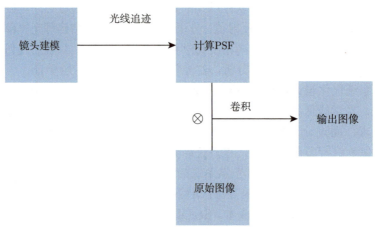

图 8-2　图像模拟过程

镜头建模从每个面的厚度、曲率、折射率、阿贝数以及膜层进行设计。可以设计出不同结构的镜头，如图 8-3 所示。

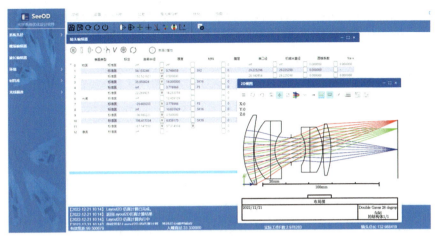

图 8-3　在软件中对镜头建模

在系统设置项中，可设置不同的系统孔径、波长、视场等参数。考虑到不同光学系统的使用需求，SeeOD 在每一个参数中进行了细分，比如在系统孔径中可选择不同的孔径类型，视场中可用角度、物高、像高等定义。视场编辑器还存在渐晕系数的设置，渐晕系数是描述入瞳大小和不同视场点光线的位置的系数。在波长设置中也可以根据光学系统的使用领域自定义波长值，包括可见光和红外光波长，如图 8-4 所示。

图 8-4　系统孔径、视场和波长设置界面

不同波长的光具有不同的颜色，不同波长的光线在真空中传播的速度 c 都是一样的，但在玻璃等透明介质中传播的速度 v 随波长而改变。波长越长，则传播的速度越大；波长越短，传播的速度越小。因为折射率 n 随波长的不同而不同，

所以镜头的焦距也随着波长的不同而改变,把不同颜色光线像点位置之差称为色差。为了解释色差,引入色差公式,模拟了折射率 n 随光波长 λ 的变化。下面列举了两种最常用的色散公式。

Schott 常数色散公式:

$$n^2 = a_0 + a_1\lambda^2 + a_2\lambda^{-2} + a_3\lambda^{-4} + a_4\lambda^{-6} + a_5\lambda^{-8} \tag{8-1}$$

Sellmeier 1 公式:

$$n^2 - 1 = \frac{K_1\lambda^2}{\lambda^2 - L_1} + \frac{K_2\lambda^2}{\lambda^2 - L_2} + \frac{K_3\lambda^2}{\lambda^2 - L_3} \tag{8-2}$$

SeeOD 中的材料库提供了可选的材料数据库,如果需要某一种材料,则在该材料库处单击即可勾选,勾选之后在镜头编辑器的材料中即可使用该材料下的玻璃类型。用户导入玻璃库之后,可以对库中的玻璃直接进行编辑,界面如图 8-5 所示,在该界面中显示了当前材料的相关色散系数以及波长的透过率数据,方便后续操作的调取使用。

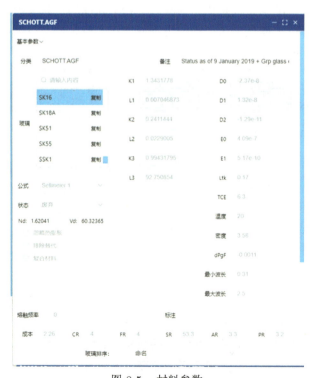

图 8-5　材料参数

对镜头进行建模之后，利用光线追迹法对光学系统进行分析。所有的像质评价指标，如单项几何像差、垂轴像差、波像差以及光学传递函数等，均需基于大量光线追迹进行分析计算。光线追迹的主要用途之一是量化光学系统解决空间细节的程度，这是通过光学系统追踪来自点光源的光线，直到它们到达系统的图像平面，然后对这些射线进行采样形成图像，光线追迹速度将直接影响到软件运行的效率。

8.1.2 光线追迹法

对于任何一个折射面，若已知折射面两边的折射率 n 和 n' 以及入射光线的入射角 I，我们就可以利用折射定律 $n \sin I = n' \sin I'$ 求出折射光线的出射角 I'；对于反射情况，则可以用 $n' = -n$ 代入公式求出反射角 R'。上述方法会产生一些问题。首先，它的通用性比较差，对球面和平面需要采用不同的公式，对一些特殊的光线 (如平行光轴入射的光线) 需改变公式的形式；另外，当物距和半径数值较大时会降低计算精度，同时，反复地计算三角函数和反三角函数，会增加计算时间和加大计算误差。因此，人们经过反复研究，推导出光线追迹的向量公式，有效地解决了上述问题。

基于向量公式的球面光线追迹大致可以分为三个步骤 [336,337]。

(1) 根据入射光线的位置 $(P(x,y,z) = x_i + y_j + z_k)$ 和方向 $(Q(\alpha,\beta,\gamma) = \alpha i + \beta j + \gamma k)$ 求出光线在折射球面上的投射点 P_1，其中 i, j, k 分别为沿 3 个坐标轴方向的单位向量，Q 为单位向量，α, β, γ 为 3 个方向余弦。

(2) 第二步：求出投射点处的法线方向。

(3) 第三步：根据入射光线的方向和法线方向，利用折射定律求出折射光线的位置 $(P_1(x_1,y_1,z_1) = x_1 i + y_1 j + z_1 k)$ 和方向 $(Q_1(\alpha_1,\beta_1,\gamma_1) = \alpha_1 i + \beta_1 j + \gamma_1 k)$。

1. 光线追迹误差模型

以最常用的二次旋转面 (包含球面和平面) 系统为例，建立光线追迹误差模型，二次旋转曲面方程可统一表示为

$$c\left[x^2 + y^2 + (1+e)z^2\right] - 2z = 0 \tag{8-3}$$

其中，c 为顶点曲率；e 为圆锥系数。当 c 等于 0 时，表示平面；$e < -1$，表示双曲面；$e = -1$，表示抛物面；$e > -1$，表示椭圆面；当 $e = 0$ 时，表示半径 $R = 1/c$ 的标准面。光线以参数方程的形式表示 [338]

$$P(t) = P(i) + t\boldsymbol{d} \tag{8-4}$$

初始条件: 在参考面上, 已知光线起点 $P_i(x_i, y_i, z_i)$, 方向向量 $\boldsymbol{d}(L_i, M_i, N_i)$, 由公式 (8-3) 和公式 (8-4) 可得

$$c_{i+1}\left[(x_i + tL_i)^2 + (y_i + tM_i)^2 + (1 + e_{i+1})(z_i + tN_i)^2\right] - 2(z_i + tN_i) = 0 \quad (8\text{-}5)$$

公式 (8-5) 可化简为

$$At^2 + Bt + C = 0 \tag{8-6}$$

设方程 (8-6) 的物理意义的解为 t_i, 代入公式 (8-4) 得到光线追迹交点 P_{i+1} $(x_{i+1}, y_{i+1}, z_{i+1})$ 的坐标如下:

$$\begin{aligned} x_{i+1} &= x_i + t_i L_i \\ y_{i+1} &= y_i + t_i M_i \\ z_{i+1} &= z_i + t_i N_i \end{aligned} \tag{8-7}$$

光线追迹法采用双精度浮点数表征曲率半径、透镜厚度、空气间隔、光线与表面的交点、光线方向向量等物理量。在数值计算中, 基本运算方法均会产生舍入误差, 其边界为 $1 \pm \varepsilon$, 且 $\varepsilon = 1.11 \times 10^{-16}$, 因此 x_i 可表示为 $x_i(1 \pm \varepsilon)$, L_i 可表示为 $L_i(1 \pm \varepsilon)$, $t_i L_i$ 相乘表示为 $t_i L_i(1 \pm \varepsilon)$。在求解公式 (8-6) 的过程中, 经历过近百次的浮点计算, 假设其累计误差为 η_t, t_i 的取值范围为 $t_i(1 + \eta_t)$, 则有

$$\begin{aligned} x_{i+1} &= x_i + t_i L_i \\ &\in [x_i(1 + \varepsilon) + t_i L_i(1 + \eta_t)(1 + \varepsilon)] \end{aligned} \tag{8-8}$$

当 $x_i(1 \pm \varepsilon)$ 与项 $t_i L_i(1 \pm \varepsilon)^2(1 + \eta_t)$ 相加时, 也会产生舍入误差 $1 \pm \varepsilon$, 这样, 可进一步表示为

$$\begin{aligned} x_{i+1} &\in \left[x_i(1 + \varepsilon) + t_i L_i(1 + \varepsilon)^2(1 + \eta_t)(1 + \varepsilon)\right] \\ &\in \left[x_i(1 + \varepsilon)^2 + t_i L_i(1 + \varepsilon)^3(1 + \eta_t)\right] \end{aligned} \tag{8-9}$$

由于 ε 数值过小, 下述不等式成立:

$$(1 + \varepsilon)^n \leqslant 1 + (1 + n)\varepsilon \tag{8-10}$$

将公式 (8-10) 代入公式 (8-8) 中, 可得

$$x_{i+1} \in \left[x_i(1 + \varepsilon)^2 + t_i L_i(1 + \varepsilon)^3(1 + \eta_t)\right]$$

$$\in \left[x_i \left(1 \pm 3\varepsilon \right) + t_i L_i \left(1 \pm 4\varepsilon \right) \left(1 + \eta_t \right) \right] \tag{8-11}$$

$$\in \left[x_i + t_i L_i + \left\{ \pm 3\varepsilon x_i \pm t_i L_i \eta t \pm 4\varepsilon t_i L_i \pm 4\varepsilon t_i L_i \eta_t \right\} \right]$$

若用 σ_{i+1}^x 表示光线与 x_{i+1} 面交点的横坐标误差的绝对值：$\sigma_{i+1}^x = 3\varepsilon \left| x_i \right| + \left| t_i L_i \eta t \right| + 4\varepsilon \left| t_i L_i \right| + 4\varepsilon \left| t_i L_i \eta t \right|$，则光线与 $i+1$ 面交点坐标误差范围可表示为 $x_{i+1} \in \left[x_i + t_i L_i - \sigma_{i+1}^x, x_i + t_i L_i + \sigma_{i+1}^x \right]$。同理可得，可推导出交点 y_{i+1} 和 z_{i+1} 误差表达式和取值范围公式，整理如下：

$$\sigma_{i+1}^x = 3\varepsilon \left| x_i \right| + \left| t_i L_i \eta_t \right| + 4\varepsilon \left| t_i L_i \right| + 4\varepsilon \left| t_i L_i \eta_t \right|$$

$$\sigma_{i+1}^y = 3\varepsilon \left| y_i \right| + \left| t_i M_i \eta_t \right| + 4\varepsilon \left| t_i M_i \right| + 4\varepsilon \left| t_i M_i \eta_t \right| \tag{8-12}$$

$$\sigma_{i+1}^z = 3\varepsilon \left| z_i \right| + \left| t_i N_i \eta_t \right| + 4\varepsilon \left| t_i N_i \right| + 4\varepsilon \left| t_i N_i \eta_t \right|$$

$$x_{i+1} \in \left[x_i + t_i L_i - \sigma_{i+1}^x, x_i + t_i L_i + \sigma_{i+1}^x \right]$$

$$y_{i+1} \in \left[y_i + t_i M_i - \sigma_{i+1}^y, y_i + t_i M_i + \sigma_{i+1}^y \right] \tag{8-13}$$

$$z_{i+1} \in \left[z_i + t_i N_i - \sigma_{i+1}^z, z_i + t_i N_i + \sigma_{i+1}^z \right]$$

公式 (8-12) 为光线追迹的误差模型，根据上述分析，无论光线起始点与透镜顶点距离远近，均需要对参考面光线起始点 P_i、方向向量 $\boldsymbol{d}$，参变量 t 求解设计合适的数值计算方法，以使得 σ 趋近于 0，达到降低误差提高精度的目的。

2. 高精度光线追迹算法设计

从光线追迹的误差模型可以看出，光线追迹误差由 $3 \sim 4$ 个误差项之和构成，每个误差项表现为 3 个可变因子的乘积形式，共有 x_i、y_i、z_i、L_i、M_i 和 N_i 等 8 个可变误差因子。如若不能降低 8 个可变误差因子的绝对值，则随着光线逐面传递，光线误差将逐面放大，导致不精确甚至错误的追迹结果。若能采取措施分别降低 8 个可变误差因子的绝对值，那么光线追迹舍入误差 σ_{i+1}^x、σ_{i+1}^y 和 σ_{i+1}^z 也将随之降低。下面将遵循这一思路，采取措施降低可变因子的绝对值，以达到总体上降低误差的目的。

3. 二次碰撞与重投影

根据公式 (8-7) 求出交点坐标 P_{i+1} 后，由光线追迹截断误差模型方程 (8-12) 可知，P_{i+1} 距透镜球面上真实 P_s 存在一定误差，如图 8-6 实心点表示数值方法计算出的光线与球面的交点坐标 P_{i+1}。此时若更进一步，则构造以交点 P_{i+1} 为起始点的新光线与球面方程 (8-2) 进行二次求交，求得新交点 P'_{i+1}。由光线追迹截断误差模型公式 (8-13)，新的光线起始点非常靠近球面真实点 P_s，引入的截断

误差 $3\varepsilon|x_{i+1}|$、$3\varepsilon|y_{i+1}|$、$3\varepsilon|z_{i+1}|$ 比第一次对应值小。相应地，计算出的新参量 t_i' 及绝对误差 η_t' 也比第一次计算值小，这表明误差模型公式 (8-12) 中 $|t_iL_i\eta_t|$、$4\varepsilon|t_iL_i|$、$4\varepsilon|t_iL_i\eta_t|$ 等 9 项误差也较小。这样整体上第二次计算的交点 P_{i+1}' 要比第一次交点 P_{i+1} 精度更高。但是，二次碰撞实际上重复了两次光线追迹过程，计算量增大了一倍。

重投影既获得了二次碰撞精度较高的优点，又避免了计算开销增大一倍的缺点，如图 8-6 所示。

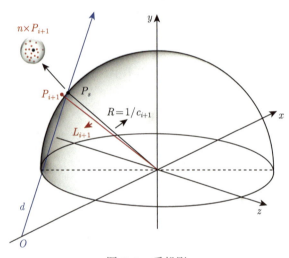

图 8-6　重投影

二次碰撞的过程就是把光线追迹方法计算的交点 P_{i+1} 向透镜球面上点 P_s 再一次逼近求精的过程。交点 P_{i+1} 无论是在球面外还是在球面内，都是越靠近透镜球面上的点 P_s，光线追迹方法的精度就越高。显然，可以利用交点 P_{i+1} 到透镜球心的距离 L_{i+1} 度量交点 P_{i+1} 靠近透镜球面上点 P_s 的程度：

(1) 若距离 L_{i+1} 等于点 P_s 到透镜球心的距离 L_s，即透镜曲率半径 R，那么交点 P_{i+1} 是“精确”的；

(2) 若距离 L_{i+1} 大于 R，交点 P_{i+1} 在球面外，则需要把交点 P_{i+1} 向球心方向“压缩”一点才能更靠近点 P_s；

(3) 若距离 L_{i+1} 小于 R，交点 P_{i+1} 在球面内，需要把交点 P_{i+1} 向背离球心方向“膨胀”一点就可更靠近点 P_s。

采用投影因子作为交点 P_{i+1} 向球心内“压缩”或向球心外“膨胀”的矫正手段。通常情况下，由于数值计算误差存在，L_{i+1} 略大于或略小于 R，定义如下投

影因子 α：

$$\alpha = \frac{R}{L_{i+1}} \tag{8-14}$$

第一种情况：若 L_{i+1} 略大于 R，投影因子 α 将小于 1 但又非常接近 1，这样交点 αP_{i+1} 将比交点 P_i 更靠近球面上点 P_s，也就是交点 αP_{i+1} 有更高的精度，这一变换过程等价于把交点 P 向 "内" 推到更靠近点 P_s 的位置。

第二情况：若 L_i 略小于 R，投影因子 α 将大于 1 但又非常接近 1，这样交点 αP_i 将比交点 P_{i+1} 更靠近球面上点 P_s。同样表示交点 αP_{i+1} 精度更高，这一变换过程也等价于把交点 P_{i+1} 向 "外" 推到更靠近点 P_s 的位置。

第三种情况：若交点 P_{i+1} 恰好在球面上，这时投影因子 $\alpha = 1$，交点 P_i、点 αP_i 和点 P_s 表示同一个点，重投影对交点精度无影响。

标准面追迹精度提升方法可推广到一般情况下的二次旋转球面 (含标准面)。设有椭球旋转面，其两个焦点为 $F_1(0,0,a-c)$、$F_2(0,0,a+c)$，且 $b^2 = a^2 - c^2$，其面公式为

$$\frac{x^2 + y^2}{b^2} + \frac{(z-a)^2}{a^2} = 1 \tag{8-15}$$

根据旋转椭球面的几何定义，可知其上任意一点 P_i 到焦点 F_1 和 F_2 的距离之和为定值 $2a$，定义如下旋转椭球面重投影因子，提升光线追迹精度：

$$\alpha_e = \frac{2a}{|P_i F_1| + |P_i F_2|} \tag{8-16}$$

若 P_i 在椭球面外面，有 $|P_i F_1| + |P_i F_2|$ 略大于 $2a$，α_e 略小于 1，点 $\alpha_e P_i$ 相比于光线追迹结果 P_i，向 "内" 更靠近旋转椭球面，也就是点 $\alpha_e P_i$ 精度更高；同理，点 P_i 在椭球面内部时，α_e 略大于 1，点 $\alpha_e P_i$ 相比于光线追迹结果 P_i 向 "外" 更靠近旋转椭球面，同样表明点 $\alpha_e P_i$ 精度更高，因此可把 α_e 称为旋转椭球面的重投影因子。对标准面而言，旋转椭球面的两个焦点 F_1 和 F_2 重合为一个点，即几何球心，此时旋转椭球面就是标准面，这时候 α_e 蜕化成标准面的投影因子 α，见公式 (8-14)。

4. 方向向量规范化

从光线追迹误差模型方程 (8-12) 可知，光线方向向量 $\boldsymbol{d}(L_i, M_i, N_i)$ 对光线追迹的精度影响是综合性的，其引入的误差包括 $|t_i L_i \eta_t|$、$4\varepsilon |t_i L_i|$、$4\varepsilon |t_i L_i \eta_t|$ 等 9 项误差。上述 9 项误差变为 2~3 个可变因子乘积的形式，与光线方向向量 $\boldsymbol{d}$ 相关的项，包括 L_i、M_i 和 N_i。如果能减少 L_i、M_i 和 N_i 的值，相关的舍入误差也会随之降低。

遥感领域的空间相机大的物距一般为百公里量级，针对此类光学系统的空气间隔有 $10^3 \sim 10^8$ 量级的数据，不妨在此量级范围内设有光线方向向量 $\boldsymbol{d}(1000, 1000, 1000\sqrt{3})$，光线起始点为 $P_i\left(\sqrt{2}, \sqrt{3}, \sqrt{6}\right)$，如果对方向向量不做处理直接计算，则舍入误差按照公式 (8-12) 计算：

$$
\begin{aligned}
\sigma_x &= 3\sqrt{2}\varepsilon + 1000\left|t_i\eta_t\right| + 4000\varepsilon\left|t_i\right| + 4000\sqrt{3}\varepsilon\left|t_i\eta_t\right| \\
\sigma_y &= 3\sqrt{3}\varepsilon + 1000\left|t_i\eta_t\right| + 4000\varepsilon\left|t_i\right| + 4000\sqrt{3}\varepsilon\left|t_i\eta_t\right| \\
\sigma_z &= 3\sqrt{6}\varepsilon + 1000\left|t_i\eta_t\right| + 4000\varepsilon\left|t_i\right| + 4000\sqrt{3}\varepsilon\left|t_i\eta_t\right|
\end{aligned}
\tag{8-17}
$$

若单位化方向向量 $\boldsymbol{d}\left(1000, 1000, 1000\sqrt{3}\right)$ 为 $\boldsymbol{d}\left(\sqrt{5}/5, \sqrt{5}/5, \sqrt{15}/5\right)$，用单位向量代入误差模型的话，要比公式 (8-17) 有近 3 个数量级的降低。光线 $P(t) = o + t\boldsymbol{d}$ 的方向向量 $\boldsymbol{d}(L_i, M_i, N_i)$ 有无穷多个，可表示为 $\boldsymbol{d}(sL_i, sM_i, sN_i)$，其中 s 为非 0 浮点数，如图 8-7 所示。

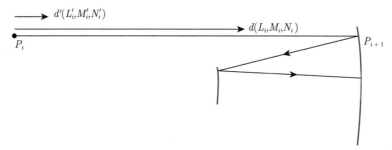

图 8-7   光线方向向量自适应缩放

为了减少舍入误差，规定方向向量优化后满足下式：

$$
\begin{aligned}
\left|sL_i\right| &\leqslant \left|L_i\right| \\
\left|sM_i\right| &\leqslant \left|M_i\right| \\
\left|sN_i\right| &\leqslant \left|N_i\right|
\end{aligned}
\tag{8-18}
$$

为使不等式成立，取

$$
s = \frac{1}{\alpha\sqrt{L_i^2 + M_i^2 + N_i^2}}
\tag{8-19}
$$

其中，α 为方向向量的自适应缩放系数，最小值为 1，如公式 (8-20) 所示。在算法的具体实现中，通过方向向量的 $\boldsymbol{d}(L_i, M_i, N_i)$ 的模 $\sqrt{d_x^2 + d_y^2 + d_z^2}$ 与透镜球面半径 R 的比值确定 α 的大小：

$$\alpha = \begin{cases} 1, & 0 < \dfrac{\sqrt{L_i^2 + M_i^2 + N_i^2}}{R} \leqslant 10 \\[3mm] 10, & 10 < \dfrac{\sqrt{L_i^2 + M_i^2 + N_i^2}}{R} \leqslant 100 \\[3mm] 100, & \text{其他} \end{cases} \qquad (8\text{-}20)$$

从公式 (8-20) 可以看出，依据方向向量的模与 R 的比值不同，上述方法可以把与方向向量有关的误差降低 2 个量级。

5. 虚切面空间变换

从误差模型可以看出，光线起始点引入的误差项包括 $3\varepsilon\,|x_i|$、$3\varepsilon\,|y_i|$、$3\varepsilon\,|z_i|$，这里 ε 是计算机固有误差，为常数 1.11×10^{-16} 且无法改变。对空间相机而言，物距达数百千米，此时 z_i 值达 10^8 量级 (单位: mm)，如图 8-8 坐标变换所示，此时若直接利用公式计算光线追迹交点 P_1，则光线始点 P_0(假定物距 500km) 对交点 P_1 的 z 坐标贡献的误差为 $3\varepsilon\,|z_i| = 3\times1.11\times10^{-16}\times5\times10^8 = 1.67\times10^{-7}$，表明光线追迹结果的第 7 位有效数字已经不准确，若继续追迹到达像面，将导致错误的计算结果。因此，需要采取措施降低因光线始点引入的舍入误差，一般地，若能降低光线始点坐标值 x_i、y_i 和 z_i，那么对应的误差 $3\varepsilon\,|x_i|$、$3\varepsilon\,|y_i|$、$3\varepsilon\,|z_i|$ 将也随之降低。为降低光线始点坐标值 x_i、y_i 和 z_i，如图 8-8 所示，以曲面顶点 Q_1 为坐标系中心，建立曲面 1 的局部坐标系 $x'y'z'$，然后把光线始点 P_0 变换到图 8-8 中点 P_0' 处,新光线始点 P_0' 的 z 坐标绝对值以不大于透镜曲率半径为宜。经过上述空

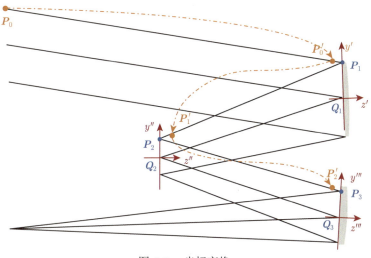

图 8-8　坐标变换

间变换后，新光线始点 P_0' 的 z 坐标值与原始值相比将充分小。同样对新光线始点 P_0' 的 x 和 y 坐标也做对应调整，此时计算光线与曲面的交点坐标，由误差模型方程 (8-12) 可知，引入的舍入误差将非常小。同理，可建立类似的局部坐标系 $x''y''z''$ 和 $x'''y'''z'''$，把光线始点 P_1 和 P_2 分别移到曲面顶点 P_1' 和 P_2' 处，这样可有效降低光线始点绝对值过大所引入的舍入误差。

6. 参考面到目标面的距离计算

当光线从参考面 i 上点 P_i 出发计算目标面 $i+1$ 上追迹交点 P_{i+1} 时，需要求解公式 (8-6)。当方程判别式大于 0 时，可直接利用一元二次方程的求根公式求解 $t_{1,2} = \dfrac{-B \pm \sqrt{B^2 - 4AC}}{2A}$，当 $B^2 \gg 4AC$ 时，会出现恶性相消现象，导致数值计算稳定性变差，t_i 求解出现较大误差，精度降低。为了避免恶性相消现象，引入了中间变量 D：

$$D = \begin{cases} B - \sqrt{B^2 - 4AC}, & B < 0 \\ B - \sqrt{B^2 - 4AC}, & B \geqslant 0 \end{cases} \tag{8-21}$$

由公式 (8-21) 可知，无论 B 大于 0 还是小于等于 0，计算中间变量 D 的过程中，均没有采用减法操作，从而避免了减法所引起的恶性相消。根据一元二次方程的求根公式，其中一个根为 $\dfrac{D}{2A}$，设这个为 t_1，由韦达定理可知，t_2 为 $\dfrac{2C}{D}$。在实际计算时，为使光线与表面交点有物理意义，选择 $t_i = \min(t_1, t_2)$。

通过上述措施，提高求解参变量 t_i 的数值稳定性，同时也降低了 t_i 求解过程中的绝对误差 η_t。

8.1.3　透射以及折反射模型

常见的同轴系统基本上都是透射式模型。对于透射式模型，光学系统模型由表面面型、光线追迹和材料库等部分组成。SeeOD 中提供的表面面型中包括二次曲面、高次曲面、二次柱面、高次柱面和环形面等面型，每一种面型都有其特定的定义方程，根据 8.1.2 节中所述的光线追迹法可计算各面的光线位置。如图 8-9 所示，给出某透射式系统参数与结构图。

反射镜模型由表面面型、光线追迹、同轴反射、离轴反射等部分组成，如图 8-10 所示。其中反射镜的表面面型和透镜的面型类似，可以是二次曲面、高次曲面、二次柱面、高次柱面、环形面等类型，但是增加了坐标断点这类面型用于定义新的坐标系，可以对镜面进行偏心和倾斜。坐标变换面是根据当前系统来定义一个新的坐标系，是用来进行光线追迹的虚拟面。一般会有 6 个参数对其进行表述，其光线追迹采用表面反射矢量光线追迹方法。对于同轴反射和离轴反射分别建立模型。

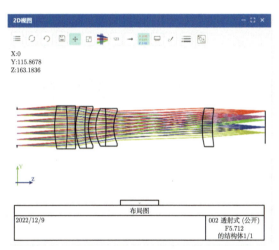

图 8-9 透视系统参数 (上方) 与结构 (下方)

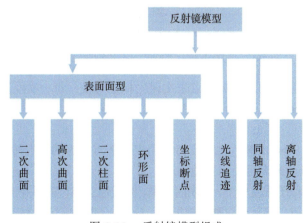

图 8-10 反射镜模型组成

　　同轴系统中通过设置表面厚度的正负，实现光线折反，不涉及坐标转换，图 8-11 给出了某同轴反射系统的表面参数和系统结构图。

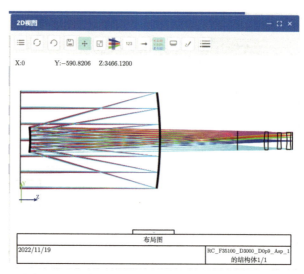

图 8-11　同轴折反系统参数 (上方) 和结构 (下方)

　　离轴的反射系统通过坐标断点来实现坐标的转换，每一次经过坐标断点都要考虑整体坐标系的变化，对于光线和反射面型的求解在转化后的坐标体系中进行，如图 8-12 所示。

　　除此之外，SeeOD 软件也可支持利用坐标断点设计的带有棱镜的系统，可偏折光线方向，以此来满足使用环境需求。

　　棱镜模型类似于透镜模型，由表面面型、光线追迹和材料库等部分组成。在成像光学系统中，棱镜主要起到调整光轴指向、分束/合束、旋转像面等功能，其结构特征表现为光学表面法线间存在角度关系，因此棱镜模型中需包含坐标断点面型。

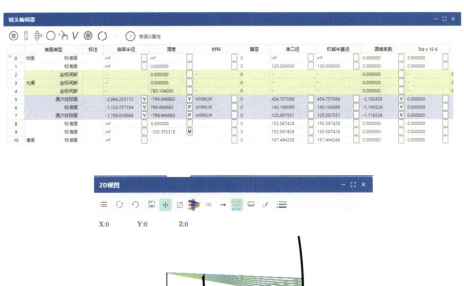

图 8-12　离轴反射系统参数 (上方) 和结构 (下方)

　　棱镜的表面面型采用与透镜相同的标准二次曲面公式，可以模拟平面、球面、二次曲面等面型，相邻两个光学面间加入坐标断点类型用来表征局部坐标系的三维旋转、平移变换，如图 8-13 所示，给出了某棱镜系统示意图。光线追迹过程按光学表面的定义顺序，基于坐标断点参数计算出光线与当前光学表面的交点坐标和表面法线方向，并由折射定律的向量表达式计算出射光线的方向向量。

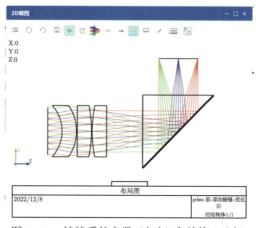

图 8-13　棱镜系统参数 (上方) 和结构 (下方)

8.2　基于成像模拟的几何 PSF

8.2.1　光学成像系统的数学模型

　　理论上成像系统的成像特性可用其点扩散函数 (PSF) 表征。在理想状况下，光学成像系统可近似地看成线性非移变系统，如近光轴系统，这种情况下，成像空间各点的 PSF 是相同的，即系统是非空变的。但是，实际上成像系统会存在各种像差，在这种情况下，各成像点的 PSF 不尽相同，即系统是空变的。光学成像系统的像差反映在成像方面为图像降质。像差所引起的图像降质比较复杂，不易用数学方式解析描述。但是，通过对光学成像系统的分析可得出以下两个假设 [339]。

　　(1) 物面图像上的一点经过成像系统在像面上形成一弥散光斑，其几何尺寸是有限的，相对于图像尺寸是非常小的；

　　(2) 各个坐标位置上的弥散光斑的光强度分布不尽相同，但是相邻光斑之间存在着非常大的相关性。

　　光学成像系统由像差引起的图像降质的过程可用离散系统描述。设物面图像为 $f(m, n)$，像面图像为 $y(m, n)$，离散的点扩散函数为 $h_{\alpha, \beta}(m, n)$，这里 α、β、m 和 n 均为整数。于是，这三者的关系为 [340]

$$y(m, n) = \sum_{\alpha=0}^{M-1} \sum_{\beta=0}^{N-1} f(\alpha, \beta) h_{\alpha, \beta}(m - \alpha, n - \beta) \tag{8-22}$$

式中，M 和 N 分别为像面图像的尺寸，单位为像素数。

对于理想的线性成像系统来说，其成像过程可以用源图像与 PSF 的卷积来表示，即

$$I\left(x,y\right) = \int_{-\infty}^{\infty} \int_{-\infty}^{\infty} S\left(u,v\right) P\left(x-u, y-v\right) \mathrm{d}x\mathrm{d}y \tag{8-23}$$

式中，S 为源图像；P 为 PSF；I 为输出图像；u，v 为物面坐标；x，y 为像面坐标。根据这个公式，我们很容易推知，图像的复原就是一个反卷积的过程。

然而，如果图像中包含运动物体，则该物体的退化和静止背景的退化是不同的；若景物在垂直光轴方向有多个平面，则每个物平面的离焦量也是不同的；而传播介质局部的剧烈变化也将造成物空间各点退化的不同，再加上光学系统各视场像差的不同，事实上物空间中随位置的变化退化函数发生变化这一问题是不可回避的。各视场 PSF 不同的成像系统，其 PSF 不仅是像面坐标的函数，也与物面坐标有关，其成像过程需用更一般的模型来表示

$$I\left(x,y\right) = \int_{-\infty}^{\infty} \int_{-\infty}^{\infty} S\left(u,v\right) P\left(u,v,x-u,y-v\right) \mathrm{d}u\mathrm{d}v \tag{8-24}$$

根据基尔霍夫衍射理论可知，光学系统可看作一个线性系统，并满足线性叠加原理，其空间变化的 PSF 与光学系统的像差存在一定的关系，下面将对像差所造成系统 PSF 的空间变化特性进行分析。

任意的成像光学系统都可以等效为三个部分：物平面、透镜系统、像平面。透镜系统可看作一个"黑箱"，两端是入瞳和出瞳。根据光波线性传播的性质，像面复振幅分布可以用叠加积分表示[341]

$$U_i\left(x_i,y_i\right) = \int_{-\infty}^{\infty} \int_{-\infty}^{\infty} U_0\left(x_0,y_0\right) h\left(x_i,y_i; x_0,y_0\right) \mathrm{d}x_0\mathrm{d}y_0 \tag{8-25}$$

其中，U_0 是物面复振幅分布；h 是系统的脉冲响应，它表示位于 (x_0,y_0) 处的点光源在像平面 (x_i,y_i) 点所产生的复振幅。由系统的边端性质，出瞳面上受到出瞳大小限制的理想会聚球面波的傍轴近似是

$$U\left(\xi,\eta\right) = C\exp\left\{-\mathrm{j}\frac{k}{2d_i}\left[\left(\xi-x_i\right)^2 + \left(\eta-y_i\right)^2\right]\right\} P\left(\xi,\eta\right) \tag{8-26}$$

式中，C 为复数常数；d_i 为光波传播距离；$P(\xi,\eta)$ 为光瞳函数。

根据菲涅耳衍射公式推导可得，脉冲响应就是光瞳函数的傅里叶变换：

$$h\left(x_i,y_i; x_0,y_0\right) = \mathcal{F}\left\{P\left(\xi,\eta\right)\right\} \tag{8-27}$$

光学成像系统的像差可以由各种原因引起：从聚焦不良等缺陷，到理想球面透镜的固有性质如球面像差等。但不论产生像差的原因是什么，其产生的结果都是使出瞳上的出射波前偏离理想波面。

实际的出瞳平面光场分布表示为

$$U\left(\xi,\eta\right) = C \exp\left\{-\mathrm{j}\frac{k}{2d_i}\left[\left(\xi-x_i\right)^2+\left(\eta-y_i\right)^2\right]\right\} \times \exp\left[\mathrm{j}kW\left(\xi,\eta\right)\right]\cdot P\left(\xi,\eta\right)$$

(8-28)

式中，$W(\xi,\eta)$ 表示实际波面偏离理想波面的光程差，称为波像差，与公式 (8-26) 相比多了一项 $\exp[\mathrm{j}k\,W(\xi,\eta)]$，它表示出瞳平面上 (ξ,η) 点位相对于理想球面波的偏差。

此时的出瞳用广义光瞳函数 $P(\xi,\eta)$ 来描述，其定义式为

$$P\left(\xi,\eta\right) = p\left(\xi,\eta\right)\exp\left[\mathrm{j}kW\left(\xi,\eta\right)\right]$$

(8-29)

对于相干照明的成像光学系统，像差系统的 PSF 即系统的相干脉冲响应：

$$\begin{aligned}\tilde{h}\left(x_i,y_i;x_0,y_0\right) &= \mathcal{F}\left\{P\left(\xi,\eta\right)\right\} \\ &= \mathcal{F}\left\{p\left(\xi,\eta\right)\exp\left[\mathrm{j}kW\left(\xi,\eta\right)\right]\right\}\end{aligned}$$

(8-30)

非相干照明下，系统的点扩散函数是相干脉冲响应模的平方，即

$$\begin{aligned}h_I &= \left|\tilde{h}\right|^2 \\ &= \left|\mathcal{F}\left\{p\left(\xi,\eta\right)\exp\left[\mathrm{j}kW\left(\xi,\eta\right)\right]\right\}\right|^2\end{aligned}$$

(8-31)

从上式中可以看出，光学系统的 PSF 也会随着视场变化。

故在实际处理过程中，根据假设 (2)，在像点 (α,β) 的一个小区域内，可以把各点的 PSF 看成是近似相等的，在该点的一个领域内可以把 PSF 看成是非空变的。这在 SeeOD 中便是对输入图像进行网格划分，然后对每一个网格计算 PSF，然后得到的 PSF 与输入的清晰图像卷积即可获得模糊图像。

从图 8-14 可以看出，成像系统在不同视场下的 PSF 形状也不同，整幅图像的 PSF 呈现空间变化的特性，从而也验证了光学系统 PSF 为空间变化这一说法。

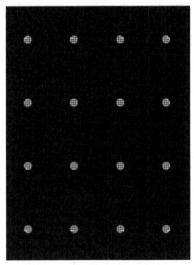

图 8-14 网格划分计算 PSF

8.2.2 几何 PSF 基本原理

PSF 是一个物空间的点光源经过光学系统后的辐射照度分布。光线在图像平面上的分布称为光线光斑图，它们的密度分布 (即每单位面积上的射线数) 称为几何 PSF[342]。当衍射的影响相对于像差的影响较小时，它是描述光学系统能量分布响应的合适工具。它在图像形成理论中起着重要的作用，因为它描述了光学系统对光源的脉冲响应，它还代表了光斑图的光线密度的分布。基于几何点列图，转化成子午面或弧矢面上的线扩散函数。

无散焦像差系统的几何 PSF 只是一个均匀的圆形光斑块，对于少量的散焦和小角度 a，相应的几何光学传递函数 (OTF) 被归一化，故 $T_G\,(0){=}1$ [343]。

图 8-15 给出了离焦系统的像面波前光线示意图。在三角形 AIP 中，$AP^2 = AI^2 + IP^2 - 2AI \cdot IP \cdot \cos(\pi - \alpha)$，由于在球面波 S' 内部，$OI = r$，故

$$(r + z)^2 = (r + \omega)^2 + z^2 - 2(r + \omega)z\cos(\pi - \alpha) \tag{8-32}$$

对 ω 求解，可以得到

$$\omega = -r - z\cos\alpha + \left(r^2 + z^2\cos\alpha^2 + 2rz\right)^{\frac{1}{2}} \tag{8-33}$$

对于小角度 α 来说，$z^2\cos\alpha^2 \approx z^2$，代入上式，可化简得到

$$\omega = z(1 - \cos\alpha) = \frac{1}{2}z\sin^2\alpha \tag{8-34}$$

几何 PSF 是一个半径为 $r_G = z \tan \alpha$ 的圆形光斑，OTF 为其傅里叶变换：

$$T_G(f) = \text{const}\left[J_1(2\pi r_G f) / 2\pi r_G f \right] \tag{8-35}$$

对于小的离焦和角度，贝塞尔函数的参数 A 可以用下式进行修正：

$$\begin{aligned} A &= 2\pi r_G f \\ &= 4\pi \omega s / \lambda \cos \alpha = a \end{aligned} \tag{8-36}$$

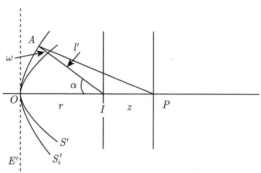

图 8-15　有离焦的光学系统

E' 表示出瞳，l' 表示图像空间中的出射光线，参考球 S_i' 以离焦点 p 的轴为中心，波前 S' 收敛于焦点 I，离焦量可以通过离焦距离 z 或 S' 和 S 之间的光学距离 ω 来指定

故 $T_G(s) = 2J_1(a)/a$，这里 J_1 为一阶贝塞尔函数，s 为频率，与像面上的空间频率 f 相关：

$$s = (\lambda / n \sin \alpha) f \tag{8-37}$$

其中，λ 为波长；α 为出射角；n 为折射率。

几何 PSF 的直径 $D_G = 2r_G = 2z \tan \alpha = 4\omega / \tan \alpha$，假设图像的距离是系统焦距，可以发现

$$D_G = 8\omega F, \quad F = 1/(2 \tan \alpha) \tag{8-38}$$

8.2.3　PSF 的强度

对于圆形出瞳的光学系统，出瞳半径为 a，为了表示方便，使用归一化坐标 (ρ, θ)，其中 $\rho = r/a$，并将像差函数写成如下形式：

$$\begin{aligned} W(\rho) &= A_s \rho^4 + A_c \rho^3 \cos \theta + A_a \rho^2 \cos^2 \theta + A_d \rho^2 + A_t \rho \cos \theta \\ A_s &= a_s a^4, \quad A_c = a_c h' a^3, \quad A_a = a_a h'^2 a^2, \quad A_d = a_d h'^2 a^2, \quad A_t = a_t h'^3 a \end{aligned} \tag{8-39}$$

光线与高斯像点的径向距离 r_i：

$$r_i = \left(x_i^2 + y_i^2 \right)^{\frac{1}{2}} = 2F \left| \frac{\partial W(\rho)}{\partial \rho} \right| \tag{8-40}$$

在考虑球差的情况下，$W(\rho) = A_s\rho^4$，对于以轴向点物体 P_0 的高斯像点 P_0' 为中心的参考球，如图 8-16 所示。可以发现，出瞳平面上的一条 r 区射线与高斯像平面相交 P_0' 有一定距离：

$$r_i = 8FA_s\rho^3 \tag{8-41}$$

r_i 的最大值为 $8FA_s$，对应于 $\rho = 1$ 的光线，对应于边缘光线。我们将 r_i 的最大值称为图像点的半径。对于离轴的点物体，由于 A_s 与点物体离轴的高度 h 无关，因此仅由球面像差引起的射线分布也与 h 无关。

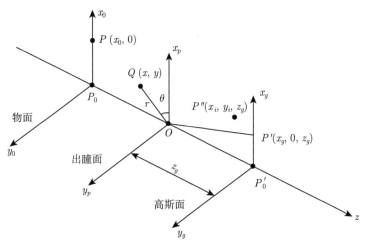

图 8-16　出瞳面与高斯面模型

通过引入散焦像差 B_d 来考虑光线在微散焦像平面上的分布。可以写出以离出瞳平面距离 z 的离焦点为中心的新参考球的像差 $W(\rho) = A_s\rho^4 + B_d\rho^2$，其中 B_d 为离焦系数：

$$B_d = \frac{1}{2}\left(\frac{1}{z} - \frac{1}{R}\right)a^2 \simeq -\frac{\Delta R}{8F^2} \tag{8-42}$$

$$r_i = 8FA_s\left|\left(\rho^3 + B_d/2A_s\right)\rho\right| \tag{8-43}$$

考虑位于瞳孔平面上半径为 ρ、宽度为 $\mathrm{d}\rho$ 的环形区域内的光线。对于具有照明 $I_p(\rho)$ 和像差函数 $W(\rho)$ 的径向对称瞳孔，强度满足 [339,344]

$$I_g(r_i) = I_p\left(a^2/R\right)^2\rho\left|\frac{\partial W}{\partial \rho}\frac{\partial^2 W}{\partial \rho^2}\right|^{-1}$$

$$\tag{8-44}$$

$$= I_p\left(a^2/2A_sR\right)^2\sum\left|12\rho^4 + 8\left(B_d/A_s\right)\rho^2 + \left(B_d/A_s\right)^2\right|^{-1}$$

从上式可以看出，当 $12\rho^4 + 8\left(B_d/A_s\right)\rho^2 + \left(B_d/A_s\right)^2 = 0$ 的时候，I_g 趋向于无穷大。对于无像差系统，无限辐照度也出现在高斯像点处，对应于狄拉克函数，因此，虽然 PSF 在某些点是无限的，但它在像平面上的积分是有限的，等于从出瞳出射的总功率。

利用几何光学 (几何 PSF) 推导出的圆孔径散焦透镜的 PSF 是一个直径为 D_G 的光斑，其值取决于散焦的程度：

$$h\left(i,j\right) = \begin{cases} K, & \sqrt{i^2+j^2} \leqslant D/2 \\ 0, & \text{其他} \end{cases} \tag{8-45}$$

其中，K 为归一化常数，使原始图像的平均值不改变，即

$$\sum_{(i,j)} h\left(i,j\right) = 1 \tag{8-46}$$

8.3　成像模拟功能的展示

8.3.1　成像模拟基本介绍

SeeOD 具有成像模拟功能，其目的是通过卷积具有点扩散函数阵列的光源位图文件来模拟成像。考虑的效应包括衍射、像差、畸变、相对照度、图像方向和偏振，成像模拟显示界面如图 8-17 所示，参数设置如表 8-1 所示。

图 8-17　成像模拟显示

参数设置 (左)，系统成像模拟 (右)

表 8-1 成像模拟设置参数

参数	描述
导入文件	光源位图的文件的名称。文件可为 BMP、JPG、PNG、IMA 或 BIM 文件格式
视场高度	此值定义视场坐标中光源位图 y 轴的全高,它可以使用镜头单位或以度数为单位,具体取决于当前的视场定义 (分别为高度或角度)。如果视场类型为 "实际像高",则视场类型会为此分析自动更改为 "近轴像高"。这样可避免在像面上实际像高掩盖图像畸变的问题。在应用过采样、安全宽度或旋转后,将视场高度应用于结果位图
翻转位图	左右、上下或同时使用这两项翻转光源位图。翻转光源位图应在考虑系统的任何光学效应之前
旋转位图	旋转光源位图。对光源位图应用旋转应在考虑系统的任何光学效应之前
过采样	通过将一个像素复制成 2 个、4 个或更多相同的相邻像素,增加光源位图的像素分辨率。此功能旨在增加每个视场单位的像素数。只要任何方向的最大像素数目不超过 16000,每次就以 2 为因子应用过采样,直至达到指定过采样。此极值仅适用于过采样功能,不适用于输入文件。过采样会在考虑系统的光学效应之前执行
安全宽度	此功能通过重复倍增像素,增加光源位图的像素分辨率。此倍增仅影响分析,而原始位图文件保持不变。此功能会使原始图像周围产生黑色的 "安全宽度"。此功能旨在增加每个视场单位的像素数,同时在所需图像周围增加一个区域。如果点扩散函数与光源位图视场尺寸相比较大,则此功能特别有用。只要任何方向的最大像素数目不超过 16000,每次就以 2 为因子应用安全宽度,直至达到指定大小。此极值仅适用于安全宽度功能,不适用于输入文件。对光源位图应用安全宽度应在考虑系统的任何光学效应之前
波长	如果选择 "RGB",则定义 3 个波长,分别为红色波长 0.606μm、绿色波长 0.535μm 和蓝色波长 0.465μm。不管当前波长定义如何,都是如此
视场	光源位图可以任何已定义的视场位置为中心。生成的图像随后以此视场位置为中心
光瞳采样	光瞳空间中用于计算 PSF 网格的网格采样
像面采样	光源位图空间中用于计算 PSF 网格的网格采样
PSF-X/Y 点数	计算 PSF 所使用的 X/Y 方向的视场点数。对这些网格点之间的视场点,使用内插的 PSF 值
像差	选择 "几何",仅考虑光线像差
显示为	若选择 "仿真图"、"光源位图",可查看输入位图 (包括过采样、安全宽度和旋转的效果);若选择 "PSF 网格",可查看在视场中计算的所有 PSF 函数
像素大小	像质模拟图的像素大小 (方形)。对于聚焦系统,单位为镜头单位;对于无焦系统,单位为余弦值。使用 0 作为默认值,此值根据光学系统放大率及光源位图的中心像素尺寸计算得到
参考	选择以下光斑中心的参考坐标:主光线、顶点或主波长光线,即使只选择了其他波长,后一个选项仍要选择主波长主光线
翻转图像	左右、上下或同时使用这两项翻转像质模拟图
X/Y 像素	用于设定像质模拟后的图像的像素数。使用 0 作为默认值,即光源位图中的像素数目
输出文件	如果提供以 BMP、JPG 或 PNG 扩展名结尾的文件,则仿真图将保存到指定文件中
应用固定孔径	如果选中,在此计算中所有未定义孔径的具有光焦度的表面将被修改为具有当前净口径值或半口径值的环形孔径。如果在孔径定义中不进行此更改,那么光线将可以通过超出所列净口径值或半口径的表面,在视场高度超出视场点定义的视场时更是如此。这将导致错误的照明,这通常发生在图像的边缘
使用相对照度	如果选中,则使用 "相对照度" 中所述的计算加权视场各点的光线,以便正确考虑出瞳弧度和实体角的效应。如果使用此功能,此计算通常更准确,但速度较慢

8.3.2 成像模拟实现步骤

成像模拟算法由以下计算图像外观的步骤构成 [345]。

(1) 对光源位图应用过采样、旋转和安全宽度功能 (如果已选择这些选项)。

(2) 计算 PSF 的 "网格"。此网格跨越整个视场，可描述位图和视场大小设置所定义的视场中的选定点像差。PSF 网格还包含偏振和相对照度效应。

(3) PSF 网格对修订过的输入位图中的每个像素进行内插计算。在每个像素位置，对于修订过的输入位图与等效的 PSF 进行卷积运算，以确定包含像差的位图图像。

(4) 对于得到的图像进行缩放和拉伸，以考虑检测到的图像像素大小、几何畸变和垂轴色差等像差。

此算法最重要的一部分是计算 PSF 网格。"PSF X/Y 点数" 设置可确定在视场各方向计算的 PSF 数量。使用 PSF 对像差建模时目前以几何 PSF 为主。

在 PSF 计算中将考虑相对照度 (可选)。在计算的视场点之间平滑内插 PSF 网格，可估算修订过的输入位图中每个像素的 PSF。然后使用输入位图与得到的 PSF 进行卷积计算，以生成含有像差的模拟图像。使用的 PSF 网格点越多，模拟越准确，但计算时间更长。

如果像面不是平面，则像差和畸变都是根据图像曲面计算的，并且仿真图将投影到 XY 平面上，同时忽略像面 Z 轴坐标。假设像素在投影面上是方形，归一化输出图像，以使此图像的亮度峰值与输入图像相同，从而决定输出图像的亮度。成像模拟图显示为从局部负 Z 轴方向看过来时所呈现的外观。

模拟的准确性始终受限于输入图像的分辨率。如果光学系统的分辨率足够高，则光源位图的离散像素特性可能会很明显。仿真图中的阶梯式边缘可证明这一点。过采样功能可减少这些效果，但需要更长的计算时间。如果视场较大，则 PSF 通常比单个输入位图的像素对应的区域小。在此情况下，很多 PSF 计算会等效得到 delta 函数，即一个像素表示整个 PSF。在此类情况下，忽略像差，利用几何 PSF 计算，可更快速地完成计算。如果放大率或视场小得足以生成一个与 PSF 大小相当的图像，或者甚至是比 PSF 更小的图像，则可能需要使用安全宽度功能。原因是 PSF 卷积是基于光源图像像素完成的。如果 PSF 比像方空间的输入位图大，则卷积会因 PSF 较大而错过输入位图范围外的部分。安全宽度功能可在原始图像周围添加黑色区域，使用此功能可显示 PSF 的扩散范围。

目前最重要的判断方式是 "显示为" 设置下的 "PSF 网格"。在使用前先查看 PSF 网格，并确认其中是否能够显示完好的采样数据，然后再计算图像模拟图。

当采样网格尺寸增加时，SeeOD 按比例增加瞳面上的网格数，以增加处于瞳面上的点数，与此同时，在衍射像面上进行相似的采样。每当网格尺寸加倍，瞳面的采样周期 (瞳面上各点间距) 在每一维度上以 $\sqrt{2}$ 的比例减少，像平面上的采样周期也以 $\sqrt{2}$ 的比例减少 (因为在每维上的点子数增加了 2 倍)，所有比例是近似的，对大的网格是近似正确的。

网格拉伸是以 32×32 的网格尺寸为参考基准的。32×32 网格点布满整个瞳面，处于光瞳内的各点被精确地追踪。对于这个网格，默认的衍射像平面上点间距由下式给出：

$$\Delta = \lambda F \frac{n-2}{2n} \tag{8-47}$$

式中，F 是工作 $F/\#$(与像空间 $F/\#$ 不同)；λ 是所定义的最短波长；n 是网格的点数；使用因子 -2 是由于瞳面和网格不是同心的 (因为 n 是偶数)，而是有一个 $n/2+1$ 的偏离；分母中的 $2n$ 是由零值填充调整而产生的，后面会提到。

对一个大于 32×32 的网格，每当采样密度加倍时，网格在出瞳空间默认以 $\sqrt{2}$ 的比例拉伸。像空间采样的一般公式为

$$\Delta = \lambda F \frac{n-2}{2n} \left[\frac{32}{n} \right]^{\frac{1}{2}} \tag{8-48}$$

像数据网格的总宽度为

$$W = 2n\Delta \tag{8-49}$$

因为出瞳面网格的拉伸会减少采样点的数目，有效的网格尺寸 (实际上代表被追踪光线的网格尺寸) 比采样网格小。随着采样增加，有效网格尺寸也增加，但增加速度并没有那样快，表 8-2 所列的是各种采样密度值对应的近似有效网格采样尺寸。

表 8-2 采样网格与有效网格对应关系

采样网格尺寸	近似的有效网格尺寸
32×32	32×32
64×64	45×45
128×128	64×64
259×256	90×90
512×512	128×128

采样也是波长的函数，上述讨论只是对计算中所用的最短波长有效。如果用多色光计算，那么对较长的波长必须按比例缩放以得到较小的有效网格。这里的比例因子是波长之比，当波长范围较宽的系统选择采样网格时，必须考虑到这一点。对多色光计算而言，短波长的数据比长波长的数据来得精确。

一旦采样确定以后，SeeOD 在一个被称为"零值填充"的过程中，将阵列尺寸加倍。这意味着对一个 32×32 的采样，SeeOD 在中间部分用 64×64 的网格。因此衍射点扩散函数将分布在 64×64 尺寸的网格上。像空间中的采样总是瞳面采样的两倍。"零值填充"是为了减少混淆。

对于不同离焦量的成像模拟，SeeOD 还提供了批量成像，可设置不同离焦量的图像，该功能中，最大离焦量默认为 ±1.5mm。在批量成像中，可对离焦表面进行选择，点击确定之后，便可以对系统进行不同离焦量的图像模拟。

8.4 本 章 小 结

本章主要介绍了 SeeOD 中成像模拟功能的原理以及基本算法。8.1 节简述了 SeeOD 光学软件的建模过程和光线追迹算法，并提供了几种典型模型。8.2 节首先介绍了光学系统图像复原的基本步骤，即首先要获得光学系统空间变化的 PSF，然后通过反卷积的算法来重构清晰的图像。接着针对 SeeOD 所采用的空间变化几何 PSF 作了介绍。8.3 节主要介绍了 SeeOD 中的像模拟功能以及界面展示。

第 9 章　基于 SeeLight 软件的复杂环境成像效果绘制

复杂天气状况如雾、雨、雪等大气湍流现象，以及低光照度等因素会产生独特的光学成像效果，本章针对这类复杂环境成像效果的成因进行物理建模，讨论复杂天气成像效果、大气湍流成像效果、低光照度成像效果的绘制问题，介绍基于 SeeLight 仿真软件的复杂环境成像效果绘制模块分别绘制上述成像效果的实例。

9.1　SeeLight 软件简介

9.1.1　软件概述

随着计算物理方法和计算机技术的发展，建立光学系统的数值仿真计算进行定量分析具有十分重要的意义。中国科学院软件研究所联合国防科技大学研制了具有完全自主知识产权的光学系统辅助设计平台 SeeLight，如图 9-1 所示。以"所

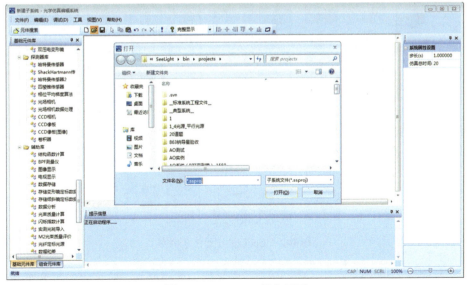

图 9-1　SeeLight 操作界面

见即所得" 的方式, 实现对光学仿真应用系统的搭建和设计, 为使用者提供准确可靠的成像效果绘制结果, 同时, 高性能计算架构和方便灵活的图形界面最大化提升了软件的使用效率。

　　SeeLight 是基于光学系统仿真平台并且面向专业领域研究的一款软件。涵盖几何光学、波动光学、自适应光学、大气光学与光束控制等不同方向的光学系统仿真模型库, 模型可靠, 置信度高。成像效果绘制方面, 可以由观测目标的三维模型, 根据 BRDF[346] 理论, 采用光线追迹方式获得目标在探测器中的真实感成像结果。还可以利用计算不同成像环境和相机下的点扩散函数, 实现不同扩展目标成像。

　　SeeLight 拥有模型丰富、灵活扩展可定制的专业元件库和专业案例库。包含了光源库、光束传输库、器件库、控制库、探测器库和辅助库在内的 6 大类元件库, 涵盖了 56 个光学基础元件和 14 个可选元件。同时还内置了包含几何光学、波动光学、光的偏振、信息光学、大气光学、自适应光学、光束控制和光场等在内不同领域的共 65 个基础案例和 12 个可选案例, 如图 9-2 所示。

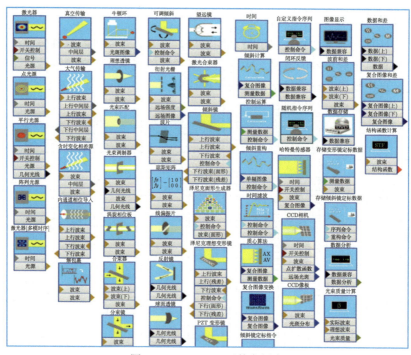

图 9-2　SeeLight 元件案例库

　　光源库　包含点光源、平行光源、激光器、多模激光、阵列光源等各类光源模块。

光束传输库 包含大气传输、真空传输、多通道大气传输、内通道等多种光束传输模型。

控制库 包含时间、控制运算、倾斜重构、质心算法、时间滤波、指令序列、闭环反馈、自动识别跟踪 (ATP) 控制器等多种控制模型。

器件库 包含牛顿环、理想透镜、光束调制、涡旋相位板、衍射光栅、波片、琼斯矩阵、线偏振片、反射镜、球面透镜、望远镜、变形镜、倾斜镜、合束分束等多种器件类模型。

探测器库 包含哈特曼传感器、电荷耦合器件 (CCD) 相机、光场相机等各类波前探测器和成像探测器。

辅助库 包含各类辅助计算、分析处理、波前与图像变换等模型，如波束和差、数据存储、数据分析、光束质量计算、数据和差等。

9.1.2 复杂环境成像效果绘制模块

大气中的不同气体、悬浮颗粒、雨、雪等天气状况，夜晚、晨昏等不同时刻，大气湍流效应等都会对光的传输造成影响，从而影响成像质量。为了提升成像效果的真实感，需要对这些复杂环境进行准确的物理描述。SeeLight 软件能够实现复杂环境成像效果绘制，主要是利用目标真实感成像、大气传输和成像相机三个模块。

1. 目标真实感成像

目标成像建模仿真基于 PBRT[347] 开源渲染框架，PBRT 是一个采用光线追迹方法的基于物理的真实感渲染系统，系统不仅包括了一个完整的渲染系统的各个方面内容，还包括了一些最新的成像仿真技术。成像过程的各个环节，通过不同的物理模型进行描述，例如光照模型、空间坐标系、目标表面光学特性模型、特定背景 (天空、深空等) 下真实感图像渲染。

1) 光照模型

光照模型考虑了日地距离随时间变化等因素，计算太阳辐照度，给出太阳可见波段和近红外波段的辐射值。此外，也可将太阳等效为色温 5770K 的黑体，距离目标非常遥远的均匀辐射点光源。

2) 空间坐标系

成像仿真计算过程中，需要确定各物体的位置关系，因此需建立统一的空间坐标系，并计算光源、探测器系统及目标在坐标系中的位置，同时考虑目标运动轨迹、速度、加速度、姿态等信息的仿真，作为成像环节的输入。

3) 目标表面光学特性模型

根据目标表面可能使用的材质，分析总结已有的适用此类材质的基于物理的光学特性模型，同时，建立基于测量数据的光学特性模型，提高仿真精度。

4) 特定背景 (天空、深空等) 下真实感图像渲染

通过采集特定背景 (天空、深空等) 的图片或数据，作为成像环节中的场景信息，使用 PBRT 开源渲染框架进行基于光线追迹方法的图像真实感渲染。

2. 大气传输

大气吸收、散射造成了能量的衰减，湍流引起的大气折射率的起伏导致了光波波前的畸变，引起光束漂移、光强起伏、光束扩展等现象，对成像有很大的影响。SeeLight 软件中考虑了大气对可见光波段和近红外波段的大气湍流和透过率的影响，基于光束在传播过程中受湍流等影响的基本物理效应，建立了大气环境模型。

(1) 大气湍流效应：考虑不同大气环境下的湍流模型，利用谱反演方法实现多种条件下的大气湍流相位屏模拟。

(2) 大气吸收散射：根据不同季节不同天气条件，可计算大气吸收散射模型，此外，可导入实测大气吸收散射廓线，完成大气能量衰减计算。

3. 成像相机

SeeLight 软件利用 CCD 成像传感器完成成像过程，通过计算入射光场的傅里叶变换来得到像平面处的光场，即为 CCD 成像传感器上的图像。模型重点考虑光电转化过程、曝光时间内对运动目标成像的模糊、噪声影响效果等因素，结合探测器响应、焦距等参数，模拟探测器成像过程。

9.2　复杂天气状况建模

大气中含有多种不同的气体，如氮气、氧气、二氧化碳、一氧化碳、臭氧和水蒸气等。除了气体成分，大气中还存在着大量固态、液态和固液混合态悬浮粒子。大气中悬浮的粒子构成了气溶胶分散系统，也被称为大气气溶胶粒子。气溶胶粒子不仅形态各异，而且尺度跨度很大，为 $0.001 \sim 10\mu m$[348]。

大气中不同的气体分子和气溶胶粒子的光学性质也不相同[349]。对于可见光波段来说，气溶胶粒子起主要的散射和吸收作用。将粒子的尺度用参数 $x = 2\pi r/\lambda$ 表示。在 $x \leqslant 0.1$ 时，粒子服从瑞利散射理论；当 $x > 0.1$ 时，粒子服从 Mie 散射理论。相对于可见光的波长，气溶胶粒子的尺度参数多大于 0.1。因此气溶胶、雾、雨粒子适用 Mie 散射理论。在不同天气条件下大气中的主要粒子类型、半径及浓度如表 9-1 所示。

光在大气中的传播主要受到粒子的吸收与散射作用的影响，此外还要受到大气湍流以及雨、雾、雪、气溶胶等气象条件的影响。在均匀大气中可以暂不考虑

表 9-1 不同天气条件下大气中的主要粒子类型、半径及浓度[350]

天气条件	主要粒子类型	粒子半径/μm	空间浓度/cm^{-3}
晴天	分子	10^{-4}	10^{19}
气溶胶	悬浮颗粒	$10^{-2} \sim 1$	$10 \sim 10^3$
雾	小水滴	$1 \sim 10$	$10 \sim 100$
雨	水滴	$10^2 \sim 10^4$	$10^{-5} \sim 10^{-2}$
雪	冰晶	$10^2 \sim 10^4$	$10^{-5} \sim 10^{-2}$

大气湍流的影响。此时光辐射的衰减主要与大气气体成分的吸收、大气分子和气溶胶粒子的散射,以及雨、雪、雾、霾等气象条件造成的衰减有关。

由于上述问题的存在,光学系统成像主要表现有对比度降低,图像模糊和图像质量参数改变的问题。其主要原因为光辐射的传播受到了气体分子和气溶胶粒子的吸收和衰减的影响,使探测器像面的能量变小,光强变小;此外,一些其他方向的天空背景光经由大气中粒子的反向散射或反射进入视场参与成像,也会导致图像模糊,最终使图像的分辨率和对比度降低。SeeLight 软件中采用入射光衰减模型和大气光成像模型来描述上述作用。

1. 入射光衰减模型

大气中粒子对正向传播的光有着散射和吸收的作用,使得达到传感器的光能量衰减,是导致图像退化的主要原因之一[351]。由于可见光波段吸收较弱,这里只考虑散射作用。根据比尔–布格–朗伯 (Beer-Bouguer-Lambert) 定律,大气中由散射引起的衰减与传输距离呈现指数衰减关系。

光在散射介质中传输一段距离 $\mathrm{d}x$ 后的照度可表示为

$$\frac{\mathrm{d}E(x,\lambda)}{E(x,\lambda)} = -\beta(\lambda)\mathrm{d}x \tag{9-1}$$

其中,$E(x,\lambda)$ 为 x 处照度;$\beta(\lambda)$ 为大气的衰减系数。

对两侧从 $x=0$ 到 $x=d$ 进行积分,可得

$$E(d,\lambda) = E_0(\lambda)\mathrm{e}^{-\int_0^d \beta(\lambda)\mathrm{d}x} \tag{9-2}$$

其中,$E(d,\lambda)$ 为散射后在 d 处的照度;E_0 为 $x=0$ 处的照度。

假设大气的衰减系数 $\beta(\lambda)$ 为常数,可以得到

$$E(d,\lambda) = E_0(\lambda)\mathrm{e}^{-\beta(\lambda)d} \tag{9-3}$$

其中,$E(d,\lambda)$ 为经过大气衰减后到达像面的照度。

2. 大气光成像模型

气溶胶粒子对背景光同样有着散射作用，其中，部分后向散射光会进入观测的视场范围。这部分光对于目标辐射来说属于杂散光，是在雾、雨、雪天时图像产生模糊的重要原因，也被称为大气光，主要是来自直射的阳光、背景光。

假设与观察者距离 d 处的一个大气锥体是大气光的光源，如图 9-3 所示。如果观察者视场范围内的背景光是一致的，切面与水平方向成角 $\mathrm{d}\omega$，则 i 处的体积微元 $\mathrm{d}V$ 为

$$\mathrm{d}V = x^2\mathrm{d}\omega\mathrm{d}x \tag{9-4}$$

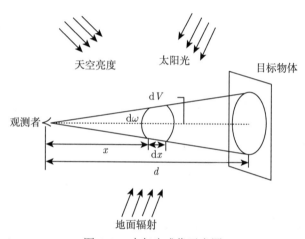

图 9-3　大气光成像示意图

不管发生在微元 $\mathrm{d}V$ 上的背景光照度的精确形式如何，发生在观察者方向上的散射作用得到的亮度的微元为

$$\mathrm{d}I(x,\lambda) = \mathrm{d}Vk\beta(\lambda) = k\beta(\lambda)x^2\mathrm{d}\omega\mathrm{d}x \tag{9-5}$$

其中，$\beta(\lambda)$ 为大气散射系数；k 为比例常数，说明了亮度和散射函数形式的本质。

将微元 $\mathrm{d}V$ 视为亮度为 $\mathrm{d}I(x,\lambda)$ 的光源，其经过大气衰减后在观测处产生的亮度可表示为

$$\mathrm{d}E(x,\lambda) = \frac{\mathrm{e}^{-\beta(\lambda)x}\mathrm{d}I(x,\lambda)}{x^2} \tag{9-6}$$

可以得到光源 I 的亮度为

$$\mathrm{d}L(x,\lambda) = \frac{\mathrm{d}E(x,\lambda)}{\mathrm{d}\omega} = \frac{\mathrm{e}^{-\beta(\lambda)x}\mathrm{d}I(x,\lambda)}{x^2\mathrm{d}\omega} \tag{9-7}$$

将公式 (9-5) 代入公式 (9-7) 中, 有

$$\mathrm{d}L(x,\lambda) = k\beta(\lambda)\mathrm{e}^{-\beta(\lambda)x}\mathrm{d}x \tag{9-8}$$

对公式 (9-8) 两侧从 $x = 0$ 到 $x = d$ 积分, 有

$$L(d,\lambda) = k(1 - \mathrm{e}^{-\beta(\lambda)d}) \tag{9-9}$$

假设目标处于无穷远处, 此时 $d = \infty$, 有

$$L(d,\lambda) = L(\infty,\lambda) = L_\infty(\lambda) = k \tag{9-10}$$

因此任意距离 d 处的观测大气光亮度为

$$L(d,\lambda) = L_\infty(\lambda)\left(1 - \mathrm{e}^{-\beta(\lambda)d}\right) \tag{9-11}$$

在 $d = 0$ 时, 由上式可得大气辐射光为 0。因为比尔 (Beer) 定律只涉及一个单一的传播方向, 所以它不仅适用于辐亮度, 也适用于辐照度和光强。因此观测点的大气光辐照度可表示为

$$E_A(d,\lambda) = E_\infty(\lambda)(1 - \mathrm{e}^{-\beta(\lambda)d}) \tag{9-12}$$

其中, $E_A(d,\lambda)$ 为大气光到达观测点的照度。

9.2.1 气溶胶模型

将大气中悬浮的尺寸分布在 $0.01 \sim 1\mu m$ 的颗粒称为气溶胶, 其主要成分是细小的灰尘、碳粒、盐、烟灰、燃烧生成物和微生物等, 也称为霾。霾粒子的半径很少超过 $0.5\mu m$, 在温度较高时, 水蒸气会在其上附着并凝聚增大, 形成半径超过 $1\mu m$ 的水滴或冰晶, 也就是云或雾。

气溶胶对成像系统的影响可以用气溶胶调剂传递函数 MTF(modulation transfer function) 来表示[352]

$$\mathrm{MTF_a}(\nu) = \begin{cases} \exp[-A_a R - S_a R(\nu/\nu_c)^2], & \nu \leqslant \nu_c \\ \exp[-(A_a + S_a)R], & \nu > \nu_c \end{cases} \tag{9-13}$$

其中, S_a、A_a 分别为粒子的散射和吸收系数; ν_c 为气溶胶的角空间截止频率。

气溶胶对光的传播具有一定衰减作用, 其中由散射作用引起的衰减要比吸收引起的衰减明显得多。因此, 吸收系数相对来说可以忽略不计, 可以用散射系数近似替代衰减系数。MTF 曲线随着角频率升高而下降, 当角频率增大到某个值时, MTF 不再下降而是成为一个非零常数, 这个拐点称为大气的截止频率。在空间角频率大于 ν_c 时, 气溶胶调制传递函数可近似为常数。

9.2.2　不同天气模型

1. 雾模型

雾主要由微小水滴或冰晶组成，由近地面的水汽凝结产生，悬浮在空气中缓慢沉降，其能见度在 1km 以内。雾滴的半径通常在 1~10μm。

雾能使可见光在传播过程中发生严重的衰减。根据能见度 V 的不同，可将雾分为不同的等级。例如，轻雾和雾霭 ($V > 1$km)、雾 (500m $< V <$ 1km)、大雾 (200m $< V <$ 500m)、浓雾 (50m $< V <$ 200m)、重雾 ($V <$ 50m)。

雾中激光衰减的经验公式是根据人眼最敏感的 0.55μm 得到的，衰减系数 μ 表达为[353]

$$\mu = \frac{3.912}{V_b} \left(\frac{0.55}{\lambda} \right)^q \tag{9-14}$$

其中，μ 为衰减系数，单位为 km^{-1}；V_b 为能见距离，单位为 km；λ 为波长；q 为波长修正因子，与能见度相关：

$$q = \begin{cases} 0.585 V_b^{1/3}, & V_b \leqslant 6\text{km} \\ 1.3, & \text{平均能见度} \\ 1.6, & \text{能见度良好} \end{cases} \tag{9-15}$$

下面用调制传递函数 MTF 来描述雾的模糊效应[354]：

$$\text{MTF}(f) = \exp\left[-\left(\frac{\lambda \cdot f}{\gamma} \right)^2 \right] [1 - \exp(-\mu_s L)] + \exp(-\mu_s L) \tag{9-16}$$

其中，f 为角频率，单位为周/弧度；λ 为工作波长；μ_s 为散射系数，由经验公式可计算出雾的散射系数；γ 为相干场相关距离，与粒子互相关距离和散射系数有关。λ 取可见光平均波长 0.55μm，可以得到

$$\mu_s = \frac{3.912}{V_b} \tag{9-17}$$

$$\gamma = \frac{\sqrt{3} \cdot l}{\sqrt{\mu_s} \cdot L} \tag{9-18}$$

其中，l 为粒子互相关距离，与粒子的浓度和直径有关，在晴朗天气 $l < 0.35$μm，雾天 $l = 0.35 \sim 100$μm；L 表示物距。

2. 雨模型

雨滴的直径一般为 0.2~6mm，超过 6mm 则容易破碎成小的雨滴。直径小于

0.35mm 的雨滴可以视为球形粒子, 直径大于 1mm 的雨滴形状会随着下落速度的不同发生改变。

雨滴的半径在 0.1~5mm, 根据尺度参数公式 $x = 2\pi r/\lambda$, 可以算出尺度参数大于 0.1, 符合 Mie 散射理论条件。散射系数可以表示如下:

$$\beta_{\text{ext}} = \int_0^\infty \sigma_{\text{ext}} N(D) \mathrm{d}D \tag{9-19}$$

其中, σ_{ext} 为消光截面面积; $N(D)$ 为单位体积内的粒子数, 单位是 m^{-3}; D 为粒子的直径。

散射效率因子 Q_{ext}, 即消光截面面积与粒子的几何截面面积的比值, 故公式 (9-19) 可表示为

$$\beta_{\text{ext}} = \int_0^\infty \frac{Q_{\text{ext}} N(D) 2\pi r D^2}{4} \mathrm{d}D \tag{9-20}$$

其中, Q_{ext} 为散射效率因子。

根据常用的 Marshall-Palmer 雨滴谱, 雨滴的尺寸分布 $N(D)$ 如下[355]

$$N(D) = 8000 \exp(-4.1 R^{-0.21} D) \tag{9-21}$$

其中, D 为雨滴直径, 单位是 mm; R 为降雨率, 单位是 mm/h。

Q_{ext} 可由 Mie 散射理论精确求出, 但是精确计算过于复杂。因此可根据 van de Hulst 提出的近似公式, 得到 $Q_{\text{ext}} \approx 2$。衰减系数也可由经验公式得到

$$\beta = \beta_{\text{r}} + \beta_{\text{s}} \tag{9-22}$$

式中, β_{r} 表示消光系数, β_{s} 表示散射系数, 其表达式如下:

$$\beta_{\text{r}} = 3.14 \times \frac{8000}{\left(\dfrac{41}{R^{0.21}}\right)^3} = 0.3644 R^{0.63} \tag{9-23}$$

$$\beta_{\text{s}} = 0.5 \times 3.14 \times \frac{8000}{\left(\dfrac{41}{R^{0.21}}\right)^3} = 0.1822 R^{0.63} \tag{9-24}$$

3. 雪模型

雪是冰晶的聚合物, 主要由星形冰晶聚合而成, 聚合物在聚合过程经过随机的碰撞会黏在一起。雪花尺寸范围是 0.2~10mm, 可以在一定的距离内被相机成像, 遮挡场景中的物体, 造成对比度与亮度的下降, 严重影响成像质量。

　　雪花的降落速度与粒径有关，其速度可以用雪花在图像中的降落距离除以相机的感光时间表示；也可以表示为粒子半径 r 的函数：

$$V(r) = \lambda r^n \tag{9-25}$$

其中，λ、r 为常数。

　　从上式可知，下落的速度随着雪花半径增大而加快。在成像的过程中，如果曝光时间很短，则雪花可视为静态。因为雪花是不透明的且灰度值会比周围景物偏高，所以在长曝光时间下，雪花由于运动，会在移动路径上持续曝光，导致由位移模糊造成的虚影。

　　如图 9-4 所示，在 $[t_n, t_n + T]$ 的时间内，雪花经过了某个像素，τ 表示雪花经过所用的时间，T 表示相机的曝光时间。像素的亮度 I_d 可以使用背景辐射 E_{bg} 和雪花自身的辐射光强 E_d 表示：

$$I_d(r) = \int_0^\tau E_d \mathrm{d}t + \int_\tau^T E_{bg} \mathrm{d}t \tag{9-26}$$

其中，r 为像素在图像上的坐标。

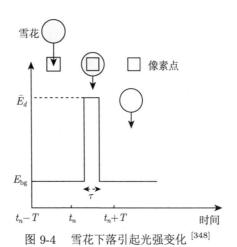

图 9-4　雪花下落引起光强变化[348]

　　背景光强变化比较缓慢时，背景辐射 E_{bg} 在曝光时间 T 内可以认为是常数，可得

$$I_d = \tau \overline{E}_d + (T - \tau) E_{bg} \tag{9-27}$$

式中，$\overline{E}_d$ 为平均照度，$\overline{E}_d = \dfrac{1}{\tau} \displaystyle\int_0^\tau E_d \mathrm{d}t$。

没有受到雪花影响的像素点的亮度为 $I_{\mathrm{bg}} = E_{\mathrm{bg}} \cdot T$，因此可以得到雪花影响像素亮度变化的量 ΔI

$$\Delta I = I_d - I_{\mathrm{bg}} = \tau(\overline{E}_d - E_{\mathrm{bg}}) \tag{9-28}$$

雪花的亮度大于背景，有 $\overline{E}_d > E_{\mathrm{bg}}$，$\Delta I$ 大于零，令 $\beta = \dfrac{\tau}{T}$，$\alpha = \tau\overline{E}_d$，并将公式 $I_{\mathrm{bg}} = E_{\mathrm{bg}} \cdot T$ 代入，可知

$$\Delta I = -\beta I_{\mathrm{bg}} + \alpha \tag{9-29}$$

τ 是雪花经过单个像素的时间，与雪花的物理性质、速度与半径有关，一般认为 τ 和 β 为常数。静止的雪花亮度受背景影响较小，可以认为雪花的平均辐射强度 $\overline{E}_d$ 是常数。相关研究 [356] 中的 τ 最大值约 1.18ms，比相机的曝光时间要小很多。

9.2.3 绘制实例与分析

本节的成像绘制基于 SeeLight 仿真平台，利用仿真平台中的大气传输模型，仿真不同气溶胶、降雨等天气对成像效果绘制的影响，该模型中包含不同季节、天气环境的大气参数，如图 9-5 所示。

图 9-5 不同天气条件下的大气模型参数设置

从图 9-6、图 9-7 中可以看出，随着降雨量的增大，图像灰度分布往中间

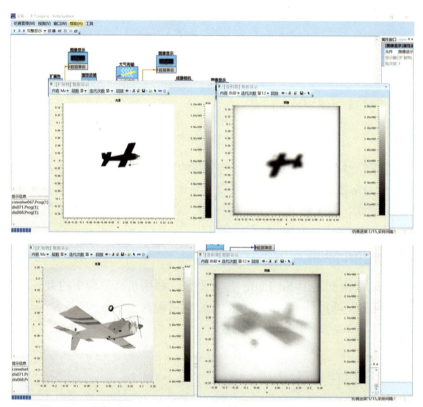

图 9-6　通过 SeeLight 进行不同大气条件下的无人机目标成像绘制

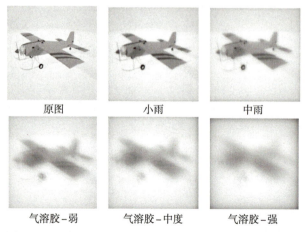

|原图|小雨|中雨|
|气溶胶–弱|气溶胶–中度|气溶胶–强|

图 9-7　通过 SeeLight 绘制的不同大气条件下的目标成像

小幅度靠拢，图像整体变暗。随着气溶胶浓度的增大，图像的整体灰度范围在缩小，图像细节相应地变得更少。最大灰度值不断降低，说明图像整体亮度偏暗，在最浓的时候几乎无法分辨图像细节。这与我们的理论分析是一致的。

9.3　大气对成像效果绘制的影响

当光波通过地球大气层时，大气湍流使得光波的波前相位随时间迅速变化，导致天体目标通过大气的成像质量下降。在 0.01~0.001s 甚至更短的曝光时间内，大气湍流可以假定为"冻结"的，因此可以采用随机相位屏来模拟大气湍流，如图 9-8 所示，上方是相位分布为单阶泽尼克 (Zernike) 多项式的光束沿传输方向的光强分布，下方是相位分布为考虑大气湍流时的光束沿传输方向的光强分布。

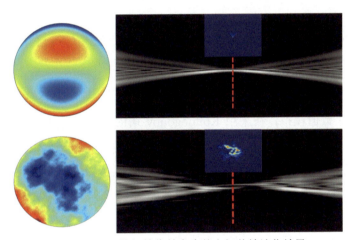

图 9-8　不同的初始像差产生的空间传输演化效果

9.3.1　大气湍流模型

大气扰动，即大气湍流，是由大气温度起伏而导致大气折射率产生变化从而引起的一种小尺寸、快速变化的随机运动。大气扰动和天气条件有很大的依赖关系。

目前，已发展了多种方法生成模拟大气湍流效应的随机相位屏，数值模拟的方法基本上采用频率域间接模拟，这种方法根据大气湍流的功率谱密度函数得到模拟的光学波前，即功率谱反演法，常用的是傅里叶变换法。

该方法的基本思想是对一复高斯随机数矩阵用大气湍流的功率谱进行滤波，然后进行傅里叶变换得到大气扰动折射率：

$$\delta n = \iint g(\boldsymbol{\kappa}) \sqrt{\Phi(\boldsymbol{\kappa}, z)} \mathrm{e}^{\mathrm{i}\boldsymbol{\kappa} \cdot \boldsymbol{r}} \mathrm{d}^2 \boldsymbol{\kappa} \tag{9-30}$$

因此大气扰动相位为

$$\delta\phi = k\int_z^{z+\Delta z}\delta n \mathrm{d}z' = k\iint g(\boldsymbol{\kappa})\left\{\int_z^{z+\Delta z}\sqrt{\varPhi(\boldsymbol{\kappa},z)}\mathrm{d}z'\right\}\mathrm{e}^{\mathrm{i}\boldsymbol{\kappa}\cdot\boldsymbol{r}}\mathrm{d}^2\boldsymbol{\kappa} \qquad (9\text{-}31)$$

作近似：

$$\int_z^{z+\Delta z}\sqrt{\varPhi(\boldsymbol{\kappa},z)}\mathrm{d}z' \simeq \sqrt{\varPhi(\boldsymbol{\kappa},z)}\Delta z = \sqrt{0.033C_n^2}\Delta z\kappa^{-11/6} \qquad (9\text{-}32)$$

可以得到

$$\varPhi_\varphi(\kappa) = 0.023 r_0^{-5/3}\boldsymbol{\kappa}^{-11/3} \qquad (9\text{-}33)$$

　　上述公式是在采用 Kolmogonov 谱情况下得到的。对于冯卡门 (von Karman) 谱，同样有

$$\int_z^{z+\Delta z}\sqrt{\varPhi(\boldsymbol{\kappa},z)}\mathrm{d}z' \simeq \sqrt{\varPhi(\boldsymbol{\kappa},z)}\Delta z = \sqrt{0.033C_n^2}\Delta z(\kappa^2+\kappa_0^2)^{-11/12}\mathrm{e}^{-\kappa^2/2\kappa_m^2}$$
$$(9\text{-}34)$$

其中，$\kappa_0 = \dfrac{2\pi}{L_0}, \kappa_m = \dfrac{2\pi}{l_0}$；$L_0$ 和 l_0 分别为描述大气湍流的外尺度和内尺度参数。

　　为了便于数值模拟，在采用 Kolmogonov 谱的情况下，对大气扰动相位公式进行离散得到

$$\delta\phi = C\sum_{\kappa_x}\sum_{\kappa_y}g(\kappa_x,\kappa_y)\sqrt{\varPhi(\kappa_x,\kappa_y)}\mathrm{e}^{\mathrm{i}(\kappa_x x+\kappa_y y)} \qquad (9\text{-}35)$$

其中，$C = k\Delta z\sqrt{0.033C_n^2\Delta\kappa_x\Delta\kappa_y}$。在空域内 $x = m\Delta x, y = m\Delta y$，这里 Δx 和 Δy 为空域取样间隔，m 和 n 为整数；在频域内 $\kappa_x = m'\Delta\kappa_x, \kappa_y = n'\Delta\kappa_y$，同样 $\Delta\kappa_x$、$\Delta\kappa_y$ 为频域内取样间隔，m'、n' 为整数。且有关系：$\Delta\kappa_x = \dfrac{2\pi}{N\Delta x}, \Delta\kappa_y = \dfrac{2\pi}{N\Delta y}$，得到大气湍流扰动相位的离散形式如下

$$\begin{aligned}\delta\phi(m\Delta x, n\Delta y) = {} & \frac{2\pi}{N}\frac{2\pi}{\lambda}\Delta z\sqrt{\frac{0.033C_n^2}{\Delta x\Delta y}}\times\sum_{m'}^N\sum_{n'}^N g(m',n')\\ & \cdot\left[\left(\frac{2\pi m'}{N\Delta x}\right)^2+\left(\frac{2\pi n'}{N\Delta y}\right)^2\right]^{11/12}\cdot\exp\left(\frac{2\pi\mathrm{i}mm'}{N}+\frac{2\pi\mathrm{i}nn'}{N}\right)\end{aligned}$$
$$(9\text{-}36)$$

其中，N 为空域内采样总数，并假定在 x 方向上和 y 方向上采样总数相等，均为 N；因此相位屏的尺寸为 $L_x = N\Delta x, L_y = N\Delta y$。

　　同样，在采用 von Karman 谱的情况下，得到大气湍流扰动相位的离散形式为

$$\delta\phi(m\Delta x, n\Delta y) = \frac{2\pi}{N}\frac{2\pi}{\lambda}\Delta z\sqrt{\frac{0.033C_n^2}{\Delta x\Delta y}} \times \sum_{m'}^{N}\sum_{n'}^{N}g(m', n')$$

$$\cdot\left[\left(\frac{2\pi m'}{N\Delta x}\right)^2 + \left(\frac{2\pi n'}{N\Delta y}\right)^2 + \left(\frac{2\pi}{L_0}\right)^2\right]^{11/12}$$

$$\cdot\exp\left(-\frac{\left(\frac{2\pi m'}{N\Delta x}\right)^2 + \left(\frac{2\pi n'}{N\Delta y}\right)^2}{2\left(\frac{2\pi}{l_0}\right)^2}\right)\cdot\exp\left(\frac{2\pi\mathrm{i}mm'}{N} + \frac{2\pi\mathrm{i}nn'}{N}\right)$$

$$(9\text{-}37)$$

由谱反演法生成随机相位屏的方法虽然简单,但是相位屏并不包括低频分量信息。由这种方法产生的相位屏的最小和最大空间频率分别为 $f_{\min} = \Delta f = 1/L$, $f_{\max} = \Delta f N/2 = 1/2\Delta x$,这里 Δf 为空间频率,L 为相位屏的尺寸,Δx 为取样间隔,相位屏不包括 $(-\Delta f_x/2, \Delta f_x/2)$ 和 $(-\Delta f_y/2, \Delta f_y/2)$ 这部分低频分量对应的功率谱,因此有必要对以上根据谱反演法得到的相位屏进行低频补偿。

研究证明,可以通过叠加低频次谐波来改善相位屏的大尺度,即低频统计特性。其基本思想是在对傅里叶低频次谐波重采样的基础上进行插值合并,从而对相位屏进行次谐波低频补偿。

在大气湍流仿真建模中,将谱反演中的低频补偿技术应用到全频域,提出了一种全频域补偿方法[357],该方法区别于以往的频域等间隔采样方式,利用功率谱的对数与频率的对数呈线性关系这一特点,将频率的对数进行等间隔采样,通过计算频率范围内的功率积分与总功率之比来选择满足某种精度要求的频率范围,如图 9-9 所示。

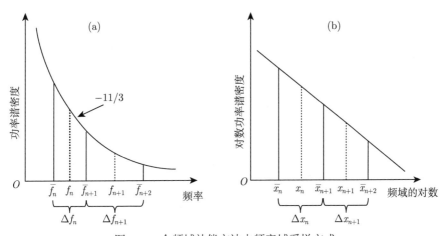

图 9-9 全频域补偿方法中频率域采样方式

该方法与传统 FFT 谱反演法相比，存在两方面优势：一是空间坐标不受空域采样点的限制，可以得到任意一个坐标位置的相位值；二是频率采样点的数目也不再局限于空域采样点数目，可以根据需要来选择频率范围和频率间隔，适于如图 9-10 所示的时变多光束大气传输场景的仿真应用。

图 9-10　时变多光束大气传输场景

采用此方法，可以动态地生成如图 9-11 所示的任意时空位置的相位屏，并且能够保证不同空间位置大气相位屏的相关性。

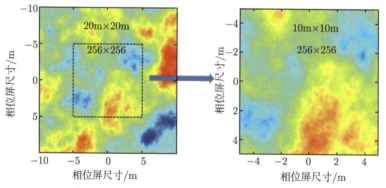

图 9-11　采用全频域补偿方法生成的相位屏

9.3.2　大气吸收散射

大气分子对光波的吸收是除大气分子对光波的折射和散射外的又一种重要的物理过程。可见光波段的主要吸收气体为水汽、二氧化碳和臭氧，在红外波段主要为水汽和二氧化碳。吸收作用对入射光的影响可以表示为光能量的指数衰减过程，造成图像对比度的下降。大气的散射过程则比较复杂。气体分子的尺寸远小于可见光波长，其对光的散射是各向同性的，用瑞利散射理论描述；而气溶胶粒子的尺寸通常大于波长，粒子对光的散射不再表现出各向同性，因此需要采用 Mie 散射理论。多次散射会造成光能量在空间的重新分布，使图像产生模糊。同时，大气受到入射光照射后会表现出光源特性，这部分光被散射进入成像视场，会进一步造成对比度、清晰度的退化。

对于光学厚成像路径，必须考虑多次散射的影响，才能准确地描述大气对图像质量的退化。

9.3.3 绘制实例与分析

基于 SeeLight 仿真平台，建立不同大气湍流强度下，对远距离目标成像的影响案例，如图 9-12 ~ 图 9-14 所示。该案例中，大气传输元件中考虑了大气湍流、大气吸收散射模型，利用扩展物元件模拟不同的扩展目标，在成像相机中获取目标成像结果。

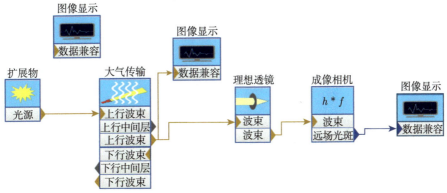

图 9-12　目标经过大气模型成像

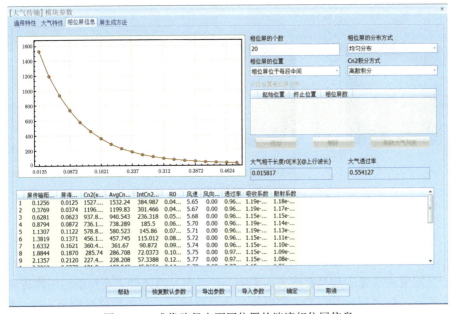

图 9-13　成像路径上不同位置的湍流相位屏信息

图 9-14　影响湍流的大气相干长度 Cn^2 模型和吸收散射模型

　　不同湍流强度下的成像结果如图 9-15 所示，与前文提到的不考虑大气成像效果相比可以看出，强大气湍流会使光斑发生严重模糊、扭曲，此外还会产生一定程度的偏移。

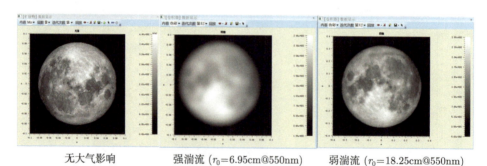

　　　无大气影响　　　　强湍流 (r_0=6.95cm@550nm)　　弱湍流 (r_0=18.25cm@550nm)

图 9-15　不同湍流强度下的成像结果

9.4　低光照度对成像效果绘制的影响

　　光照度对成像的质量有很大的影响，在理想光照条件下，拍摄的图像质量高，识别率高，细节明显，但当光照降低到一定程度后，可视信息被噪声干扰，物体边缘模糊，峰值信噪比降低 [358]，拍摄的图像识别率很低。与理想光照条件下拍摄的图像相比，在光照度很低或光照度不均匀的环境下，图像主要存在两个特点：
① 低光照度图像含有大量噪声；② 随着亮度的降低，图像的边缘和细节也随之
较模糊。

9.4.1 辐照度模型

1. 立体角

立体角 Ω 是描述辐射能向空间发射、传输或被某一表面接收时的发散或会聚的角度 [359](图 9-16)，其单位为球面度 (sr)。

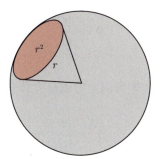

图 9-16 立体角的概念

在平面图形中，使用单位圆上的一段弧线的长度来表示其对应 "角度" 的大小，而辐射能是以电磁波的形式向其所在的空间传输，因此在立体图形中，使用单位球体上一块区域面积的大小来表示其对应的 "立体角" 的大小。所以一个物体相对于某一点的立体角的大小，等于这个物体投影到以该点为球心的单位球体上的面积。表 9-2 为辐射度量学中的基本变量。

表 9-2 辐射度量学中的基本度量

中文名称	英文名称	单位	符号
辐射能量	radiant energy	J	Q
辐射通量	radiant flux	W	$\varPhi$
辐照度	irradiance	W/m^2	E
辐射强度	radiant intensity	W/sr	I
辐亮度	radiance	W/(m^2·sr)	L

在球面坐标系中，单位球体上任意一块区域 A 的面积可以简单地表示为

$$\Omega = \iint_A \sin\theta \mathrm{d}\theta \mathrm{d}\varphi \tag{9-38}$$

其中，θ 表示纬度；φ 表示经度，因此整个球面的立体角为 4π，对于正方体的一个面，从该正方体的中心测量的立体角为 $\dfrac{2}{3}\pi$。

2. 辐射度量

1) 辐射能量

辐射能量是以辐射的形式发射, 传播或接收的能量 [360], 用 Q 表示, 单位为焦耳 (J)。

2) 辐射通量

辐射通量表示光源每秒钟发射的功率, 用以描述辐射能量的时间特性, 例如一个灯泡可能发射 100W 的辐射通量。在辐射测量中, 都是基于这个辐射通量来测试能量, 而不是使用总的能量 Q, 所以以下这些度量都是在单位时间下发生的。

$$\Phi = \frac{\mathrm{d}Q}{\mathrm{d}t} \tag{9-39}$$

3) 辐射强度

辐射强度定义为在给定传输方向上的单位立体角内光源发出的辐射通量, 用 I 表示, 即

$$I = \frac{\mathrm{d}\Phi}{\mathrm{d}\Omega} \tag{9-40}$$

辐射强度描述了光源辐射的方向特性, 且对点光源的辐射强度描述具有更重要的意义。

所谓点光源是相对于扩展光源而言的, 即光源发光部分的尺寸比其实际辐射传输距离小得多时, 把其近似认为是一个点光源, 在辐射传输计算、测量上不会引起明显的误差。点光源向空间辐射球面波。如果在传输介质内没有损失, 那么在给定方向上某一立体角内, 不论辐射能传输距离有多远, 其辐射通量都是不变的。

大多数光源向空间各个方向发出的辐射通量往往是不均匀的, 因此辐射强度提供描述光源在空间某个方向上发射辐射通量大小和分布的可能。

4) 辐亮度

辐亮度定义为光源在垂直其辐射传输方向上单位表面积单位立体角内发出的辐射通量, 用 L 表示, 即

$$L = \frac{\mathrm{d}^2\Phi}{\mathrm{d}\Omega \mathrm{d}A \cos\theta} = \frac{\mathrm{d}I}{\mathrm{d}A \cos\theta} \tag{9-41}$$

辐亮度在光辐射的传输和测量中具有重要的作用, 是光源微面元在垂直传输方向辐射强度特性的描述。

5) 辐照度

辐照度定义为单位面元被照射的辐射通量, 用 E 表示, 即

$$E = \frac{\mathrm{d}\Phi}{\mathrm{d}A} \tag{9-42}$$

3. 成像系统像平面的辐照度

如图 9-17 所示，物空间亮度 L_0 的微面元 ds_0 经过成像物镜成像在像空间 ds_1 微面元上，确定 ds_1 上的辐照度。微面元向透镜口径 D 所张立体角发射的辐射通量[360] 为

$$\mathrm{d}\Phi = \pi L_0 \mathrm{d}s_0 \sin^2 u_0 \tag{9-43}$$

其中，u_0 为物点对成像系统的张角。

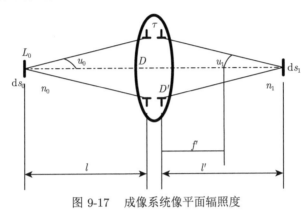

图 9-17 成像系统像平面辐照度

$\mathrm{d}\Phi$ 经过透过率 τ 的成像物镜后照射在微面元 ds_1 上的辐照度为

$$E = \frac{\tau \mathrm{d}\Phi}{\mathrm{d}s_1} = \pi L_0 \tau \frac{\mathrm{d}s_0}{\mathrm{d}s_1} \sin^2 u_0 \tag{9-44}$$

利用光学拉普拉斯–亥姆霍兹不变式 $n_0 r_0 \sin u_0 = n_1 r_1 \sin u_1$，可将公式 (9-44) 改写为

$$E = \pi L_0 \tau \frac{n_1^2}{n_0^2} \sin^2 u_1 \tag{9-45}$$

在一般光电成像系统中，由于 $n_0 = n_1 \approx 1$，且光瞳放大率 $\beta_p = D'/D = 1$，其中 D 和 D' 为物镜物方和像方孔径。于是

$$
\begin{aligned}
E &= \pi L_0 \tau \left(\frac{D}{2}\right)^2 \Big/ \left[\left(\frac{D}{2}\right)^2 + l'^2\right] = \frac{1}{4}\pi L_0 \tau \left(\frac{D}{l'}\right)^2 \Big/ \left[1 + \left(\frac{D}{2l'}\right)^2\right] \\
&= \frac{1}{4}\pi L_0 \tau \left(\frac{D}{l'}\right)^2 \left(\frac{1-f'}{l}\right)^2 \Big/ \left[1 + \frac{1}{4}\left(\frac{D}{l'}\right)^2 \left(\frac{1-f'}{l}\right)^2\right]
\end{aligned}
\tag{9-46}
$$

其中，l 和 l' 分别为物距和像距。对于大多数摄像系统的应用，基本满足 $l \gg f'$，即物距远大于光学系统的焦距，则

$$E = \frac{1}{4}\pi L_0 \tau \left(\frac{D}{f'}\right)^2 \bigg/ \left[1 + \frac{1}{4}\left(\frac{E}{f'}\right)^2\right] \tag{9-47}$$

9.4.2　噪声模型

成像系统的噪声既受到成像环境的影响，也受到成像设备硬件的影响。不同成像系统的噪声来源不同，且不同噪声成分占比也不同。SeeLight 中考虑了光子噪声、读出噪声和暗电流噪声。

1. 光子噪声

光子发射是随机的，势阱收集光信号电荷也是一个随机过程，光子在 CCD 的硅层中转换为光电子，这些光电子的组成信号中含有光子到达比率的统计意义上的变化量，该变化量就是光子噪声。光子噪声也被认为是光子发射噪声，是由内在的光子能量的变化造成的，这种噪声在低辐照度摄像时会较严重。由于 CCD 的像元所收集的光电子数服从泊松分布，并且信号与噪声之间为均方根的关系，光子噪声强度与信号强度之间满足

$$N_p = \sqrt{S} \tag{9-48}$$

式中，N_p 为光子噪声强度；S 为信号强度。

2. 读出噪声

在 CCD 相机系统中，读出电路也将引入电子噪声，同时，在 CCD 测量信号中也将引入不确定性，所有的这些噪声成分构成读出噪声，它代表在进行量化过程中所引入的误差。读出噪声主要来源于片上的预放大器。伪电荷在图像系统中对全面的读出噪声来说也占很大的分量。其服从高斯分布，平均值为零，方差值为 3e。

3. 暗电流噪声

半导体内部由热运动产生的载流子填充势阱，在驱动脉冲的作用下被转移，并在输出端形成电流，即使在完全无光的情况下也存在，即暗电流。暗电流分为扩散暗电流和表面暗电流等。所有的 CCD 传感器都会受到暗电流的影响，它的存在限制了器件的灵敏度和动态范围。由热运动产生的暗电流噪声的大小与温度的关系极为密切，温度每增加 5~6℃，暗电流将增加至原来的两倍。在弱信号条件下，CCD 采用长时间积分的方法进行观测，暗电流将是主要的影响因素。电流噪声产生于 CCD 中硅层的热电子的统计变化，暗电流描述在给定的 CCD 温度下热电子产生的速率。暗电流噪声像光子噪声一样表现为泊松分布，它的数值是在曝光时间内所产生的热电子的均方根。

$$N_d = \sqrt{I_d t_{int}} \tag{9-49}$$

式中，N_d 为暗电流噪声；I_d 为暗电流；t_{int} 为积分时间。

9.4.3 绘制实例与分析

基于 SeeLight 仿真平台，仿真了理想辐照度下的目标成像结果与引入各类噪声后的目标成像结果，如图 9-18 所示，可以看出由于噪声的影响，目标成像结果变得模糊，细节丢失。

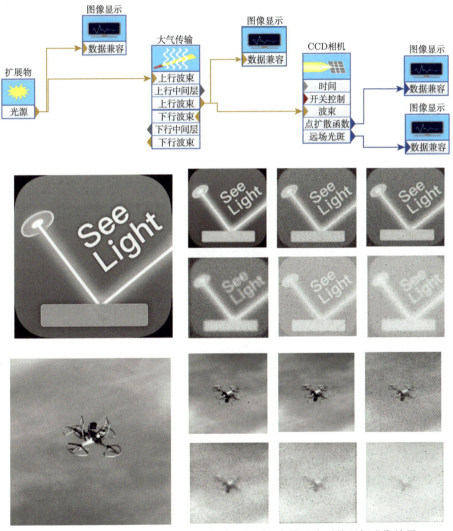

图 9-18 理想辐照度下的目标成像结果与引入各类噪声后的目标成像结果

9.5　本　章　小　结

本章主要介绍了基于 SeeLight 软件的复杂环境成像效果绘制方法。9.1 节简述了 SeeLight 光学软件的功能以及成像效果绘制的相关模块。9.2 节主要介绍复杂天气效果包括雾、雨、雪等效果的绘制建模。9.3 节介绍了大气对成像效果的影响，以及针对大气湍流效果的建模，给出了绘制实例。9.4 节分析了低辐照度对成像效果绘制的影响以及针对低辐照度成像仿真涉及的辐射度模型、噪声模型，展示了基于 SeeLight 设置理想辐照度和引入噪声后目标的成像结果。

参 考 文 献

[1] Cook R L, Porter T, Carpenter L. Distributed ray tracing. ACM SIGGRAPH Computer Graphics, 1984, 18(3): 137-145.

[2] Jensen H W. Realistic image synthesis using photon mapping. Natick: AK Peters, 2001.

[3] Ward G J, Rubinstein F M, Clear R D. A ray tracing solution for diffuse interreflection. ACM SIGGRAPH Computer Graphics, 1988, 22(4): 85-92.

[4] Cook R L. Stochastic sampling in computer graphics. ACM Transactions on Graphics (Proceedings of the SIGGRAPH Conference), 1986, 5(1): 51-72.

[5] Tamstorf R, Jensen H W. Adaptive sampling and bias estimation in path tracing//Eurographics Rendering Workshop, 1997: 285-295.

[6] Press W H, Farrar G R. Recursive stratified sampling for multidimensional Monte Carlo integration. Computers in Physics, 1990, 4(2): 190-195.

[7] Walter B, Arbree A, Bala K, et al. Multidimensional lightcuts. ACM Transactions on Graphics (Proceedings of the SIGGRAPH Conference), 2006, 25(3): 1081-1088.

[8] Bala K, Walter B, Greenberg D P. Combining edges and points for interactive high-quality rendering. ACM Transactions on Graphics (Proceedings of the SIGGRAPH Conference), 2003, 22(3): 631-640.

[9] Durand F E, Holzschuch N, Soler C, et al. A frequency analysis of light transport. ACM Transactions on Graphics (Proceedings of the SIGGRAPH Conference), 2005, 24(3): 1115-1126.

[10] Shirley P. Discrepancy as a quality measure for sample distributions//Proceedings of Eurographics, 1991: 183-193.

[11] 李红波, 吴亮亮, 吴渝. 自适应采样与融合的增强现实阴影生成算法. 计算机应用, 2012, 32(7): 1860-1863.

[12] Mitchell D P. Generating antialiased images at low sampling densities. ACM SIGGRAPH Computer Graphics. 1987, 21(4): 65-72.

[13] Kajiya J T. The rendering equation. ACM Computer Graphics, 1986, 20(4): 143-150.

[14] Mitchell D P. Spectrally optimal sampling for distribution ray tracing. ACM SIGGRAPH Computer Graphics, 1991, 25(4): 157-164.

[15] 刘晓丹, 吴佳泽, 郑昌文, 等. 并行多维自适应采样. 计算机辅助设计与图形学学报, 2012, 24(2): 236-243.

[16] Hiller S, Deussen O, Keller A. Tiled blue noise samples//Proceedings of Vision Modeling Visualization, 2001: 265-272.

[17] Ostromoukhov V, Donohue C, Jodoin P M. Fast hierarchical importance sampling with blue noise properties. ACM Transactions on Graphics, 2004, 23(3): 488-495.

[18] Ostromoukhov V. Sampling with polyominoes. ACM Transactions on Graphics (Proceedings of the SIGGRAPH Conference), 2007, 26(3): Article 78.

[19] Balakrishnan A V. On the problem of time jitter in sampling. IRE Transactions on Information Theory, 1962, 8(3): 226-236.

[20] Jr Yellot J I. Spectral consequences of photoreceptor sampling in the rhesus retina. Science, 1983, 221(4608): 382-385.

[21] Dunbar D, Humphreys G. A spatial data structure for fast Poisson-disk sample generation. ACM Transactions on Graphics (Proceedings of the SIGGRAPH Conference), 2006, 25(3): 503-508.

[22] Lagae A, Dutré P. Template Poisson disk tiles. In Celestijnenlaan, Report CW, 2005. http://www. cs. kuleuven. ac. be/publicaties/rapporten/cw/CW413. abs. html.

[23] Wei L Y. Multi-class blue noise sampling. ACM Transactions on Graphics (Proceedings of the SIGGRAPH Conference), 2010, 29(4): Article 79.

[24] Wei L Y. Parallel Poisson disk sampling. ACM Transactions on Graphics (Proceedings of the SIGGRAPH Conference), 2008, 27(3): Article 20.

[25] Gamito M N, Maddock S C. Accurate multidimensional Poisson-disk sampling. ACM Transactions on Graphics, 2009, 29(1): Article 8.

[26] Liu X, Wu J, Zheng C. KD-tree based parallel adaptive rendering. Visual Computer, 2012, 28(6-8): 613-623.

[27] Heck D, Schlömer T, Deussen O. Blue noise sampling with controlled aliasing. ACM Transactions on Graphics (Proceedings of the SIGGRAPH Conference), 2013, 32(3): Article 25.

[28] Lagae A, Dutré P. A comparison of methods for generating Poisson disk distributions. Computer Graphics Forum, 2008, 27(1): 114-129.

[29] Perona P, Malik J. Scale-space and edge-detection using anisotropic diffusion. IEEE Transactions on Pattern Analysis and Machine Intelligence, 1990, 12(7): 629-639.

[30] Tomasi C, Manduchi R. Bilateral filtering for gray and color images//Proceedings of the 6th International Conference on Computer Vision, 2022: 839.

[31] Pharr M, Humphreys G. Physically Based Rendering: from Theory to Implementation. San Francisco: Morgan Kaufmann, 2016.

[32] Jensen H W, Christensen N J. Optimizing path tracing using noise reduction filters//Proceedings of Winter School of Computer Graphics, 1995: 134-142.

[33] Veach E, Guibas L J. Optimally combining sampling techniques for Monte Carlo rendering//Proceedings of SIGGRAPH, 1995: 419-428.

[34] Veach E, Guibas L J. Metropolis light transport//Proceedings of SIGGRAPH, 1997: 65-76.

[35] Ward G J. Measuring and modeling anisotropic reflection. ACM SIGGRAPH Computer Graphics, 1992, 26(2): 265-272.

[36] Lafortune E P F, Foo S C, Torrance K E, et al. Non-linear approximation of reflectance functions//Proceedings of SIGGRAPH, 1997: 117-126.

[37] Lafortune E P, Willems Y D. A 5D tree to reduce the variance of Monte Carlo ray tracing//Proceedings of Eurographics Workshop on Rendering, 1995: 11-20.

[38] Fedkiw R, Stam J, Jensen H W. Visual simulation of smoke//Proceedings of SIG-GRAPH, 2001: 15-22.

[39] Burke D, Ghosh A, Heidrich W. Bidirectional importance sampling for illumination from environment maps//Proceedings of SIGGRAPH Sketches, 2004: 112.

[40] Bakhvalov N. On the approximate calculation of multiple integrals. Technical Report, Vestnik Moscow University, 1959.

[41] Haber S. Stochastic quadrature formulas. Mathematics of Computation, 1969, 23(108): 751-764.

[42] Hachisuka T, Jarosz W, Weistroffer R P, et al. Multidimensional adaptive sampling and reconstruction for ray tracing. ACM Transactions on Graphics (Proceedings of the SIGGRAPH Conference), 2008. 27(3): Article 33.

[43] Sen P, Darabi S. On filtering the noise from the random parameters in Monte Carlo rendering. ACM Transactions on Graphics, 2012, 31(3): Article 18.

[44] Lawrence J, Rusinkiewicz S, Ramamoorthi R. Efficient BRDF importance sampling using a factored representation. ACM Transactions on Graphics, 2004, 23(3): 496-505.

[45] Clarberg P, Jarosz W, Akenine-Möller T, et al. Wavelet importance sampling: Efficiently evaluating products of complex functions. ACM Transactions on Graphics, 2005, 24(3): 1166-1175.

[46] Kelemen C, Szirmay-Kalos L, Antal G, et al. A simple and robust mutation strategy for the metropolis light transport algorithm. Computer Graphics Forum, 2002, 21(3): 531-540.

[47] Chen S E, Williams L. View interpolation for image synthesis//Proceedings of SIG-GRAPH, 1993: 279-288.

[48] Lee S, Eisemann E, Seidel H P. Real-time lens blur effects and focus control. ACM Transactions on Graphics, 2010, 29(4): Article 67.

[49] Chen J, Wang B, Wang Y, et al. Efficient depth-of-field rendering with adaptive sampling and multiscale reconstruction. Computer Graphics Forum, 2011, 30(6): 1667-1680.

[50] Lehtinen J, Aila T, Chen J, et al. Temporal light field reconstruction for rendering distribution effects. ACM Transactions on Graphics, 2011, 30(4): Article 55.

[51] Lehtinen J, Aila T, Laine S, et al. Reconstructing the indirect light field for global illumination. ACM Transactions on Graphics (Proceedings of the SIGGRAPH Conference), 2012, 31(4): Article 51.

[52] Cohen M F, Wallace J R. Radiosity and Realistic Image Synthesis. San Francisco: Morgan Kaufmann, 1993.

[53] Ward G J, Rubinstein F M, Clear R D. A ray tracing solution for diffuse interreflection//Proceedings of SIGGRAPH, 1988: 85-92.

[54] Ward G J, Heckbert P. Irradiance gradients//Proceedings of the 3rd Eurographics

Workshop on Rendering, 1992: 85-98.

[55] Křivánek J, Gautron P, Pattanaik S, et al. Radiance caching for efficient global illumination computation. IEEE Transactions on Visualization and Computer Graphics, 2005, 11(5): 550-561.

[56] Jarosz W, Zwicker M, Jensen H W. The Beam radiance estimate for volumetric photon mapping. Computer Graphics Forum, 2008, 27(2): 557-566.

[57] Jarosz W, Nowrouzezahrai D, Sadeghi I, et al. A comprehensive theory of volumetric radiance estimation using photon points and beams. ACM Transactions on Graphics (Proceedings of the SIGGRAPH Conference), 2011, 30(1): Article 5.

[58] Jarosz W, Nowrouzezahrai D, Thomas R, et al. Progressive photon beams. ACM Transactions on Graphics (Proceedings of the SIGGRAPH Asia Conference), 2011, 30(6): Article 118.

[59] Hachisuka T, Ogaki S, Jensen H W. Progressive photon mapping. ACM Transactions on Graphics (Proceedings of the SIGGRAPH Asia Conference), 2008, 27(5): Article 130.

[60] Hachisuka T, Jensen H W. Stochastic progressive photon mapping. ACM Transactions on Graphics (Proceedings of the SIGGRAPH Asia Conference), 2009, 28(5): Article 141.

[61] Whitted T. An improved illumination model for shaded display. Communications of the ACM, 1980, 23(6): 343-349.

[62] Lee M E, Redner R A, Uselton S P. Statistically optimized sampling for distributed ray tracing. ACM SIGGRAPH Computer Graphics, 1985, 19(3): 61-68.

[63] Caelli T. Visual Perception: Theory and Practice. Oxford, UK: Pergamon Press, 1981.

[64] Mitchell D P. The antialiasing problem in ray tracing//Proceedings of SIGGRAPH, 1990: Article 7.

[65] Egan K, Tseng Y T, Holzschuch N, et al. Frequency analysis and sheared reconstruction for rendering motion blur. ACM Transactions on Graphics (Proceedings of the SIGGRAPH Conference), 2009, 28(3): 93: 1-93: 13.

[66] 吴佳泽, 郑昌文, 胡晓惠, 等. 散景效果的真实感绘制. 计算机辅助设计与图形学学报, 2010, 22(5): 746-752, 761.

[67] Overbeck R S, Donner C, Ramamoorthi R. Adaptive wavelet rendering. ACM Transactions on Graphics (Proceedings of the SIGGRAPH Asia Conference), 2009, 28(5): Article 150.

[68] Rousselle F, Knaus C, Zwicker M. Adaptive sampling and reconstruction using greedy error minimization. ACM Transactions on Graphics (Proceedings of the SIGGRAPH Asia Conference), 2011, 30(6): Article 159.

[69] Schregle R. Bias compensation for photon maps. Computer Graphics Forum, 2003, 22(4): 729-742.

[70] Hachisuka T, Jarosz W, Jensen H W. A progressive error estimation framework for photon density estimation. ACM Transactions on Graphics (Proceedings of the SIG-

GRAPH Asia Conference), 2010, 29(6): Article 144.

[71] McCool M D. Anisotropic diffusion for Monte Carlo noise reduction. ACM Transactions on Graphics, 1999, 18(2): 171-194.

[72] Xu R, Pattanaik S N. A novel Monte Carlo noise reduction operator. IEEE Computer Graphics and Applications, 2005, 25(2): 31-35.

[73] Dammertz H, Sewtz D, Hanika J, et al. Edge-avoiding a-trous wavelet transform for fast global illumination filtering//Proceedings of the Conference on High Performance Graphics, 2010: 67-75.

[74] Meyer M, Anderson J. Statistical acceleration for animated global illumination. ACM Transactions on Graphics (Proceedings of the SIGGRAPH Conference), 2006, 25(3): 1075-1080.

[75] Keller A. Quasi-Monte Carlo methods for photorealisitic image synthesis. Kaiserslautern: Ph.D. Thesis, University at Kaiserslautern, 1998.

[76] Segovia B, Iehl J C, Mitanchey R, et al. Non-interleaved deferred shading of interleaved sample patterns//Proceedings of the ACM Symposium on Graphics Hardware, 2006: 53-60.

[77] Laine S, Saransaari H, Kontkanen J, et al. Incremental instant radiosity for real-time indirect//Proceedings of Eurographics Symposium on Rendering, 2007: 277-286.

[78] Sbert M, Feixas M, Rigau J, et al. Applications of information theory to computer graphics//Proceedings of Eurographics, 2007: 625-704.

[79] 徐庆, 陈东, 陈华平, 等. 基于模糊不确定性的自适应采样. 计算机辅助设计与图形学学报, 2008, 20(6): 689-699.

[80] Ritschel T, Engelhardt T, Grosch T, et al. Micro-rendering for scalable, parallel final gathering. ACM Transactions on Graphics (Proceedings of the SIGGRAPH Asia conference), 2009, 28(5): Article 132.

[81] Shirley P, Aila T, Cohen J, et al. A local image reconstruction algorithm for stochastic rendering//Proceedings of Symposium on Interactive 3D Graphics and Games, 2011: 9-14.

[82] Bauszat P, Eisemann M, Magnor M. Guided image filtering for interactive high-quality global illumination. Computer Graphics Forum (Proceedings of Eurographics Symposium on Rendering), 2011, 30(4): 1361-1368.

[83] Rousselle F, Knaus C, Zwicker M. Adaptive rendering with non-local means filtering. ACM Transactions on Graphics (Proceedings of the SIGGRAPH Asia Conference), 2012, 31(6): Article 195.

[84] Buades A, Coll B, Morel J M. A review of image denoising algorithms, with a new one. SIAM Journal on Multiscale Modeling and Simulation, 2005, 4(2): 490-530.

[85] Lee M E, Redner R A. A note on the use of nonlinear filtering in computer-graphics. IEEE Computer Graphics and Applications, 1990, 10(3): 23-29.

[86] Rushmeier H E, Ward G J. Energy preserving non-linear filters//Proceedings of SIGGRAPH, 1994: 131-138.

[87] Stein C M. Estimation of the mean of a multivariate normal-distribution. Annals of Statistics, 1981, 9(6): 1135-1151.

[88] Li T M, Wu Y T, Chuang Y Y. SURE-based optimization for adaptive sampling and reconstruction. ACM Transactions on Graphics, 2012, 31(6): Article 194.

[89] Glassner A. Principles of Digital Image Synthesis. Morgan Kaufmann, 1995.

[90] Keller A. Hierarchical monte carlo image synthesis. Mathematics and Computers in Simulation, 2001, 55(1-3): 79-92.

[91] Heinrich S, Sindambiwe E. Monte Carlo complexity of parametric integration. Journal of Complexity, 1999, 15(3): 317-341.

[92] Guo B. Progressive radiance evaluation using directional coherence maps//Proceedings of SIGGRAPH, 1998: 255-266.

[93] Walter B, Drettakis G, Parker S. Interactive rendering using the Render Cache//Proceedings of 10th Eurographics Workshop on Rendering, 1999: 19-30.

[94] Pighin F, Lischinski D, Salesin D. Progressive previewing of ray-traced images using imageplane discontinuity meshing//Proceedings of 8th Eurographics Workshop on Rendering, 1997: 115-126.

[95] Bala K, Dorsey J, Teller S. Radiance interpolants for accelerated bounded-error ray tracing. ACM Transactions on Graphics, 1999, 18(3): 213-256.

[96] Parker S, Martin W, Sloan P P, et al. Interactive ray tracing//Proceedings of Symposium on Interactive 3D Graphics, 1999: 119-126.

[97] Wald I, Slusallek P, Benthin C, et al. Interactive rendering with coherent ray tracing//Proceedings of Eurographics, 2001, 20(3): 153-165.

[98] Wald I, Kollig T, Benthin C, et al. Interactive global illumination using fast ray tracing//Proceedings of 13th Eurographics Workshop on Rendering, 2002: 15-24.

[99] Durand F. 3D visibility: analytical study and applications. Grenoble: PhD Thesis, Grenoble University, 1999.

[100] Drettakis G, Fiume E. A fast shadow algorithm for area light sources using backprojection//Proceedings of SIGGRAPH, 1994: 223-230.

[101] Duguet F, Drettakis G. Robust epsilon visibility//Proceedings of SIGGRAPH, 2002, 21(3): 567-575.

[102] Durand F, Drettakis G, Puech C. The visibility skeleton: a powerful and efficient multipurpose global visibility tool//Proceedings of SIGGRAPH, 1997: 89-100.

[103] Leeson W. Rendering with adaptive integration. Graphics Programming Methods, 2003: 271-278.

[104] Cohen A, Daubechies I, Feauveau J C. Biorthogonal bases of compactly supported wavelets. Communications on Pure and Applied Mathematics, 1992, 45(5): 485-560.

[105] Gortler S J, Schröder P, Cohen M F, et al. Wavelet radiosity//Proceedings of SIGGRAPH, 1993: 221-230.

[106] Donoho D L, Johnstone I M. Ideal spatial adaptation by wavelet shrinkage. Biometrika, 1994, 81(3): 425-455.

[107] Strang G, Nguyen T. Wavelets and Filter Banks. Wellesley Wellesley-Cambridge Press, 1997.

[108] Meyer M, Anderson J. Key point subspace acceleration and soft caching. ACM Transactions on Graphics, 2007, 26(3): Article 74.

[109] Sloan P P, Kautz J, Snyder J. Precomputed radiance transfer for real-time rendering in dynamic, low-frequency lighting environments. ACM Transactions on Graphics, 2002, 21(3): 527-536.

[110] Ramamoorthi R, Hanrahan P. Frequency space environment map rendering. ACM Transactions on Graphics (Proceedings of the SIGGRAPH Conference), 2002, 21(3): 517-526.

[111] Goodman J W. Introduction to Fourier Optics. New York: McGraw-Hill, 1996.

[112] Soler C, Subr K, Durand F, et al. Fourier depth of field. ACM Transactions on Graphics, 2009, 28(2): Article 18.

[113] Egan K, Hecht F, Durand F D, et al. Frequency analysis and sheared filtering for shadow light fields of complex occluders. ACM Transactions on Graphics, 2011, 30(2): 1-13.

[114] Portilla J, Strela V, Wainwright M, et al. Image denoising using scale mixtures of Gaussians in the wavelet domain. IEEE Transactions on Image Processing, 2003, 12(11): 1338-1351.

[115] Mairal J, Elad M, Sapiro G. Sparse representation for color image restoration. IEEE Transactions on Image Processing, 2008, 17(1): 53-69.

[116] Dabov K, Foi A, Katkovnik V, et al. Image denoising by sparse 3-d transform-domain collaborative filtering. IEEE Transactions on Image Processing, 2007, 16(8): 2080-2095.

[117] Fournier A, Lalonde P. Representations and uses of light distribution functions. Vancouver: University of British Columbia, 1998.

[118] Claustres L, Paulin M, Boucher Y. BRDF measurement modelling using wavelets for efficient path tracing. Computer Graphics Forum, 2003, 22(4): 701-716.

[119] Claustres L, Boucher Y, Paulin M. Wavelet projection for modelling of acquired spectral BRDF. Optical Engineering, 2004, 43(10): 2327-2339.

[120] Matusik W, Pfister H, Brand M, et al. A data-driven reflectance model. ACM Transactions on Graphics, 2003, 22(3): 759-769.

[121] Donoho D L, Johnstone I M. Adapting to unknown smoothness via wavelet shrinkage. Journal of the American Statistical Association, 1995, 90(432): 1200-1224.

[122] Bolin M R, Meyer G W. Frequency based ray tracer//Proceedings of SIGGRAPH, 1995: 409-418.

[123] Heckbert P. Fundamentals of texture mapping and image warping. Berkeley: Master's thesis, University of California at Berkeley, Computer Science Division, 1989.

[124] Gilliam C, Dragotti P L, Brookes M. Adaptive plenoptic sampling. Proceedings of 2011 18th IEEE International Conference on Image Processing, IEEE, 2011: 2581-2584.

[125] Halle M W. Holographic stereograms as discrete imaging-systems. Practical Holography VIII, 1994, 2176: 73-81.

[126] Isaksen A, McMillan L, Gortler S J. Dynamically reparameterized light Fields//Proceedings of SIGGRAPH, 2000: 297-306.

[127] Chai J X, Chan S C, Shum H Y, et al. Plenoptic sampling//Proceedings of SIGGRAPH, 2000: 307-318.

[128] Stewart J, Yu J, Gortler S J, et al. A new reconstruction filter for undersampled light fields//Proceedings of Eurographics Symposium on Rendering, 2003: 150-156.

[129] Ferwerda J A, Shirley P, Pattanaik S N, et al. A model of visual masking for computer graphics. In Proceedings of SIGGRAPH, 1997: 143-152.

[130] Bolin M R, Meyer G W. A perceptually based adaptive sampling algorithm//Proceedings of SIGGRAPH, 1998: 299-309.

[131] Myszkowski K. The visible differences predictor: applications to global illumination problems//Proceedings of 11th Eurographics Workshop on Rendering, 1998: 223-236.

[132] Basri R, Jacobs D. Lambertian reflectance and linear subspaces. IEEE Transactions on Pattern Analysis and Machine Intelligence, 2003, 25(2): 218-233.

[133] Pentland A P. A new sense for depth of field. IEEE Transactions on Pattern Analysis and Machine Intelligence, 1987, 9(4): 523-531.

[134] Malik J, Rosenholtz R. Computing local surface orientation and shape from texture for curved surfaces. International Journal of Computer Vision, 1997, 23(2): 149-168.

[135] Potmesil M, Chakravarty I. Modeling motion blur in computer-generated images. ACM SIGGRAPH Computer Graphics, 1983, 17(3): 389-399.

[136] Max N, Lerner D. A two-and-a-half-D motion-blur algorithm. ACM SIGGRAPH Computer Graphic, 1985, 19(3): 85-93.

[137] Kaplanyan A S, Dachsbacher C. Adaptive progressive photon mapping. ACM Transactions on Graphics, 2013, 32(2): Article 16.

[138] Spencer B, Jones M W. Into the blue: better caustics through photon relaxation. Computer Graphics Forum, 2009, 28(2): 319-328.

[139] Schjøth L, Frisvad J R, Erleben K, et al. Photon differentials//Proceedings of GRAPHITE, 2007: 179-186.

[140] Peter I, Pietrek G. Importance driven construction of photon maps//Proceedings of 9th Eurographics Workshop on Rendering, 1998: 269-280.

[141] Wyman C, Nichols G. Adaptive caustic maps using deferred shading. Computer Graphics Forum, 2009, 28(2): 309-318.

[142] Okada N, Zhu D, Cai D, et al. Rendering Morpho butterflies based on high accuracy nano-optical simulation. Journal of Optics, 2013, 42(1): 25-36.

[143] Kinoshita S, Yoshioka S, Kawagoe K. Mechanisms of structural colour in the morpho butterfly: cooperation of regularity and irregularity in an iridescent scale//Proceedings of the Royal Society of London, Series B, 2002, 269(1499): 1417-1421.

[144] Vukusic P, Sambles J R, Lawrence C R, et al. Quantified interference and diffraction

in single Morpho butterfly scales//Proceedings of the Royal Society of London, Series B, 1999, 266(1427): 1403-1411.

[145] Torrance K E, Sparrow E M. Theory for off-specular reflection from roughened surfaces. Journal of the Optical Society of America, 1967, 57(9): 1105-1114.

[146] Blinn J F. Models of light reflection for computer synthesized pictures//Proceedings of Computer Graphics, Annual Conference Series, ACM SIGGRAPH. New York: ACM Press, 1977, 11(2): 192-198.

[147] Cook R L, Torrance K E. A reflectance model for computer graphics. ACM Transactions on Graphics, 1982, 1(1): 7-24.

[148] Phong B T. Illumination for computer generated pictures. Communications of the ACM, 1975, 18(6): 311-317.

[149] Oren M, Nayar S K. Generalization of Lambert's reflectance model//Proceedings of Computer Graphics, ACM SIGGRAPH. New York: ACM Press, 1994, 28: 239-246.

[150] Hall R. Illumination and Color in Computer Generated Imagery. New York: Springer-Verlag, 1989.

[151] Poulin P, Fournier. A model for anisotropic reflection//Proceedings of Computer Graphics, Annual Conference Series, ACM SIGGRAPH. New York: ACM Press, 1990, 24: 273-282.

[152] Schlick C. A customizable reflectance model for everyday rendering//Proceedings of Eurographics Workshop on Rendering, 1993: 73-84.

[153] Ashikhmin M, Shirley P. An anisotropic Phong BRDF model. Journal of Graphics Tools, 2000, 5(1): 25-32.

[154] Nayar S K, Ikeuchi K, Kanade T. Surface reflection: physical and geometrical perspectives. IEEE Transactions on Pattern Analysis and Machine Intelligence, 1991, 13(7): 611-634.

[155] Beckmann P, Spizzichino A. The Scattering of Electromagnetic Waves from Rough Surfaces. New York: MacMillan, 1963.

[156] Moravec H P. 3D graphics and the wave theory//Proceedings of Computer Graphics, ACM SIGGRAPH. New York: ACM Press, 1981, 15(3): 289-296.

[157] He X D, Torrance K E, Sillion F X, et al. A comprehensive physical model for light reflection//Proceedings of Computer Graphics, ACM SIGGRAPH. New York: ACM Press, 1991, 25(4): 175-186.

[158] Thorman S C, Hill F. Diffraction-based models for iridescent colors in computer generated imagery. Amherst: University of Massachusetts-Amherst, 1996.

[159] Agu E. Diffraction shading models for iridescent surfaces//Proceedings of IASTED VIIP, 2002.

[160] Stam J. Diffraction shaders. ACM SIGGRAPH Computer Graphics, 1999, 11(4): 101-110.

[161] Egholm J, Christensen N J. Rendering compact discs and other diffractive surfaces illuminated by linear light sources//Proceedings of the 4th International Conference on

Computer Graphics and Interactive Techniques. New York: ACM Press, 2006: 329-332.

[162] Lindsay C, Agu E. Physically-based real-time diffraction using spherical harmonics//Pr oceedings of International Symposium on Visual Computing. New York: Springer, 2006: 505-517.

[163] Tsingos N. A geometrical approach to modeling reflectance functions of diffracting surfaces. Bell Laboratories Tech. Rep., 2000.

[164] Bastiaans M J. Application of the Wigner Distribution Function in Optics. Amsterdam: Elsevier Science, 1997.

[165] Bastiaans M J. Wigner Distribution in Optics//Testorf M, Hennell B, Ojeda-Castaneda J. Phase-Space Optics: Fundamenals and Applications. New York: McGraw-Hill, 2010: 1-44.

[166] Oh S B, Kashyap S, Garg R, et al. Rendering wave effects with augmented light fields. Computer Grahpics Forum, 2010, 29(2): 507-516.

[167] Cuypers T, Oh S B, Haber T, et al. Reflectance model for diffraction. ACM Transactions on Graphics, 2012, 31(5): 1-11.

[168] Alonso M A. Diffraction of paraxial partially coherent fields by planar obstacles in the Wigner representation. Journal of the Optical Society of America A, 2009, 26(7): 1588-1597.

[169] Weidlich A, Wilkie A. Rendering the effect of labradoescence//Proceeding of Graphics Interface, 2009: 79-85.

[170] Dias M L. Ray tracing interference color. IEEE Computer Graphics and Applications, 1991, 11(2): 54-60.

[171] Li J, Peng Q. A new illumination model for scenes containing thin film interference. Chinese Journal of Electronics, 1996, 5(1): 18-24.

[172] Nagata N, Dobashi T, Manabe Y, et al. Modeling and visualization for a pearl-quality evaluation simulator. IEEE Transactions On Visualization and Computer Graphics, 1997, 3(4): 307-315.

[173] Smits B E, Meyer G W. Newton's colors: simulating interference phenomena in realistic image synthesis//Proceedings of Eurographics Workshop on Photosimulation, Realism and Physics in Computer Graphics, 1990: 185-194.

[174] Dias M L. Ray tracing interference color: visualizing Newton's rings. IEEE Computer Graphics and Applications, 1994, 14(3): 17-20.

[175] Sun Y, Wang Q. Interference shaders of thin films. Computer Graphics Forum, 2008, 27(6): 1607-1631.

[176] Gondek J S, Meyer G W, Newman J G. Wavelength dependent reflectance functions// Proceedings of Computer Graphics, Annual Conference Series, ACM SIGGRAPH. New York: ACM Press, 1994: 213-219.

[177] Hirayama H, Kaneda K, Yamashita H, et al. An accurate illumination model for objects coated with multilayer films. Computers & Graphics, 2001, 25(3): 391-400.

[178] Hirayama H, Kaneda K, Yamashita H, et al. Visualization of optical phenomena caused

by multilayer films with complex refractive indices//Proceedings of the 7th Pacific Conference on Computer Graphics and Application. Washington DC: IEEE Computer Society, 1999: 128-137.

[179] Sun Y L. Rendering biological iridescences with RGB-based renderers. ACM Transactions on Graphics, 2006, 25(1): 100-129.

[180] Plattner L. Optical properties of the scales of morpho rhetenor butterflies: theoretical and experimental investigation of the back-scattering of light in the visible spectrum. Journal of the Royal Society Interface, 2004, 1(1): 49-59.

[181] Vukusic P, Sambles J R, Ghiradella H. Optical classification of microstructure in butterfly wing-scales. Photonics Science News, 2000, 6: 61-68.

[182] Ghiradella H. Light and color on the wing: structural colors in butterflies and moths. Applied Optics, 1991, 30(24): 3492-3500.

[183] Michelson A A. LXI. On metallic colouring in birds and insects. Philosophical Magazine, 1911, 21: 554-567.

[184] Mallock A. Note on the iridescent colours of birds and insects. Proceedings of the Royal Society of London, Series A, 1911, 85(582): 598-605.

[185] Rayleigh L. VII. On the optical character of some brilliant animal colours. Philosophical Magazine, 1919, 37(217): 98-111.

[186] Anderson T F, Jr Richards A G. An electron microscope study of some structural colors of insects. Journal of Applied Physics, 1942, 13(12): 748-758.

[187] Ghiradella H, Aneshansley D, Eisner T, et al. Ultraviolet reflection of a male butterfly-interference color caused by thin-layer elaboration of wing scales. Science, 1972, 178 (4066): 1214-1217.

[188] Gralak B, Tayeb G, Enoch S. Morpho butterflies wings color modeled with lamellar grating theory. Optics Express, 2001, 9(11): 567-578.

[189] Yee K. Numerical solution of initial boundary value problems involving Maxwell's equations in isotropic media. IEEE Transactions on Antennas and Propagation, 1966, 14(3): 302-307.

[190] Banerjee S, Cole J B, Yatagai T. Colour characterization of a Morpho butterfly wing-scale using a high accuracy nonstandard finite-difference time-domain method. Micron, 2007, 38(2): 97-103.

[191] Musbach A, Meyer G W, Reitich F, et al. Full wave modelling of light propagation and reflection. Computer Graphics Forum, 2013, 32(6): 24-37.

[192] Lee R T. A novel method for incorporating periodic boundaries into the FDTD method and the application to the study of structural color of insects. Atlanta: Georgia Institute of Technology, 2009.

[193] Merklinger H M. A technical view of bokeh. Photo Techniques, 1997, 18(3):1-5.

[194] Zhou T, Chen J X, Pullen M. Accurate depth of field simulation in real time. Computer Graphics Forum, 2007, 26(1): 15-23.

[195] Lee S, Kim G J, Choi S. Real-time depth-of-field rendering using anisotropically filtered

mipmap interpolation. IEEE Transactions on Visualization and Computer Graphics, 2009, 15(3): 453-464.

[196] Kodama K, Mo H, Kubota A. Virtual bokeh generation from a single system of lenses. ACM SIGGRAPH 2006 Research Posters, 2006: 77.

[197] McGraw T. Fast Bokeh effects using low-rank linear filters. The Visual Computer, 2015, 31(5): 601-611.

[198] Potmesil M, Chakravarty I. A lens and aperture camera model for synthetic image generation. ACM SIGGRAPH Computer Graphics, 1981, 15(3): 297-305.

[199] Krivanek J, Zara J, Bouatouch K. Fast depth of field rendering with surface splatting//Proceedings Computer Graphics International, 2003: 196-201.

[200] Lanman D, Raskar R, Taubin G. Modeling and synthesis of aperture effects in cameras//Proceedings of International Symposium on Computational Aesthetics in Graphics, Visualization, and Imaging. Lisbon, 2008: 102-106.

[201] Barsky B A, Bargteil A W, Garcia D D, et al. Introducing vision-realistic rendering//Proc. Eurographics Rendering Workshop, 2002: 26-28.

[202] Kraus M, Strengert M. Depth-of-field rendering by pyramidal image processing. Computer Graphics Forum, 2007, 26(3): 645-654.

[203] Kosloff T J, Tao M W, Barsky B A. Depth of field postprocessing for layered scenes using constant-time rectangle spreading//Proceedings of Graphics Interface, 2009: 39-46.

[204] Haeberli P, Akeley K. The accumulation buffer: hardware support for high-quality rendering. SIGGRAPH Comput. Graph., 1990, 24(4): 309-318.

[205] Lee S, Eisemann E, Seidel H P. Depth-of-field rendering with multiview synthesis. ACM Transactions on Graphics (TOG), 2009, 28(5): 1-6.

[206] Kolb C, Mitchell D, Hanrahan P. A realistic camera model for computer graphics//Proc eedings of the 22nd Annual Conference on Computer Graphics and Interactive Techniques, 1995: 317-324.

[207] Steinert B, Dammertz H, Hanika J, et al. General spectral camera lens simulation. Computer Graphics Forum, 2011, 30(6): 1643-1654.

[208] Wu J, Zheng C, Hu X, et al. Rendering realistic spectral bokeh due to lens stops and aberrations. The Visual Computer, 2013, 29(1): 41-52.

[209] 张以谟. 应用光学. 4 版. 北京: 电子工业出版社, 2015.

[210] Heidrich W, Slusallek P, Seidel H P. An image-based model for realistic lens systems in interactive computer graphics. Graphics Interface, 1997: 68-75.

[211] Wu J, Zheng C, Hu X, et al. Realistic rendering of bokeh effect based on optical aberrations. The Visual Computer, 2010, 26(6): 555-563.

[212] Thomas S W. Dispersive refraction in ray tracing. The Visual Computer, 1986, 2(1): 3-8.

[213] Sun Y, Fracchia F D, Drew M S, et al. A spectrally based framework for realistic image synthesis. The Visual Computer, 2001, 17(7): 429-444.

[214] Evans G, McCool M D. Stratified wavelength clusters for efficient spectral Monte Carlo rendering//Proc. Graphics Interface, 1999: 42-49.

[215] Hullin M, Eisemann E, Seidel H P, et al. Physically-based real-time lens flare rendering. ACM Transactions on Graphics (TOG), 2011, 108: 1-10.

[216] Spencer G, Shirley P, Zimmerman K, et al. Physically-based glare effects for digital images//Proceedings of the 22nd annual conference on Computer graphics and interactive techniques, 1995: 325-334.

[217] Kakimoto M, Matsuoka K, Nishita T, et al. Glare generation based on wave optics. Computer Graphics Forum, 2005, 24(2): 185-193.

[218] Ritschel T, Ihrke M, Frisvad J R, et al. Temporal glare: real-time dynamic simulation of the scattering in the human eye. Computer Graphics Forum, 2009, 28(2): 183-192.

[219] Shinya M, Saito T, Takahashi T. Rendering techniques for transparent objects//Proc. Graphics Interface, 1989: 173-181.

[220] Nakamae E, Kaneda K, Okamoto T, et al. A lighting model aiming at drive simulators. ACM SIGGRAPH Computer Graphics, 1990, 24(4): 395-404.

[221] King Y. 2D Lens Flare. Rockland, MA: Charles River Media, 2000.

[222] Maughan C. Texture Masking for Faster Lens Flare. Hingham, MA: Charles River Media, 2001.

[223] Chaumond J. Physically realistic camera model. [2014-03-31]. http: //graphics.stanford. edu/wikis/cs348b-07/JulienChaumond.

[224] Keshmirian A. A physically-based approach for lens flare simulation. San Diego: PhD Thesis, San Diego: University of California, 2008.

[225] Kämpe V, Sintorn E, Assarsson U. High-resolution sparse voxel DAGs. ACM Transactions on Graphics, 2013, 32(4): Article 101.

[226] Rigau J, Feixas M, Sbert M. Refinement criteria based on f-divergences//Proceedings of 14th Eurographics Workshop on Rendering, 2003: 260-269.

[227] Sen P. Silhouette maps for improved texture magnification//Proceedings of ACM SIG-GRAPH Conference on Graphics Hardware, 2004: 65-73.

[228] Belcour L, Soler C, Subr K, et al. 5D covariance tracing for efficient defocus and motion blur. ACM Transactions on Graphics, 2013, 32(3): Article 31.

[229] Sun X, Zhou K, Guo J, et al. Line segment sampling with blue-noise properties. ACM Transactions on Graphics (Proceedings of the SIGGRAPH Conference), 2013, 32(4): Article 127.

[230] DeCoro C, Weyrich T, Rusinkiewicz S. Density-based outlier rejection in Monte Carlo rendering. Computer Graphics Forum, 2010, 29(7): 2119-2125.

[231] Lefebvre S, Hoppe H. Parallel controllable texture synthesis//SIGGRAPH, 2005: 777-786.

[232] MacQueen J B. Some methods for classification and analysis of multivariate observations//Proceedings of the 5th Berkeley Symposium on Mathematical Statistics and Probability, 1967: 281-297.

[233] Kass M, Witkin A, Terzopoulos D. Snakes: active contour models. International Journal of Computer Vision, 1988, 1(4): 321-331.

[234] Liu X, Zheng C. Adaptive cluster rendering via regression analysis. The Visual Computer, 2015, 31(1): 105-114.

[235] Sapiro G. Geometric Partial Differential Equations and Image analysis. Cambridge: Cambridge University Press, 2001.

[236] Liu Y, Zheng C, Wu F. Multidimensional adaptive sampling and reconstruction for realistic image based on BP neural network//Proceedings of International Conference on Image and Graphics (ICIG2015), 2015: 510-523.

[237] Liu Y, Zheng C. Adaptive rendering using a best matching patch. IEICE Transactions on Information and Systems, 2016, 99(7): 1910-1919.

[238] Cho H, Lee H, Kang H, et al. Bilateral texture filtering. ACM Trans. Graph., 2014, 33(4): 1-8.

[239] Delbracio M, Musé P, Buades A, et al. Boosting Monte Carlo rendering by ray histogram fusion. ACM Trans. Graph., 2014, 33(1): 1-15.

[240] Rousselle F, Manzi M, Zwicker M. Robust denoising using feature and color information. Computer Graphics Forum (Proceedings of Eurographics 2013), 2013, 32(7): 121-130.

[241] Kettunen M, Manzi M, Aittala M, et al. Gradient-domain path tracing. ACM Transactions Graph., 2015, 34(4): 1-13.

[242] Manzi M, Kettunen M, Durand F, et al. Temporal gradient-domain path tracing. ACM Trans. Graph., 2016, 35(6): 1-9.

[243] Liu X, Zheng C. Parallel adaptive sampling and reconstruction using multi-scale and directional analysis. The Visual Computer, 2013, 29(6-8): 501-511.

[244] Do M N, Vetterli M. Wavelet-based texture retrieval using generalized Gaussian density and Kullback-Leibler distance. IEEE Transactions on Image Processing, 2002. 11(2): 146-158.

[245] Skodras A, Christopoulos C, Ebrahimi T. The JPEG 2000 still image compression standard. IEEE Signal Processing Magazine, 2001. 18(5): 36-58.

[246] Li H, Wei L Y, Sander P V, et al. Anisotropic blue noise sampling. ACM Transactions on Graphics (Proceedings of the SIGGRAPH Asia conference), 2010, 29(6): Article 167.

[247] Mehta S U, Wang B, Ramamoorthi R, et al. Axis-aligned filtering for interactive physically based diffuse indirect lighting. ACM Transactions on Graphics (Proceedings of the SIGGRAPH conference), 2013, 32(4): Article 96.

[248] Do M N, Vetterli M. The contourlet transform: an efficient directional multiresolution image representation. IEEE Transactions on Image Processing, 2005, 14(12): 2091-2106.

[249] Park S I, Smith M J T, Mersereau R M. Improved structures of maximally decimated directional filter banks for spatial image analysis. IEEE Transactions on Image Processing, 2004, 13(11): 1424-1431.

[250] Talbot J, Cline D, Egbert P. Importance resampling for global illumination//Proceedings

of the 6th Eurographics conference on Rendering Techniques, 2005: 139-146.

[251] Jensen H W. Global illumination using photon maps//Proceedings of the Eurographics Workshop on Rendering Techniques, 1996: 21-30.

[252] Liu X, Zheng C. Anisotropic progressive photon mapping//Proceedings of SPIE Fifth International Conference on Graphic and Image Processing, 2013, 90690C.

[253] Liu X, Zheng C. Adaptive importance photon shooting technique. Computer & Graphics, 2014(38): 158-166.

[254] Knaus C, Zwicker M. Progressive photon mapping: A probabilistic approach. ACM Trans. Graph., 2011, 30(3): 1-13.

[255] Fan S, Chenney S, Lai Y C. Metropolis photon sampling with optional user guidance. Rendering Techniques, 2005, 5: 127-138.

[256] Hachisuka T, Jensen H W. Robust adaptive photon tracing using photon path visibility. ACM Transactions on Graphics (TOG), 2011, 30(5): 114: 1-11.

[257] Chen J, Wang B, Yong J H. Improved stochastic progressive photon mapping with metropolis sampling. Computer Graphics Forum, 2011, 30(4): 1205-1213.

[258] Zheng Q, Zheng C. Visual importance based adaptive photon tracing. The Visual Computer, 2015, 31(6): 1001-1010.

[259] Christensen P H. Adjoints and importance in rendering: an overview. IEEE Transactions on Visualization and Computer Graphics, 2003, 9(3): 329-340.

[260] Smits B E, Arvo J R, Salesin D H. An importance-driven radiosity algorithm. ACM SIGGRAPH Computer Graphics, 1992: 273-282.

[261] Bashford-Rogers T, Debattista K, Chalmers A. Importance driven environment map sampling. IEEE Transactions on Visualization and Computer Graphics, 2014, 20(6): 907-918.

[262] Suykens F, Willems Y D. Density control for photon maps//Proceedings of Rendering Techniques, 2000: 23-34.

[263] Metropolis N, Rosenbluth A W, Rosenbluth M N, et al. Equation of state calculations by fast computing machines. The Journal of Chemical Physics, 1953, 21(6): 1087-1092.

[264] Kitaoka S, Kitamura Y, Kishino F. Replica exchange light transport. Computer Graphics Forum, 2009, 28(8): 2330-2342.

[265] Andrieu C, Thoms J. A tutorial on adaptive MCMC. Statistics and Computing, 2008, 18(4): 343-373.

[266] Atchadé Y F, Rosenthal J S. On adaptive Markov chain Monte Carlo algorithms. Bernoulli, 2005, 11(5): 815-828.

[267] Rosenthal J S. Optimal proposal distributions and adaptive MCMC//Handbook of Markov Chain Monte Carlo, 2011: 93-112.

[268] Andrieu C, Robert C P. Controlled MCMC for optimal sampling. Tech. Rep., Centre de Recherche en Economie et Statistique, 2001.

[269] Kesten H. Accelerated stochastic approximation. The Annals of Mathematical Statistics, 1958: 41-59.

[270] Collin C, Ribardière M, Gruson A, et al. Visibility-driven progressive volume photon tracing. The Visual Computer, 2013, 29(9): 849-859.

[271] Craiu R V, Rosenthal J, Yang C. Learn from thy neighbor: parallel-chain and regional adaptive MCMC. Journal of the American Statistical Association, 2009, 104(488): 1454-1466.

[272] Kaplanyan A S, Dachsbacher C. Path space regularization for holistic and robust light transport. Computer Graphics Forum, 2013, 32(2pt1): 63-72.

[273] 吴付坤, 吴佳泽, 郑昌文. 应用微表面模型进行衍射效果物理绘制. 计算机辅助设计与图形学学报, 2014, 26(1): 1-9.

[274] McCluney W R. Introduction to radiometry and photometry. Boston: Artech House, 1994.

[275] Preisendorfer R W. Radiative transfer on discrete spaces. Oxford: Pergamon Press, 1965.

[276] Nicodemus F E, Richmond J C, Hsia J J, et al. Geometrical considerations and nomenclature for reflectance. Washington, DC: National Bureau of Standards, US Department of Commerce. [2022-1-10]. http://physics.nist.gov/Divisions/Div844/facilities/specphoto/pdf/geoConsid.pdf.

[277] Greenberg D P, Torrance K E, Shirley P, et al. A framework for realistic image synthesis. ACM SIGGRAPH Computer Graphics, 1997, 42(8): 477-494.

[278] Gouraud H. Continuous shading of curved surfaces. IEEE Transactions on Computers, 1971, C-20(16): 623-629.

[279] Laforture E P, Willems Y D. Using the modified phone BRDF for physically based rendering. Leuven, Belgium: K. U. Leuven, Department of Computer Science, 1994.

[280] van Ginneken B, Stavridi M, Koenderink J J. Diffuse and specular reflectance from rough surfaces. Applied Optics, 1998, 37(1): 130-139.

[281] 吴付坤. 基于光线追踪器的波动光学效果绘制技术研究. 北京: 中国科学院大学, 2016.

[282] 梁铨廷. 物理光学. 3 版. 北京: 电子工业出版社, 2008.

[283] Wigner E. On the quantum correction for thermodynamic equilibrium. Physical Review, 1932, 40(5): 749-759.

[284] Dolin L S. Beam description of weakly-inhomogeneous wave fields. Izv. Vyssh. Uchebn. Zaved. Radiofix, 1964, 7: 559-563.

[285] Walther A. Radiometry and coherence. Journal of the Optical Society of America, 1973, 63(12): 1622-1623.

[286] Zhang Z, Levoy M. Wigner distributions and how they relate to the light field//Proceedings of IEEE International Conference on Computational Photography, 2009: 1-10.

[287] Wu F, Zheng C. A comprehensive geometrical optics application for wave rendering. Graphical Models, 2013, 75(6): 318-327.

[288] Ersoy O K. Diffraction, Fourier Optics, and Imaging. New York: Wiley, 2007.

[289] Cuypers T, Horstmeyer R, Oh S B, et al. Validity of Wigner distribution function for ray-based imaging//Proceedings of IEEE International Conference on Computational

Photography, 2011.

[290] Wu F, Zheng C. Microfacet-based interference simulation for multilayer films. Graphical Models, 2015, 78C: 26-35.

[291] Kinoshita S, Yoshioka S. Structural colors in nature: the role of regularity and irregularity in the structure. Chem. Phys. Chem., 2005, 6: 1442-1459.

[292] Born M, Wolf E. Principles of optics: electromagnetic theory of propagation// Interference and Diffraction of Light. 7th ed. Cambridge: Cambridge University Press, 2005.

[293] Fairchild M D, Wyble D R. Colorimetric characterization of the apple studio display (flat panel LCD). Technical report, RIT Munsell Color Science Laboratory, 1998.

[294] Gibson J E, Fairchild M D. Colorimetric characterization of three computer displays (LCD and CRT). Technical report, RIT Munsell Color Science Laboratory, 2000.

[295] 吴付坤, 郑昌文. 应用薄膜干涉模型进行蝴蝶彩色效果物理绘制. 计算机辅助设计与图形学学报, 2015, 27(6): 1082-1090.

[296] Vukusic P, Sambles R. Photonic structures in biology. Nature, 2003, 424: 852-855.

[297] Immel D S, Cohen M F, Greenberg D P. A radiosity method for non-diffuse environments// Proceedings of Computer Graphics, Annual Conference Series, ACM SIGGRAPH. New York: ACM Press, 1986.

[298] Kazantsev V. PBRT Plugin for Maya. [2015-02-26]. https: //github.com/Volodymyrk /pbrtMayaPy.

[299] Simon H. The Splendor of Iridescence of Structural Colors in the Animal World. New York, NY: Dodd, Mead&Company, 1971.

[300] Fox D. Animal Biochromes and Structural colours. Berkeley, CA: University of California Press, 1976.

[301] Potmesil M, Chakravarty I. Synthetic image generation with a lens and aperture camera model. Transaction on Graphics, 1982, 1: 85-108.

[302] Barsky B A, Chen B P, Berg A C, et al. Incorporating camera models, ocular models, and actual patient eye data for photo-realistic and vision-realistic rendering. //Lyche T, Schumaker L L. Fifth International Conference on Mathematical Methods for Curves and Surfaces, Oslo: Vanderbilt University Press, 2000:1-10.

[303] Wu J, Zheng C, Hu X, et al. An accurate and practical camera lens model for rendering realistic lens effects//Proceedings of International Conference on Computer-aided Design & Computer Graphics. IEEE, 2011.

[304] Laikin M. Lens Design. 3th ed. New York: Marcel Dekker, 2001.

[305] Smith W J. Modern Lens Design. 2nd ed. New York: McGraw Hill, 2004.

[306] Ang T. Dictionary of photography and digital imaging: the essential reference for the modern photographer. New York: Watson-Guptill, 2002.

[307] Lee S, Kim G J, Choi S. Real-time depth-of-field rendering using point splatting on per-pixel layers. Computer Graphics Forum, 2008, 27(7): 1955-1962.

[308] Riguer G, Tatarchuk N, Isidoro J. Real-time depth of field simulation//Engel W F.

Shader X2 : Shader Programming Tips and Tricks with DirectX 9. Plano: Wordware, 2003: 529-556.

[309] Kass M, Lefohn A, Owens J. Interactive depth of field using simulated diffusion on a GPU. Emeryville: Pixar Animation Studios, 2006.

[310] 吴向阳, 鲍虎军, 陈为, 等. 采用正向光线跟踪的照相机成像实时模拟. 计算机辅助设计与图形学学报, 2005, 17(7): 1427-1433.

[311] Buhler J, Wexler D. A phenomenological model for bokeh rendering//Computer Graphics Proceedings, Annual Conference Series, ACM SIGGRAPH Abstracts and Applications, San Antonio, 2002: 142.

[312] 吴佳泽, 郑昌文, 胡晓惠, 等. 散景效果的真实感绘制. 计算机辅助设计与图形学学报, 2010, 22(5): 746-752.

[313] Fischer E, Tadic-Galeb B, Yoder R. Optical System Design. 2nd ed. New York: McGraw-Hill, 2008.

[314] Wu J, Zheng C, Hu X, et al. Realistic rendering of bokeh effect based on optical aberrations. The Visual Computer, 2010, 26(6): 555-563.

[315] Dutré P, Bala K, Bekaert P. Advanced Global Illumination. Wellesley: AK Peters Ltd., 2006.

[316] Lafortune E P, Willems Y D. Bi-directional path tracing//Proceedings of 3rd International Conference on Computational Graphics and Visualization Techniques(Compugraphics'93), Alvor, Portugal, 1993: 145-153.

[317] Lafortune E P. Mathematical Models and Monte Carlo Algorithms for Physically Based Rendering. Leuven: Belgium: Katholieke Universiteit Leuven, 1996.

[318] Veach E, Guibas L J. Bidirectional estimators for light transport//Proceedings of 5th Eurographics Workshop on Rendering(Photorealistic Rendering Techniques), Darmstadt, Germany, 1994: 147-162.

[319] Veach E. Robust Monte Carlo methods for light transport simulation. Stanford CA: Stanford University, 1997.

[320] Wu J, Zheng C, Hu X, et al. Rendering realistic bokeh effect due to lens stops and lens aberrations. The Visual Computer, 2013, 29(1): 41-52.

[321] Yuan Y, Kunii T L, Inamoto N, et al. GemstoneFire: adaptive dispersive ray tracing of polyhedrons. The Visual Computer, 1988, 4(5): 259-270.

[322] Devlin K, Chalmers A, Wilkie A, et al. Tone reproduction and physically based spectral rendering//Eurographics 2002: State of the Art Reports, 2002: 101-123.

[323] Wang Z, Bovik A C, Sheikh H R, et al. Image quality assessment: from error visibility to structural similarity. IEEE Transactions on Image Processing, 2004, 13(4): 600-612.

[324] Hullin M B, Hanika J, Heidrich W. Polynomial optics: a construction kit for efficient ray?tracing of lens systems. Computer Graphics Forum, 2012, 31(4): 1375-1383.

[325] Lee S, Eisemann E. Practical real-time lens-flare rendering. Computer Graphics Forum, 2013, 32(4): 1-6.

[326] 郑权. 镜头成像效果的光子映射真实感绘制研究. 北京: 中国科学院大学, 2017.

[327] Hecht E. Optics. 4th ed. London: Addison-Wesley, 2002.

[328] Wong T T, Luk W S, Heng P A. Sampling with Hammersley and Halton points. Journal of Graphics Tools, 1997, 2(2): 9-24.

[329] 刘圆，吴佳泽，郑昌文. 真实感眩光效果实时绘制. 计算机辅助设计与图形学学报, 2013, 25(6): 880-889.

[330] Yoshida A, Ihrke M, Mantiuk R, et al. Brightness of the glare illusion//Proceedings of ACM Symposium on Applied Perception in Graphics and Visualization. Los Angeles: ACM Press, 2008: 83-89.

[331] Victor P. Image Convolution with CUDA. Santa Clara: NVIDIA Corporation, 2007.

[332] Reinhard E, Stark M, Shirley P, et al. Photographic tone reproduction for digital images. ACM Transactions on Graphics, 2002, 21(3): 267-276.

[333] Talvala E V, Adams A, Horowitz M, et al. Veiling glare in high dynamic range imaging. ACM Transactions on Graphics, 2007, 26(3): 37.

[334] Ashikhmin M. A tone mapping algorithm for high contrast images//Proceedings of the 13th Eurographics workshop on Rendering (EGRW '02). Switzerland: Eurographics Association, 2002: 145-156.

[335] Aila T, Laine S. Understanding the efficiency of ray traversal on GPUs//Proceedings of the Conference on High Performance Graphics. New Orleans: ACM Press, 2009: 145-149.

[336] 王之江. 光学设计理论基础. 2 版. 北京：科学出版社, 1985: 264-269.

[337] 李林，安连生. 计算机辅助光学设计的理论与应用. 北京：国防工业出版社, 2002: 38-42.

[338] 吴长茂，唐熊忻，夏媛媛，等. 用于空间相机设计的高精度光线追迹方法. 物理学报, 2023, 72(8): 128-140.

[339] 徐伯庆，李鑫欣. 成像系统的空变模型及其空域逆滤波. 仪器仪表学报, 2006(S3): 2162, 2163, 2234.

[340] 陶小平，冯华君，雷华，等. 一种空间变化 PSF 图像分块复原的拼接方法. 光学学报, 2009, 29(3): 648-653.

[341] 郝建坤. 基于计算光学的简单透镜成像技术. 长春: 中国科学院研究生院 (长春光学精密机械与物理研究所), 2015.

[342] Liu C S, Lin P D. Computational method for deriving the geometric point spread function of an optical system. Appl. Opt., 2010, 49: 126-136.

[343] Stokseth P A, Properties of a defocused optical system. J. Opt. Soc. Am., 1969, 59: 1314-1321.

[344] Mahajan V N. Optical Imaging and Aberrations: Ray Geometrical Optics. Bellingham SPIE Press, 1998.

[345] 林晓阳. Zemax 光学设计超级学习手册. 北京：人民邮电出版社，2014.

[346] Nicodemus F E. Reflectance nomenclature and directional reflectance and emissivity. Applied Optics, 1970, 9(6): 1474-1475.

[347] Pharr M, Humphreys G. Physically Based Rendering from Theory to Implementation. 3rd ed. Burlington: Morgan Kaufmann Publishers, 2016.

[348] 李润东. 气象环境条件对图像质量的影响分析. 哈尔滨: 哈尔滨工业大学, 2014.

[349] Desvignes M, Molinié G. Raindrops size from video and image processing. IEEE, 2012(19): 1341-1344.

[350] 修吉宏, 翟林培. 影响航空图像质量的主要因素分析. 红外, 2005(8): 10-16.

[351] Narasimhan S G, Nayar S K. Chromatic framework for vision in bad weather. IEEE, 2000: 1063-1070.

[352] Sadot D, Kopeika N S. Imaging through the atmosphere: practical instrumentation-based theory and verification of aerosolmodulation transfer function. Optical Society of America., 1993, 10(1): 172-179.

[353] Prokes A. Atmospheric effects on availability of free space. Optical Engineering, 2009(48): 1-10.

[354] 明德烈, 田金文, 王密, 等. 非常规天气航空成像建模与仿真方法研究. 宇航学报, 2010, 31(5): 1433-1437.

[355] Rozé C. Digital image computation of scenes during daytime fog. Optical Engineering, 2008, 47(3): 1-10.

[356] Nayar S K, Narasimhan S G. Vision in bad weather//Proceedings of the International Conference on Computer Vision, 1999(2): 20-25.

[357] Zhang Y, Tang Q, Wang J, et al. Numerical simulator of atmospherically distorted phase screen for multibeam time-dependent scenario. Applied Optics., 2014, 53(22): 5008-5015.

[358] 林约兰. 低照度图像去噪算法研究及硬件设计. 太原: 太原理工大学, 2011.

[359] 秦春林. 全局光照技术: 从离线到实时渲染. 成都: 电子科技大学出版社, 2018.

[360] 金伟其, 胡威捷. 辐射度　光度与色度及其测量. 北京: 北京理工大学出版社, 2006.